U0153913

週日閱讀科學大師系列

# 閱讀科學大師 3

編 張鳳吟、李旺龍

著 陳丕燊、龔慧貞、張華、陳泰然、葉欣誠、吳祚任、曾世平、王伯輝、余建勳、劉莉蓮、楊倍昌

# 推薦 序

吳政忠主任委員／112.03.02

面對全球環境、科技、時局的快速變遷，為人類生活帶來橫跨社會、經濟、環境層面等跨領域的挑戰，凸顯了科學技術的布局與發展在國家戰略上的重要性。科技發展的能量，不僅是國家目前與未來競爭力的指標，同時也是回應國內、外社會挑戰與國家安全的關鍵。國家科學及技術委員會長期支持基礎科學研究，同時透過科普活動轉譯科研成果，鼓勵年輕世代參與科學，將科學賦予生活化、趣味化及大眾化，促使科普知識扎根於校園中。

「週日閱讀科學大師」獲國科會長期支持，20 年來累積超過 250 場演講影片，演講內容富含科學知識，內容生動有趣，有助提升聽眾的科學素養，更能判讀現今網路充斥的片段或虛假訊息。本講座亦運用新興媒體，擴展聽眾對象，包括偏鄉轉播站、講座官方網站、國科會「科技大觀園」網站等均能隨時觀看，為國內各級學校的科學領域教師提供豐富的延伸閱讀資料。本次專書集結物理、地科、太空、生物等領域科學者專文，讓讀者搭配演講內容，深入體會其中的科學知識，以及追求科學真理的歷程。

期許「週日閱讀科學大師」講座持續提升民眾的科學素養，激發年輕人對科學的熱情與好奇心，鼓勵新一代投入科學研究的行列，成為臺灣未來的科技競爭力。

# 吳政忠主任委員

## 現任/學歷

### 現任

行政院政務委員

國家科學及技術委員會 主任委員

### 學歷

國立台灣大學土木工程學系畢業

康乃爾大學理論與應用力學博士

### 主要經歷

國立台灣大學名譽教授，2020-迄今

國立台灣大學應用力學研究所特聘教授，2006-2020

國立台灣大學應用力學研究所所長，1997-2000

中華民國力學學會理事長，2006-2008

國科會副主委，2006-2008

新境界智庫科技組召集人，2012-2016

工業技術研究院董事長，2016-2017

科技部部長，2020-2022

行政院政務委員，2016-2020，2022-迄今

國家實驗研究院董事長，2020-迄今

國家太空中心董事長，2023-迄今

# Minister Tsung-Tsong Wu

**Current Position/ Education**
**Current Position**
Minister Without Portfolio, Executive Yuan
Minister, National Science and Technology Council

**Education**
B.S., Dept. of Civil Engineering, National Taiwan University, Taiwan
Ph.D., Dept. of Theoretical and Applied Mechanics, Cornell University, USA

**Working Experiences**
Emeritus Professor, National Taiwan University, 2020 to present
Distinguished Prof., Institute of Applied Mechanics, National Taiwan University, 2006 to 2020
Director, Institute of Applied Mechanics, National Taiwan University, 1997 to 2000
President, Chinese Society of Mechanics, Taiwan, 2006 to 2008
Deputy Minister, National Science Council, Taiwan, 2006 to 2008
Convener, Sci. & Tech. Group, New Frontier Think Tank, 2012 to 2016
Chairman, Board of Directors, ITRI, Taiwan, 2016 to 2017
Minister, Ministry of Science and Technology, 2020 to 2022
Minister Without Portfolio, Executive Yuan, 2016-2020 and 2022 to present
Chairperson, National Applied Research Laboratories(NARLabs), 2020 to present
Chairperson, Taiwan Space Agency(TASA), 2023 to present

# 週日閱讀科學大師系列 序

系列主編　李旺龍教授

本書文章主要收錄自國科會科國司在 2013 年 9 月至 2018 年 12 月間，於國立科學工藝博物館所舉辦之「週日閱讀科學大師」科普講座的部分演講內容，本於提升民眾對自然科學、人文社會科學及工程科學之關切，並引發青年學子對科學研究產生興趣，讓科學教育普及至各社會階層的辦理目的，「週日閱讀科學大師」講座自 2003 年「週日與院士的邂逅講座」起至本書出版，已邁入第 20 年，開講以來受到南部地區民眾及各級學校師生的廣泛支持與迴響。

為延續本講座傳遞科普知識的一貫理念，在指導單位國科會科國處(前科技部科國司)的支持之下，於 2014 年 12 月將演講內容收集成冊，出版《閱讀科學大師》，更在 2018 年 4 月出版《閱讀科學大師 2》，始發展成為系列書籍，自相關書籍出版後，感謝各方讀者的回饋與鼓勵，對於筆者持續投入辦理科普講座、出版科普書籍，實屬相當重要的支持力量，如今《閱讀科學大師 3》順利出版；除了象徵系列書籍的發展更臻成熟，也期望讀者能透過本書接觸科學、閱讀科學，使科學傳播精神持續發酵，讓科學成為更多人的日常。

《閱讀科學大師》集結第 8 屆演講內容、《閱讀科學大師 2》打破屆次限制，以「哆啦 A 夢」的相關道具串聯主題，而本書的章節安排，在前兩冊的基礎上另闢蹊徑，以「臺灣」為主軸，內容涵蓋臺灣第一顆自主研發的衛星「福衛五號」、臺灣的氣候「梅雨季」、臺灣的公衛史、臺灣的外來入侵種「福壽螺」，以及臺灣的原生貓科動物「石虎」、臺灣的能源議題「核四」，臺灣如何面對氣候變遷問題，甚至，臺灣是否有海嘯威脅？並以臺灣的天文學、地球科學研究帶領讀者除了聚焦臺灣的土地外，也能從臺灣看太空、看地球，最後〈愛麗絲奇境中的科技與發明〉則以 18 世紀的科技來襯托現今的科技，期待藉由這本書，能使讀者在接觸科學、閱讀科學的同時，能夠關心自身生活的這片土地、對臺灣更加熟悉，藉此引發科學中的人文關懷，對社會產生一定的影響力。

若教室裡的課程，讓您對科學有些卻步、懼怕，期待科普講座及讀物能成為您探索科學領域奧妙的鑰匙，讓您對科學有初步的認識、發現科學的趣味與引人入勝之處，進而產生探索的慾望，也期待獲得您的回饋。

國立成功大學材料系暨奈微所教授

李旺龍（wlli@mail.ncku.edu.tw）

週日閱讀科學大師專屬網站（https://science.nchc.org.tw）

# 目錄

第 *1* 章

# 穿越時空談宇宙

主講人：陳丕燊（國立台灣大學物理系教授兼梁次震宇宙學與天文粒子物理中心主任）

宇宙實在不可理解，坦白說，我自己也搞不清楚。其實「穿越時空談宇宙」真正的讀法是「穿越時，空談宇宙」，所以我們來空談一下。

# 微觀宇宙到巨觀宇宙

物理學在研究什麼呢？基本上物理學就是在研究如何去了解我們的宇宙，這個宇宙當然非常之大，但其實它也是非常之小。如果我們往細處看，它是愈看愈小，我們稱之為「微觀宇宙」；往外看，它是愈看愈大，稱為「巨觀宇宙」。

按照我們看宇宙想要了解的範疇、尺寸，物理學可以分做很多領域：

- 高能／粒子物理
- 核子物理
- 原子物理
- 凝態物理
- 電漿物理
- 天文物理
- 宇宙學

高能物理，或所謂的粒子物理，是想要了解宇宙最小的世界有什麼樣的現象，它比原子核、質子或中子還要小，到底這裡面在做什麼？核子物理所研究的尺寸稍微大一點，它研究原子核如何互相互動；原子物理討論的是各種元素，如大家熟悉的週期表；凝態物理研究不同原子的排列，它們之間有什麼表現，如近年非常重要的二維材料石墨烯（graphene）；接下來再大一點的是電漿物理，研究游離的質子和電子之間的系統，在某層次上，電漿類似一個流體，具有波動的行為。電漿物理除了在核反應非常重要外，在天文物理上也非常重要，星體、星際間大部分物質為電漿態；接下來天文物理，它基本上是想要了解星體、星系間的活動及它的物理；最後是宇宙學，是要瞭解更大層次的宇宙，雖然宇宙學在 100 年前愛因斯坦開了一個端，但真正開始夯是 30 年前左右 —— 當上一世紀末高能與粒子物理發展已經有非常大的成功，我們對宇宙的基本結構有相當的了解，同時天文物理在觀測上有巨大的進展，由於物理學家基本上都同意宇宙是從一個大霹靂或大爆發（the big bang）開始的，在那時是高溫高熱，因此高能 / 粒子物理與天文物理這兩個領域自然而然結合在一起。在一開始的宇宙裡，所有基本粒子都是自然存在，不需要去歐洲核子研究中心（CERN）或 SLAC 加速器中心用極高能的粒子對撞打出來，所以宇宙學的誕生是最「巨觀」宇宙與最「微觀」宇宙的研究所相結合在一起，這要感謝大霹靂，因為在那時巨觀和微觀是合一的。

人類很幸運，我們的尺寸大約正好在巨觀與微觀宇宙的中間點：人類的尺寸約為 1 米，普朗克尺度（～ $10^{-35}$ 米）是我們科學家心中所能想像到最微小的宇宙；反之，當我們向外看，哈伯尺度（～ $10^{28}$ 米）是目前宇宙的大小。這就是我們「上窮碧落下黃泉」想要了解的宇宙。

# 我們的宇宙

## 什麼是宇宙？

「宇」「宙」這兩個字頗有學問，在古代就已經使用了，東漢著名的天文學家張衡在他的宇宙觀中，已經提到這兩個字。在字典裡的解釋：「上下四方曰宇，古往今來曰宙」，用英文來說，宇代表空間（space），宙代表時間（time），我們這個宇宙有了愛因斯坦後，透過愛因斯坦的相對論，時間和空間就不再是分別存在，它們是合而為一的。所以從一個世紀以前，漸漸發展出一個新的字，將 space 跟 time 連在一起寫，變成 space-time，而我們中文早就有「時空」這字詞，可以說是跨越時空超時代。

## 宇宙的大千世界

要談宇宙，我們還是從自身先說起吧！大家都知道我們所在的星系叫做銀河系，銀河系中有兩千億個和太陽一樣的星球，所以我們有點虧，這麼偉大的太陽竟然只是其中兩千億分之一。更遺憾地，我們的銀河系也只是個路人甲，它是一個盤狀、旋轉的星系，這種星系在宇宙裡到處都是。像銀河系這種盤狀星系，它有好幾個旋臂，我們的太陽系就位在某一條旋臂上，比較靠邊邊，否則輻射太厲害，不會有人類存活。銀河系每幾億年繞銀河系中心一圈（太陽的位置公轉週期約 2 億 4000 年），所以，基本上我們整個銀河系從誕生到現在為止大約有 100 億年，已經公轉了很多次。

我們有鄰居，鄰居中也有很多星系，例如銀河系附近有一個仙女星系，還有一個三角座星系等等諸如此類。

再往外推，可以看到我們的宇宙充滿了星系。圖 1 是哈伯望遠鏡所拍攝的影像，其中各位看到光芒的部分是我們自己銀河系裡的星星，它們比較近，而其它沒有光芒的都是星系，每一個都像我們的銀河系，有的比我們的還要大，有的比較小。因為萬有引力的緣故，星系和星系之間也會相互地吸引，最後拉幫結派成為星系群。如果退一步再向外看，可以看到整個宇宙的大小，如圖 2，中間尺寸大約有一億光年，你會看到所有的星系並不是均勻地排在那裡，而是串聯在一起，有點像蜘蛛網一樣，有些地方變得相對空洞。我們可見的宇宙（哈伯半徑內的宇宙）大約有 100 億個星系，我們銀河系只是其中之一，而我們地球上到目前為止有 70 億個人口，你就是 70 億分之一，這是所謂的芸芸眾生吧！所以我們的銀河系就如同我們個人在世界上所佔的比例一樣，無足輕重，但也不要太自我菲薄。

圖 1 哈伯望遠鏡所照到的影像。（Credit: ESA/NASA）

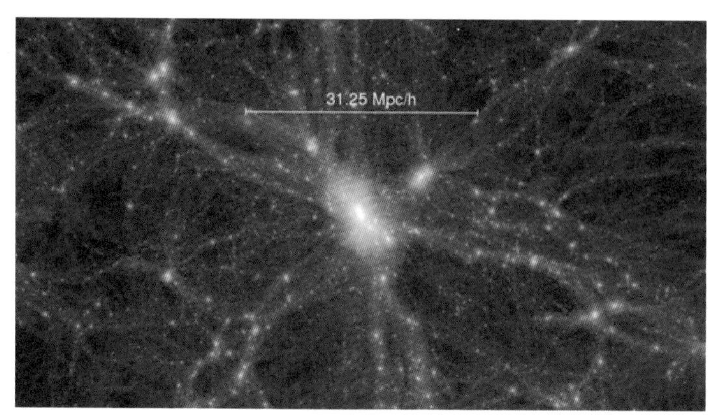


圖 2 星系群進一步串聯成超星系團。（Credit: Springel et al.（2005））

宇宙這樣一個複雜的結構，包括星球、星系、星系群，是怎麼來的？這是宇宙學家想要了解的諸多問題之一。一切都要從它大霹靂開始，時間和空間的形成，物質和能量的形成，夸克等基本粒子成渾沌狀態後，電磁作用的形成（光），接著宇宙放晴後（matter-radiation decoupling），星系的形成及行星的形成，最後到現在的宇宙。現在的宇宙學已經不是空談，而是一個實證且相當精確的科學。

## 宇宙的組成

如果把宇宙所有成份加總起來當作 1，以希臘字母 Ω 為代表，我們可以做成一個宇宙派（如圖 3）。科學家在 20 年前才確定這樣的比例：宇宙中成份最多的為暗能量（dark energy），佔大概 70%，這數字依精確程度還需加減一點點；接下來，大約有 25%的成份為暗物質（dark matter），兩者加在一起就佔了宇宙成份的 95%，因此星際大戰中的黑武士 Darth Vader 說的沒錯：「May the force be with you ！」至於前面提到的 2000 億個恆星乘上 100 億個星系（$\sim 10^{21}$）這麼多的星球，每個星球都有一大堆質子、中子，全部加在一起只佔了整個宇宙成份的 0.5%，連 0.01 都不到。微中子（neutrino）所佔的比例跟星球差不多，也是佔了 0.5%左右。圖中這些紅色綠色部分我們叫做一般物質，一般物質裡基本上全是氫和氦，游離的氫和氦就像電漿一樣，它們佔了一般物質約八成、宇宙成份的 4%。最後剩下的 0.0003 部分，是像我們地球一樣的固態星球，這項在未來可能會繼續修正，因為科學家陸續發現，絕大多數的恆星都有行星圍繞，這些圍繞的行星裡有一部份可能是固態的行星。

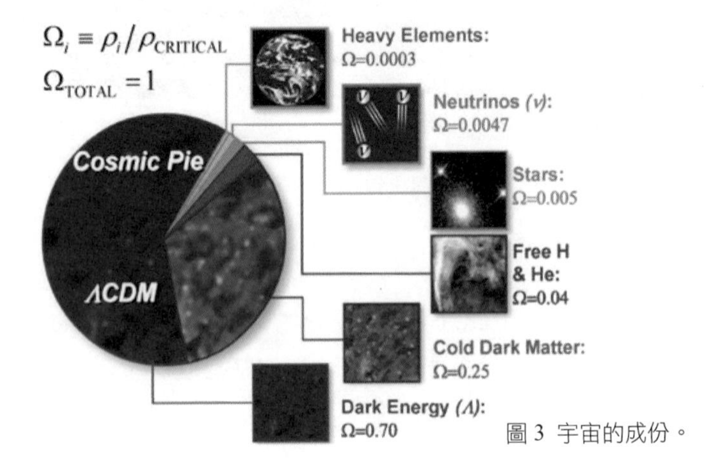


圖 3　宇宙的成份。

經過 20 世紀偉大的科學革命後，基本上我們對於基本粒子或一般物質已經有適當的了解，儘管微中子的作用力非常之微弱，人們對它了解最少。但是到了世紀交替的時候，人們突然發現 95%的成份（暗物質 + 暗能量）一定要存在，可是它們到底是什麼？沒人知道，科學家不斷地去搜尋，卻到現在還沒有答案。所以各位如果還在求學階段，任何人只要看到一個課題是大家很關切的，卻有 95%不知道它是什麼，只知道它存在，就要去找，所以未來是屬於你們的，這一定有大發現。

## 宇宙簡史

可能大家看過如圖 4 這樣筒狀的圖形，這是我們用卡通方法所畫的宇宙簡史。宇宙從爆發到現在有 138 億年，筒的橫坐標代表時間。宇宙大霹靂後，經過一個很短的暴漲時期，就進入緩慢的擴張，漸漸慢了下來，所以在頭 90 億年左右，它是由暗物質來掌控，宇宙雖然在擴張，由於暗物質的掌控，漸漸慢下來；等到第 91 億年左右，或換句話說，從現在回推大概是 50 億年前，此時太陽系剛剛誕生，宇宙經歷了一次交替。前面提到宇宙中 95%是黑暗勢力，暗物質和暗能量彼此互相在較勁，就在 50 億年前，暗能量贏了，所以從那時候到現在是暗能量在掌控整個宇宙。暗能量的特性是反重力，一般萬有引力是把東西吸進來，這只有在一般物質和暗物質才適用，而暗能量不受這個限制，反之，它是把東西往外推。所以在世紀結束前，1998 年 12 月，兩組科學家在美國東西海岸分別宣布，他們發現從 50 億年前到現在，宇宙的擴張非但沒有漸漸慢下來，反而在加速擴張中，這就必須要有暗能量的介入才可能解釋得通，因為所有星系都被往外推。

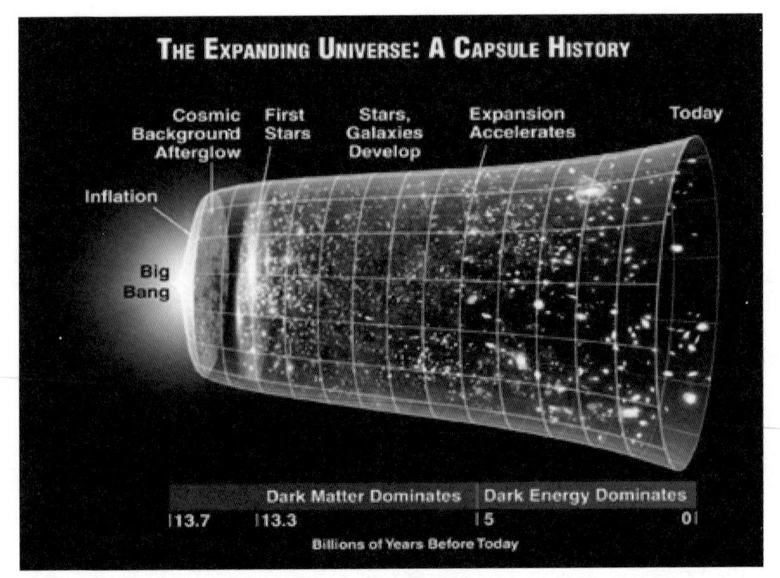

圖 4 宇宙簡史之卡通圖。（圖片出處：wikipedia）

我需要跟各位解釋一下圖 4 這張圖：我們的宇宙是活在這個筒的表面，有點類似人類的世界是生活在地球的表皮上。你也許會問這個筒的外面是誰住？裡面是什麼？我們的投影或一張紙都是二維的，在二維上最多只能表現三維空間（將 x、y、z 方向畫在紙上），無法畫出四維來，可是愛因斯坦教我們時間和空間是連在一起的，時間有一維，空間有三維（上下、左右、前後），如何用一張平面的紙畫出四維來呢？而我偏偏要跟各位介紹宇宙的歷史，所以時間這一維是不可少的，只能讓三維空間少一維，這也是為什麼我們世界是在筒的表面。幸好我們宇宙爆發的時候，基本上是蠻均匀的，因此這個犧牲不算真正的犧牲，因為它是均匀的，所以三維裡面多了一維，只要知道每個時間點這個筒擴張多快就可以了。所以不要問外面是什麼、裡面是什麼，因為那表面就是我們所有，就像我們活在地球上。

## 大霹靂

各位已經看到，我們的宇宙一直持續擴張，不管是漸漸慢或漸漸快的擴張，總而言之，它一直在繼續擴張中。擴張的意思代表什麼？前面提到宇宙就好比我們活在地球的表皮上，所以我就拿球的表面來做個比方：想像一個地球，今天的大小比昨天大了一點，假如你每天都有跟朋友通電話的習慣，一覺起來，打電話給東京的朋友，發現今早通電話的時間，比昨天、前天似乎慢了一點，打韓國、上海也是一樣，這肯定不是電話公司的問題，會是一個晚上臺灣就向菲律賓飄移了一下，導致跟東京、韓國及上海的距離變長嗎？可是麻煩就在於如果你有個朋友在澳大利亞，打電話去，時間也變慢了，打到紐約、巴黎也是變慢，每一個人都是變慢，這唯一的解釋就是地球變大了一點。偉大的科學家哈伯在 1929 年不但發現宇宙變大，而且發現宇宙變大的速率是跟它的大小成正比，正比的斜率我們用哈伯名字的第一個英文字母 H 來表示，以前稱之為哈伯常數，我們現在叫它哈伯參數，因為它在歷史的過程中會隨時間改變，是時間的函數。現在問題來了，如果昨天的宇宙比今天小一點，前天的宇宙又比昨天小一點，這樣以此類推，一路推下去，宇宙一定會有一個開始，且是無限的小，那個奇點或奇異點，我們就稱之為「大霹靂」。

關於大霹靂，多半的人都有一個誤解，認為它就像跨年放的煙火一樣，在空中引爆，這個概念如圖 5 上圖，從左開始這是空間，在某一秒鐘有一個煙火爆發，在下一秒鐘它漸漸擴散，擴散到其他空無一物的空間裡。宇宙大霹靂不是這樣的，這是一個錯誤的看法，雖然目前的宇宙看起來跟這解釋一樣，但我們科學家對它的看法不太一樣。

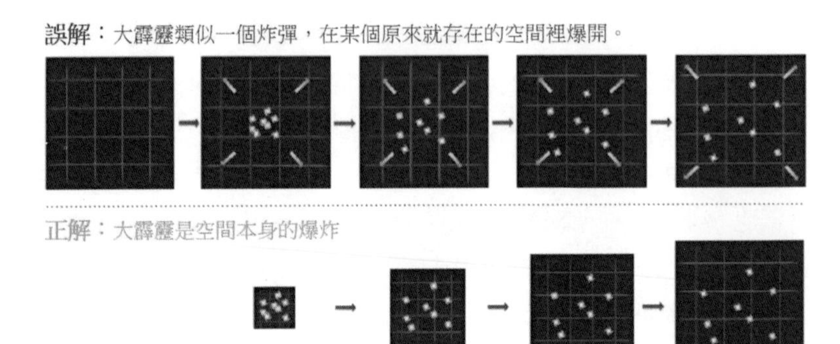


圖 5 （上）一般人誤解的宇宙大霹靂（下）正確的宇宙大霹靂。
（改自 Alfred T.Kamajian）

我們的看法是，當大霹靂發生之前或那個當下，空間是不存在的，嚴格來說時間也是不存在的，於是開頭是白白的（如圖 5 下方），空間是因為大霹靂而誕生，它的格子愈變愈大，到最後跟上圖最右邊一樣大，而上圖黑格子卻一直維持一樣大小，這是它們兩者的基本差別。但請注意，下圖中雖然黑色方塊漸漸變大，格子的數目卻沒有變，如果把格子當作經緯度來看，我們會發現裡面一顆星系在東經北緯某度，從開始到現在，它的經緯度都沒變，可是格子的尺寸愈變愈大。所以有人會問，宇宙爆發時，其他地方發生什麼事？既然宇宙是大霹靂發生的，那發生大霹靂的那點在哪裡？答案是，宇宙每一個點都是當時大霹靂爆發的點，因為原來沒有時空，空間是誕生出來的，而且宇宙沒有哪一點是中心，或每一個點都是中心，這叫「哥白尼原理」。

# 宇宙暴漲理論（Inflation）

## 背景

科學家發現宇宙背景輻射（Cosmic Microwave Background, CMB）是早期宇宙留下來的殘骸，它有一個特點：這個宇宙背景的餘溫現在只剩下 2.7K（零下 270℃），怪就怪在不管往東、西、南、北哪個方向看，都是一模一樣的溫度。這件事情大霹靂沒有辦法完全解釋，需要一個額外的理論來說明它。於是在 1980 年（這年很特別，那時還在冷戰），蘇聯和美國東西陣營分別有科學家提出理論來解釋宇宙大霹靂所留下的一點缺憾，這理論的特點是：宇宙剛爆發的時候，曾經有個極短暫的時間（$10^{-35}$ 秒），宇宙擴張了 $10^{28}$ 倍，這就叫暴漲（Inflation），它比任何經濟學上所謂的 inflation 不知嚴重多少倍。暴漲有個好處，就算原來的宇宙崎嶇不平，被這樣一個瞬間拉扯後，通通變平了，所以溫度大家都一樣。

## 量子微擾與真空能量

可是問題又來了，如果宇宙真的被扯這麼平，就不可能有我們現在的大千世界，因此需要給它一點點不均勻，大約 $10^{-5}$ 的不均勻，才能解釋我們現在所看到的宇宙複雜結構。這樣一點點的不均勻怎麼發生呢？我們得要感謝量子力學的貢獻。量子物理告訴我們「真空不空」，如果各位聽說過測不準原理，測不準原理是 1926 年海森堡所提出，它描述如果量測一樣東西，東西位置的不準確度（$\Delta x$）與動量的不準確度（$\Delta p$）相乘，必須要大於普朗克常數 $\hbar$（$\Delta x \Delta p \geq \hbar$）；它另一個表達方法就是$\Delta t \Delta E \geq \hbar$，在某個時間範圍內（$\Delta t$）能量可以不需要守恆，而有一個不準確度叫 $\Delta E$，兩者乘在一起也必須要大於普朗克常數。這就給真空開了一扇方便之門。我們一般對真空的想像是「空無一物」，但不是的，真空在現代物理學的認識下是生生不息，因為可以在某個時間範圍內「無中生有」產生不同的粒子，譬如正負電子對，只要在下個瞬間、時間內歸隊（湮滅）就沒問題，因此量子真空其實是蠻像童話裡的灰姑娘 —— 仙女把灰姑娘的破爛衣服變成一件漂亮的晚禮服、老鼠變成了馬、南瓜變成了馬車，在午夜 12 點前一定要回家，否則一切會變回原形。我們的真空也就是很多個灰姑娘，跳來跳去，時間到了一定要回去。但這樣的躍遷是隨機的（量子力學的特點），所以在任何時間點去觀察這個真空的時候，都會正好有某一些躍遷在那裡活躍，因此真空平均來說，都有個能量在，稱為「真空能量」。

## 微波背景輻射不均勻性

這個躍遷非常重要，跳躍給予了溫度，且它是隨機的，因此在宇宙暴漲的階段，溫度有點小小的差別（千萬分之一），造就了我們宇宙有一些稍微熱一點的區域，和一些稍微冷一點的區域（如圖 6）。

圖 6　宇宙背景輻射溫度非均向性。（Credit：WMAP）

我們去量宇宙背景所有微波，扣掉銀河系的光，只看到遠處的宇宙，我們會發現宇宙裡的背景溫度是 2.73……K 到小數點第五位，差別了一點點，於是將平均值減掉，以小數點後第五位的差值做出圖 6 這張圖。這一些微小的差別就像資本主義，富者愈富、貧者愈貧，由於萬有引力，稍微熱一點的地方便有個優勢，它會把四周圍的物質吸引過去；稍微冷一點的地方處於劣勢，物質被吸引掉，最後就造成了星球、星系、星系群等等。所以這裡量子力學非常重要，我們不妨說，所有的人類、所有的宇宙都是量子力學的子孫。

## 原初重力波

在暴漲期間，除了溫度，還有另一個機制：時空的格子（如圖 5）根據量子力學也會有小小的擾動。這個振動可以想像一張有彈性的網子，你去打它一下，它就會振動並傳播。這種時空格子振動的傳播就叫做重力波。所以在暴漲期間也會有個重力波，這個波會一直印記在宇宙背景輻射的偏極上，使得宇宙背景輻射有個奇怪的圖像。雖然我們現在已經相當了解暴漲，但宇宙原初的重力波到現在都還沒有被測量到，因此全世界科學家都在努力想辦法去量到它。現在宇宙暴漲有很多各種各樣的理論，目前還沒辦法分辨哪一個是對的，如果能將原初重力波量出來，便能進一步侷限現有的理論，甚至能告訴我們暴漲的來源是什麼，非常重要。

更重要地，如果我們以光線來觀察宇宙，最早只能回推到宇宙第 38 萬年（宇宙背景輻射產生的時候），在之前因為高溫高熱，光與物質都混在一起，但宇宙的原初重力波不受這些影響，所以如果我們能量到它，就可以完全回推到宇宙剛開始爆發的 $10^{-35}$ 秒。

## 探尋原初重力波計畫——阿里 CMB 偏極望遠鏡（AliCPT）

有一個測量原初重力波的合作計畫叫阿里望遠鏡[1]，它設於西藏最西邊的阿里，這裡在古時候是阿里王國。臺大和北京高能物理研究所及史丹佛大學合作，第一號望遠鏡（阿里一號）在一年之間，從去年七月到今年七月，已經蓋好了，它是個非常有國際水準的觀測站，也是北半球唯一具有大視區的望遠鏡，位於海拔 5,250 米。我們的目標是在這成功的基礎上，繼續研發阿里二號，打算再往高處走到 6,000 米。我們去年去勘查地形，希望能找到一個理想、6000 米高的觀測位置。為什麼要設於那裡？限於篇幅，我就不再說明。

# 暗物質（Dark Matter）

前面提到暗物質，暗物質在宇宙成份中佔了 25%，它到底是什麼意思？各位在遊樂場如果坐如圖 7 左圖這種遊樂設施，它會有個向外甩的力（$F=mv^2/r$），這個力稱為向心力（centrifugal force），與你的質量和速度平方成正比，與你到中間柱子的距離成反比。同理，雖然沒有如遊樂場有根繩子綁著，銀河系中所有兩千億個星球都會繞著我們銀河系中央轉，它們為什麼要轉？因為在任何一個位置，包含這位置半徑以內的所有其他星球會聯合給予一個萬有引力，把你拉著，使得你可以高高興興地轉圈。所以科學家可以反過來從運轉的速度知道中間包含了多少物質（J. Kepler 即是利用這種方法量出太陽質量），根據天文學家從 2000 億個發光星球的觀察，可預測它們的公轉速度，到了外圍星球漸漸稀疏的時候，此時公轉速度應該與距離成

---

1 阿里望遠鏡（Ali CMB Polarization Telescope, AliCPT）
簡介可參考：https://arxiv.org/abs/1710.03047

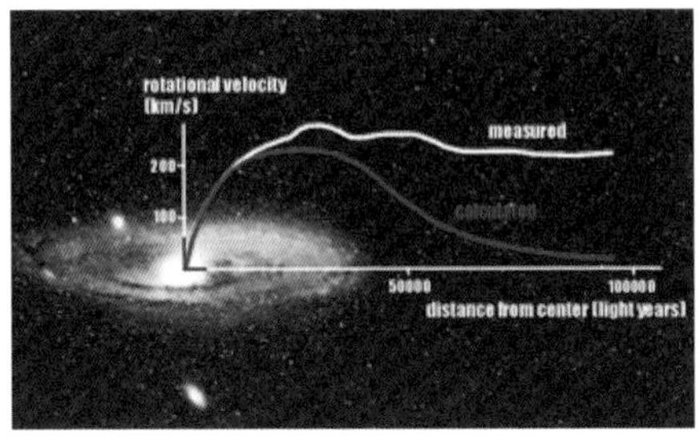


圖 7 （左）遊樂場設施受到的向心力（右）銀河系中星球因萬有引力旋轉的公轉速度。

反比。結果觀測結果令人大為吃驚。這是 1930 年就發現的，當你往外看，速度非但沒有慢下來，反而維持在這個速度（如圖 7 右）。

所以 30 年代就有科學家提議，一定還有不發光的物質——更多不發光的物質充斥在四周圍，使得這些外圍孤單的星球繞著中央旋轉時，速度並沒有慢下來。等到 1960、1970 年代，一位非常傑出的女性天文物理學家 Vera Rubin （1928-2016）透過觀察很多星系公轉的速度，證實暗物質一定要存在。

因此現在的標準看法是，任何一個星系的四周都籠罩在一群暗物質的暈輪（Halo）裡，數量大約為此星系所有星球加在一起的 5-10 倍左右。另一個暗物質必然存在的證據便是圖 8 這個哈伯望遠鏡的影像，在宇宙深處有個亞培爾星系群（Abell Cluster），在它背後有更遠的星系，這星系所發出來的光成了好幾個像，而且形狀已經扭曲，顯示出這亞培爾星系群做了一個透鏡的效應（重力透鏡），把更遠的光聚焦在我們地球上，讓我們看到。

圖 8 哈伯望遠鏡所拍到亞培爾星系群的重力透鏡現象。
（圖片出處：http://hubblesite.org/hubble_discoveries/10th/photos/slide36.shtml）

前面提到時空是有彈性的，這是愛因斯坦歷史性的發現。愛因斯坦的廣義相對論，簡單而言，是「重力可以扭曲時空，而扭曲的時空反過來決定物質如何運動。」因此想像亞培爾星系群使得時空產生扭曲，背後遠處有個星系發出光，光經過星系群附近時，必須要沿著扭曲的格子走，平常走到很遠的光線被導引到地球來，因此我們在地球上看到好幾個成像。科學家又進一步發現，如果光靠亞培爾星系群發光的星系要在地球成好幾個像是不夠的，必須要有更多看不到的物質在其中，換句話說，物質質量所引起的時空扭曲還要更深一點，才有辦法解釋我們看到的現象，那些應該就是暗物質。有趣的是，暗物質和可發光物質的比跟我們地球上用星系算出來的很接近。另外一個例子是子彈星系群互相穿越，提供暗物質存在最有力的證據。

## 宇宙大尺度結構

圖 9 是一個電腦模擬結果，引入暗物質的貢獻，看宇宙如何從一開始千萬分之一的不均勻，發展到現在的複雜結構，就只靠萬有引力而已。其中圖上的z代表宇宙過去，當z＝0為現在，z值愈大愈古代。

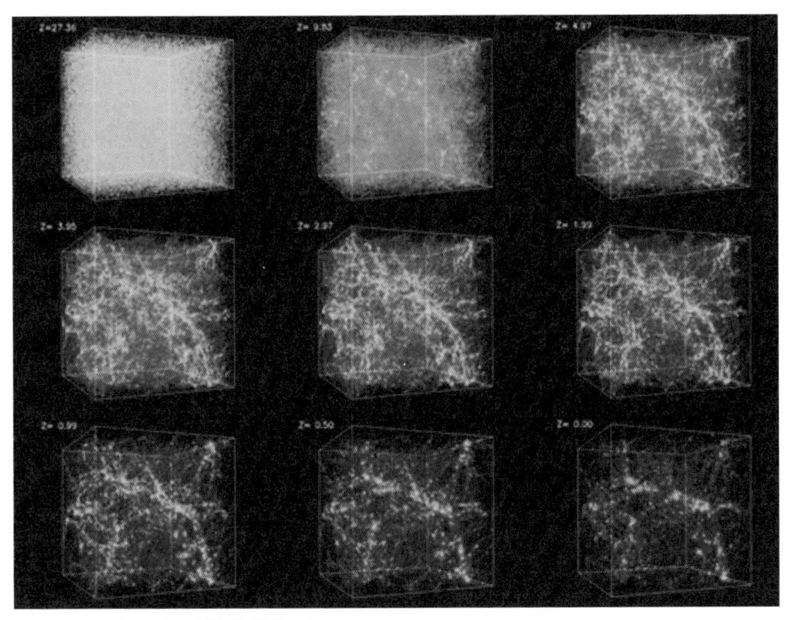

圖 9 宇宙大尺度結構的模擬結果。
（圖片出處：http://cosmicweb.uchicago.edu/filaments.html）

# 暗能量（Dark Energy）

## 愛因斯坦的錯誤—宇宙常數 Λ ？

暗能量佔宇宙成份的 70%，那暗能量是什麼？在 50 億年前，突然之間宇宙的膨脹在加速，這給我們整個科學界一個極大的震撼，我是以一個當事人的身份來說，因為之前我們都不知道有這樣的事情。這要特別提一下，愛因斯坦從 1905 年發現他偉大的狹義相對論後，又花了 10 年的努力，在 1915 年終於找到了最後的答案 — 廣義相對論。廣義相對論將重力放入考慮裡面，隔了一年他便提出來這個理論容許有重力波的效應，經過 100 年後，我們果然量到了。再過一年（1917），愛因斯坦將他的理論拿來應用在宇宙學上，所以他可以說是現代意義下第一位宇宙學家。他馬上發現，他的愛因斯坦方程的解是不穩定的，因為萬有引力是強者愈強，聚在一起的物質愈多，愈會更小、更綁在一起，到最後變成無限大，這是不穩定的，但人類過去一萬年，從亞述人到現在，所有的星座傳說好像沒有變過，天上的星座也跟原來的差不多，並沒有掉下來，為了克服這個問題，愛因斯坦必須要放入一個額外的常數項在他的愛因斯坦方程中，這個常數稱為宇宙常數。宇宙常數是反重力的，可以把東西推到它原來的位置，不讓它掉下來。可是在 1929 年，哈伯發現宇宙在擴張，因此不需要額外的宇宙常數就能讓東西不掉下來，因此愛因斯坦非常遺憾地宣布，這是他的生涯裡最愚蠢的錯誤，他要將這宇宙常數拿掉。可是，科學就是這樣，一旦一個理論發表了，就好像希臘神話中的潘朵拉一樣，把盒子打開，後悔了，想要把盒子蓋上也來不及，盒內的東西都已經感染了全世界。所以，愛因斯坦雖然把蓋子蓋上，全世界的科學家依然還是在研究這項常數，因此，宇宙常數一直是個問題。

到了 1998 年年底，《科學》雜誌 *Science* 就以愛因斯坦做為該期的封面，封面上寫著「加速擴張的宇宙（The Accelerating Universe）」，底下畫了抽菸斗的愛因斯坦，菸斗冒出來的泡泡裡寫了一個大寫的希臘字母 Λ，這是愛因斯坦當初引進這個常數所用的符號，在當時他用的是小寫的 λ，後來科學家傾向用大寫的 Λ，因為小寫 λ 有別的用處。這是我一個感慨：愛因斯坦連一個錯誤都變得這麼不同凡響。

「加速擴張的宇宙」這個發現，使得三位物理學家 Saul Perlmutter、Brain P. Schmidt、Adam G. Riess 在 2011 年拿到諾貝爾獎，因為他們用各種別的方法都證實他們的發現是正確的。

# 微中子（neutrinos）

## 粒子標準模型

微中子雖然只佔了宇宙成份中的 0.5%，它卻是一般物質裡最暗的部份，跟暗物質與暗能量的「暗」有異曲同工之妙，所以科學家們都希望對它有多一些了解。經過一個世紀的努力，我們知道基本粒子有一個標準模型，它們分成三個週期（如表 1），有點類似元素週期表，它的物理性質很接近但重複，我們也不知道它為什麼要重複。每一個週期裡都有一個微中子，所以微中子有三個不同的風味（flavor）：電子有它相應的微中子，叫電子微中子；一種比電子重 270 倍的粒子叫渺子（muon），渺子的物理性質跟電子一模一樣，只是比較重，它也有一個相應的微中子，叫渺子微中子；更重的一個粒子叫濤子（tau），也有相對應的濤子微中子。

表 1 基本粒子週期表。

| | | | |
|---|---|---|---|
| 夸克 | u<br>上夸克（up） | c<br>魅夸克（charm） | t<br>頂夸克（top） |
| | d<br>下夸克（down） | s<br>奇夸克（strange） | b<br>底夸克（bottom） |
| 輕子 | $\nu_e$<br>電子微中子 | $\nu_\mu$<br>渺子微中子 | $\nu_\tau$<br>濤子微中子 |
| | e<br>電子（electron） | μ<br>渺子（muon） | τ<br>濤子（tau） |

所以我們一共有 12 個基本粒子，其中有 3 個是微中子，佔了 1/4 的比例。因此微中子實在很重要，但我們對它的性質所知最少，因為它不帶電荷，只參與弱作用。但各位不要被「弱」作用這個弱字騙了，弱作用可不弱，我們之所以有太陽能發光，就是從弱作用出來的。

## 微中子天文學

既然微中子作用力這麼弱，它反而有個好處：超新星爆炸有 99%的能量是由微中子所攜帶，微中子基本上不受干擾，如果能從宇宙邊緣發生的事件，透過微中子到地球上被捕捉下來，我們就能夠了解宇宙的最邊緣，所以它是一個很好的信差。

太陽的核反應會產生微中子，美國的戴維斯教授（Raymond Davis, 1914-2006）因為偵測到太陽微中子獲得 2002 年諾貝爾物理獎。太陽不是完全一樣的溫度，它的表面溫度約有 6000K，裡面更熱，只有中央部份才是它的核反應爐。微中子因為不太與其它物質發生作用，從核反應爐出來，就直接穿過太陽抵達地球，如果能量到太陽的微中子，就等於看到太陽的內部，這有點像是在醫院所做的 X 光檢查（圖 10）。

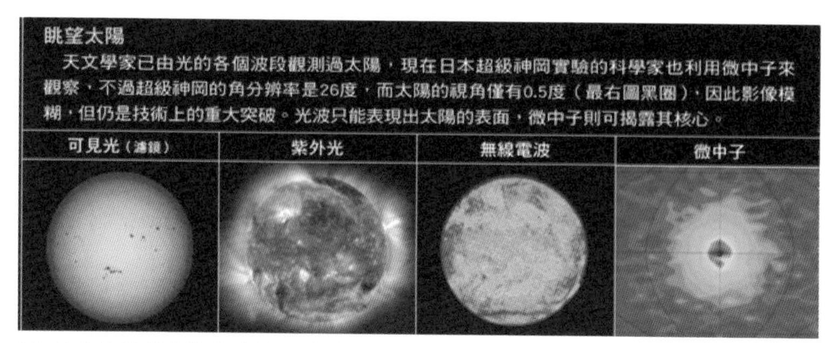


圖 10 以不同電磁波波段及微中子所觀察的太陽。

## 微中子振盪

同樣在 2002 年，日本的小柴昌俊教授也因 1987 年於神岡的探測器第一次量到來自超新星爆發的微中子，與戴維斯同獲得諾貝爾物理獎。小柴昌俊的學生梶田隆章後來繼承了他的老師，進行下一步的重大實驗。他與加拿大的阿瑟・麥克唐納（Arthur B. McDonald） 教授在 2015 年也拿到諾貝爾物理獎。他們有個重大發現：微中子在飛行途中會不斷變換風味（flavor）。太陽由於是質子中子作用，會跑出電子微中子，電子微中子在飛到地球的途中（光從太陽到地球約需 8 分鐘），有時會變成渺子微中子，或又變成濤子微中子，變來變去，有點像西遊記裡的孫悟空 72 變，這種現象稱為微中子振盪。因為這個發現也證明了一直以來是認為沒有靜質量的微中子有靜質量。

圖 11 是我與梶田隆章教授的合照。兩個星期前是臺大九十年校慶，我請了梶田教授作為嘉賓來臺大演講，校長請我幫忙去邀請他。照片中左起第二位是廣達電腦的共同創辦人和副董事長兼總經理梁次震先生，其它人是我的小組成員。

圖 11 梶田隆章教授於台大九十年校慶蒞校演講。（陳丕燊教授提供）

## 微中子觀測 —— ANITA

微中子要在哪裡找最好呢？它的作用力這麼微弱，該如何把它擋下來？此時我們需要一個超大的靶。南極的冰超級大，南極洲約是一個中國加上一個印度次大陸這麼大，非常適合拿來當靶材，於是我們有個國際合作計畫 ANITA（The Antarctic Impulsive Transient Antenna）到南極去捕捉宇宙來的超高能微中子。第一次飛行在 2006 年 12 月，我們用 NASA 的大汽球將探測器吊到極高的高空，約 40 公里高，在這裡大氣稀薄到原來像圖 12 左圖大小的氣球擴張到如美式足球場這麼大。 南極有半年永晝、半年永夜，永晝時太陽持續照射它，於是冰表面空氣漸漸發熱，熱空氣會上升，上升後因為地球自轉的緣故，它會像沖馬桶的水流一樣旋轉，大約兩星期轉一圈。因此將探測器放在天上，它會隨著大氣的環流每兩星期繞一圈（如圖 12 右）。

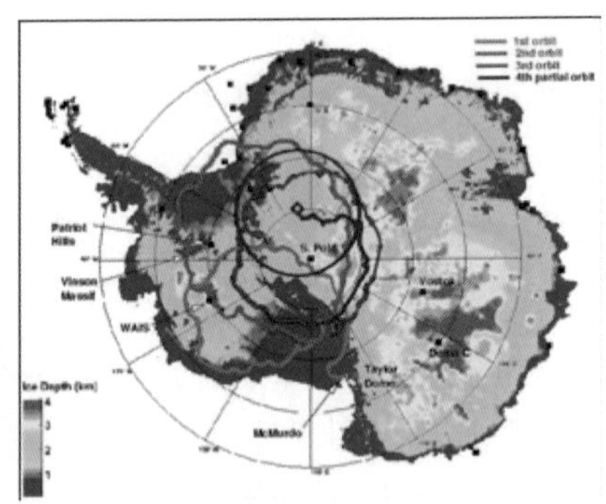


圖 12 （左）ANITA 氣球升空前（右）ANITA 探測器在南極上空的軌道。
（陳丕燊教授提供）

我們第一次把探測器打到天上，它就繞來繞去，大概 30 天左右太陽就非常接近地平線，我們不得不收工。雖然氣球是無動力的，僅靠大氣環流來帶動，但探測器要讀取數據、運作還要將數據送下來，這些都需要電，而電來自於太陽能電板，當太陽接近下山時，電板已經沒有電，我們就必須要收工。收工時，其實我們的降落傘還不錯，只可惜打到地面前沒來得及脫鉤，冰沒什麼摩擦力，所以探測器被拖行好幾公里，最後損壞了，幸好數據盒沒事，我們得以將所有數據取回。

我們臺大團隊在這國際合作裡，尤其是南智佑（Jiwoo Nam）老師，在當時還是我的博士後研究員，他第一個發現，雖然第一次我們沒有找到微中子，卻找到很多極高能的宇宙射線。極高能宇宙射線（多半是質子）進了大氣層其實就會發生簇射（air shower），產生很多正負電子對，我們原來沒有預期會看到任何無線電波的訊息，可是很幸運地，在南極地球的磁場方向基本上是接近垂直的，所有這些簇射的正負電子對在地球磁場方向基本上都有垂直的分量，帶電粒子因磁場偏折會放出同步輻射光，同步輻射的頻率很寬，其中無線電波的波段被我們收集到，甚至於無線電波打到冰表面還會反射。在這 30 天內，我們一舉看到 16 顆極高能宇宙射線，這大概是全世界最有效率的，只可惜這計畫只能操作一個月。

## 微中子觀測——天壇陣列宇宙微中子天文臺（ARA）

因此 2009 年（那時我已回臺灣）我在國際上發起一個新的計畫——天壇陣列宇宙微中子天文臺（The Askaryan Radio Array, ARA），將偵測器埋在南極點的冰表面下，打算最後完成時占地 200 平方公里大（臺北市面積大約為 100 平方公里）。臺大團隊承諾提供 10 個天線站，目前我們已經安裝了 5 座天線站。

在 2011 年，也就是民國 100 年，我以天壇陣列的國際共同發言人的身份去南極安裝第一座天線站，圖 13 是當時的照片。

圖 13 2011 年在南極點前與自製建國百年國旗合影。（陳丕燊教授提供）

照片背景是美國國家科學基金會花了 10 年的功夫所建造的全新南極站，我背後有個牌子，上面寫著「Geographic South Pole」代表地理上南緯 90 度的南極點，牌子上放了兩個名字：Roald Amundsen 及 Robert F. Scott。這兩位探險家，尤其是 Roald Amundsen，他在 1911 年 12 月 14 日到達南極點，是首次到達南極點的人類；而英國的船長 Robert Scott 慢了五個星期，在隔年 1 月份到達。這兩人競爭首次到達南極，是人類歷史上相當可歌可泣的故事，我非常鼓勵大家上網去搜尋相關的故事。照片右下角是當年 Amundsen 使用的方向儀的複製品。

- **在南極的國旗故事**

照片中這面國旗是我在南極站的房間裡面親手畫的。我去南極之前，準備了國旗和旗桿，因為南極那裡方圓千里全是冰，當地不可能有旗杆，所以要先準備好。我去之前非常忙碌，到了南極打開箱子才發現我只帶了旗杆，忘了帶國旗。正當覺得遺憾的時候，我發現新的研究站裡有一個「Art and Craft Room」，是個做手工藝的工坊，裡面有許多顏料，我非常的高興，因為至少有顏料，但下一個念頭是：我可能要犧牲所有的內衣了！那裡有個裁縫機，我打算將內衣剪開通通縫起來。不過第二個幸運是，那裡一個大工作檯下有個大簍子，裡面全是布，其中有一塊是全白的布，又超級大，於是我馬上跑到外面看看照片中這幅美國國旗有多大，便開始製作這面超大的國旗。但自小學後我就沒畫過國旗，還須上網看一下國旗怎樣畫才是正確的，偏偏南極只有約200個研究人員在那裡，沒什麼人煙，所以沒有商業價值，也就沒有 GPS 或網路，除了澳大利亞的衛星偶而經過一下，每天只有衛星繞過這小小時段讓人可以使用無線網路，而且還規定一封電子郵件大小不能超過 15KB，15KB 大概內容只能寫「I'm fine.」吧！我利用這個空檔 Google 了一下，回復我對國旗的記憶，便可以開始畫了。我利用 Sharpie 麥克筆，花了三天三夜才畫完國旗的兩面，你會問南極不是永晝嗎，三天三夜是什麼概念？在南極是採用紐西蘭的時間，比臺灣早 5 個小時，時間到了還是得睡覺。畫完國旗後，我想到 2011 年是辛亥革命 100 週年，我便畫了「100」在白日的中間，同時我注意到工作坊裡有一幅未完成的油畫，上面也寫了 100，原來這是要慶祝 Amundsen 登陸南極 100 週年，於是我在國旗另一面又畫了一個 100，所以這是幅「雙百」的國旗。

● 臺大校史館

回到臺大，校長要校史館館長跟我取這幅旗子來典藏，我說好，但有個要求，因為這是用 Sharpie 所畫的國旗，紫外線下曝光久了，紅色會變成咖啡色，所以我唯一的要求是請他們用一個防紫外線的玻璃框來放國旗，如圖 14 左圖。玻璃框裡的旗杆原汁原味，是我從南極又帶回臺灣的；旁邊這隻企鵝也是從南極過來，因為紐西蘭觀測站有一個禮品部，所以玻璃框內所有東西全部都是從南極過來，如果你有興趣參觀臺大，校史館就是從大門進去左邊的第一棟大樓。

圖 14 右圖是在校史館我一張畫的複本。人生的戲劇情節就是這樣，一件事引發另一件事，就像連續劇一般。校史館的職員要來向我拿國旗的時候，想說上網去搜尋看陳丕燊教授是什麼人，沒想到發現我以前畫的油畫，而這油畫的內容就是現在的校史館！現在的校史館在我讀書時期是臺大總圖書館，當時有一天晚上我讀書讀累了，又正值夏天氣候很悶熱，我就幻想著如果總圖書館沒有屋頂該有多好，於是我拿起筆來隨便勾勒幾筆，就騎著鐵馬回家，一夜沒眠將這張圖畫出來。

這幅畫當然也展覽過，校史館職員之所以有興趣是因為畫中這個總圖書館已經不敷使用，現在改為校史館。他們問這幅畫可不可能給他們用來做明信片，我說好，並乾脆複製了一幅畫送給他們，因此這幅畫現在也在校史館內。這幅畫的標題《在我頭上者，群星之天空》是德國哲學家康德（Emmanuel Kant）墓誌銘裡的頭一句，我在年輕

圖 14 （左）台大校史館所展示的南極雙百國旗 。（陳丕燊教授提供）
（右）《在我頭上者，群星之天空》「Der bestirnte Himmel über mir」。陳丕燊繪（1969）

的時候非常景仰康德，所以用了這句話當書的標題。當然我沒有想到，自己畫的圖現在又回到那個館內，而且，的確我現在在研究「群星之天空」。

## 太魯閣觀測站（TAROGE Observatory）

前面提到我們臺灣在天壇陣列有很主要的貢獻，基本上所有硬體多半是我們做的，也因此我們掌握了那個技術。前面也提到我們意外發現地磁偏折宇宙射線（簇射產生的次級粒子）是可以產生無線電波的，而臺灣占了一個獨一無二的地理條件，因為臺灣是南北向，東海岸非常陡峭，因此海岸邊可以有 1000 多公尺這麼高，向外看，地球磁場到了我們附近是南北向，我們如果在海岸邊建一個觀測站向東看（實驗設置如圖 15），便可以捕捉從西邊方向來因宇宙射線簇射被地磁偏折所發出的無線電波，或是無線電波碰到海面反彈，還有穿過地殼一部份從宇宙來的濤子微中子，衰變成濤子之後，穿出海面變成簇射得到的訊號，所以我們就發展一個計畫稱為「太魯閣觀測站」。

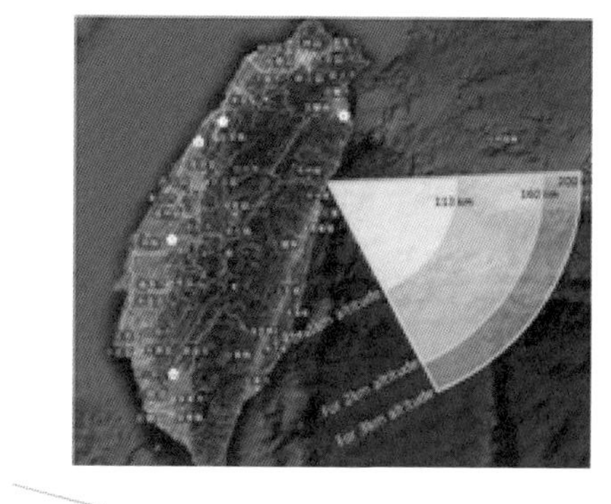

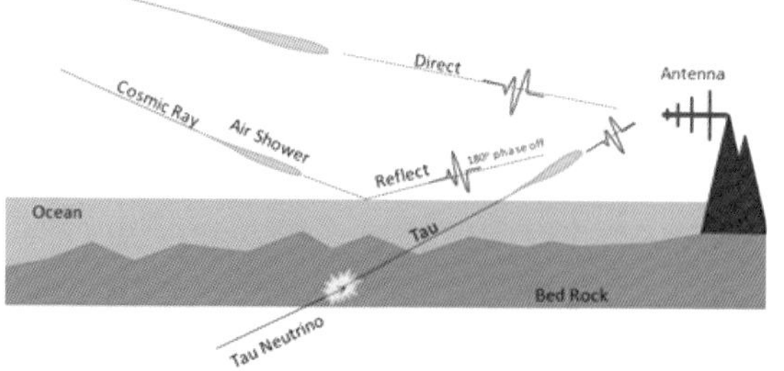


圖 15 （上）太魯閣觀測站的觀測範圍 。
（下） 太魯閣觀測站基本設置與原理。

今年七月我們成功地安裝第三座太魯閣觀測站（如圖 16），方向望向太平洋，地點位於花蓮地和平鄉。

圖 16 第三號太魯閣觀測站，於花蓮和平鄉。
（陳丕燊教授提供）

## 黑洞（Black Hole）

宇宙大致上有三種黑洞：每個星系中央的超大黑洞（幾百億到幾千億的太陽質量）、恆星質量黑洞（幾個到幾十個太陽質量）、原初黑洞（大霹靂時誕生，質量極小）。其中，去年（2017）諾貝爾物理獎所頒發人類首次發現的重力波，就是有兩個恆星質量黑洞纏繞，最後撞在一起發生的。兩個黑洞，一個是 29 個太陽質量，另一個是 36 個太陽質量，撞在一起後，形成一個 62 個太陽質量的新黑洞。但 29 ＋ 36 應該等於 65，失去的那 3 個太陽質量的黑洞質量，完全轉化為重力波的能量，被我們量到。美國偵測重力波的實驗有兩個觀測站，彼此大約相隔 3,000 公里，一個位在美國華盛頓州（西北），另一個在路易斯安那州（東南），這兩個觀測站分別同時量到重力波訊號，而且中間的時差剛好等於光速走 3,000 公里左右的時間。

黑洞顧名思義，就是光也出不來的地方，黑洞有一個邊界叫事件視平線（event horizon），在事件視平線以內的光都是出不來的。而黑洞最中央的原點質量密度為無限大，愛因斯坦說過，物質會使時空扭曲，所以到了這一點，它的時空格子就會發散，變成無窮大曲率的斜度（圖 17 左）。愛因斯坦在 1930 年代年提出，如果兩個黑洞碰在一起、時空頭接尾的話，可以變成一個蟲洞（wormhole）（如圖 17 右），從一邊進去，有機會從另一邊出來。如果我們將來從 A 到 B 點做星際旅行，就不需要像圖中紅線這麼費事，可以直接一端進去，另一端出來。蟲洞的概念也常出現在科幻電影中，如星際效應。

上述黑洞部分只要有愛因斯坦就行了，這些都是廣義相對論愛因斯坦方程式的解。愛因斯坦的廣義相對論並沒有普朗克常數 $\hbar$ 存在，在物理上，我們稱沒有 $\hbar$ 的理論為古典理論，有 $\hbar$ 的叫量子理論。量子力學和相對論是 20 世紀最偉大、最重要的科學革命，可能各位聽起來像西北風般沒什麼感覺，其實如果沒有廣義相對論的修正，我們的 GPS 就沒有辦法做到現在的精準度；那量子力學有什麼重要？我們現代人沒有人可以不用手機生活，而手機裡所有的晶片都是量子力學的結果。

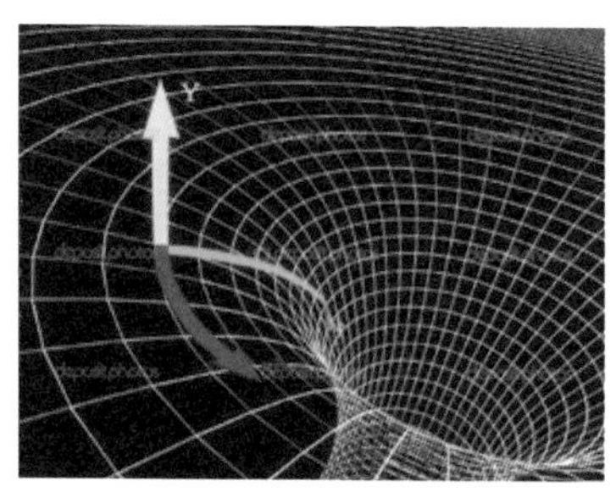

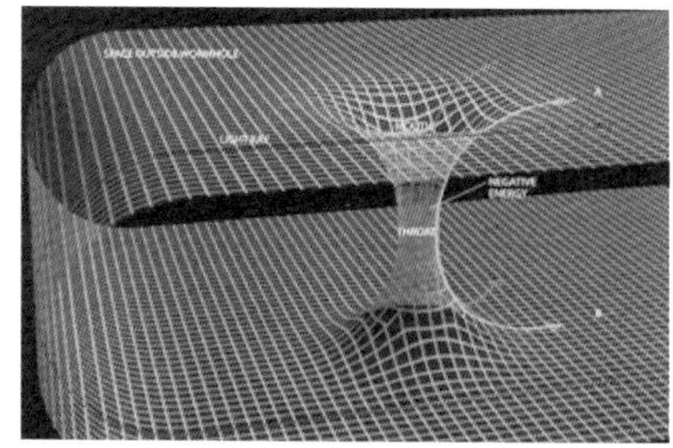


圖 17（左）黑洞附近扭曲的時空（右）兩個黑洞形成的蟲洞。

## 霍京黑洞輻射

鼎鼎有名的霍京在今年 3 月去世了，他在 1974 年做了一個偉大的貢獻，將這兩個理論放在一起，發現黑洞不是完全黑的，而是會發一點點光，換句話說，它有個溫度，我們稱之為霍京溫度。這個溫度和黑洞的質量成反比，有趣的是，黑洞的發光稱為霍京幅射，輻射的結果是黑洞會逐漸變小，被蒸發掉，當黑洞質量愈來愈少的時候，溫度卻越來越高，於是黑洞愈來愈發熱，愈發熱黑洞蒸發得愈快，最終像爆掉一樣。這個理論也就是把量子力學考慮進去。我前面提到真空非空，裡頭有很多躍遷存在，如果一個事件視平線附近的正負電子對有一個掉入黑洞內，另一個就會輻射出來，如圖 18，這就是霍京輻射的道理。

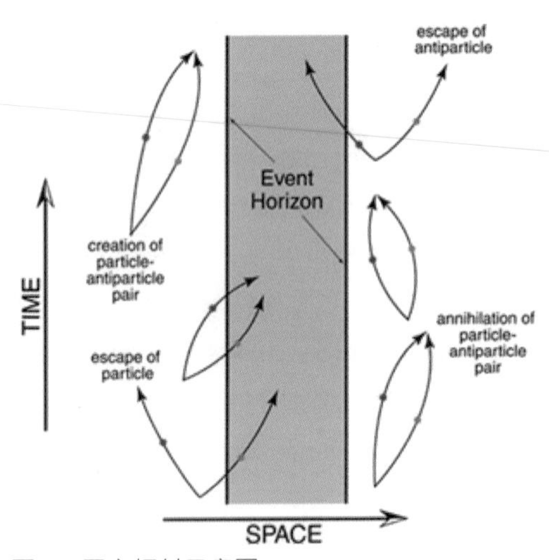


圖 18 霍京輻射示意圖。

## 黑洞訊息遺失悖論

霍京輻射有個嚴重的後果，這是霍京自己在兩年後（1976 年）提出來的。他說如果黑洞可以完完全全蒸發掉，會有一個問題：一開始黑洞形成的時候，是有很多資訊的，可是黑洞蒸發的結果，會變成一大堆的熱，在熱力學裡，熱是沒什麼資訊的，它是非常混亂的狀態，而資訊需要規則，所以，黑洞蒸發後資訊跑到哪裡去？可能各位覺得資訊跑掉了也沒什麼關係，可是資訊（或機率）的守恆是量子力學最重要的基石，因此黑洞蒸發可能會遺失信息這個問題可能讓 20 世紀最重要的兩個革命——量子力學與廣義相對論——之間不相洽，這是個嚴重的問題。

但在過去 40 年裡，所有這些探討都侷限在理論的辯駁，原因很簡單，因為想要直接從觀測宇宙中的黑洞來找答案幾乎是不可能的，一個太陽質量的黑洞讓它慢慢蒸發，需蒸發 $10^{67}$ 年（霍京壽命），而我們宇宙到目前為止的年紀為 $1.38\times 10^{10}$ 年，要解決這個問題的關鍵點在黑洞蒸發到最後，此時溫度很高，通通變不見，但我們還要等這麼久。於是科學家開始思考有沒有可能在實驗室裡打造一個類比黑洞來研究這個問題或霍京現象，因為已經等不及了，宇宙中那些恆星質量的黑洞的霍京溫度非常低，根本不可能看到它們任何輻射。

## 類比黑洞實驗解答信息悖論

因此去年我和我的合作者 Gérard Mourou 教授一起發表了一篇論文[2]，提出一個辦法來打造實驗室的類比黑洞：利用超強的雷射打進電漿，使得電漿產生尾隨場（wakefield），尾隨場便如同一面鏡子，跟在雷射背後跑。這有點類似船在湖面上走，船就像一道雷射，船的背後有波浪跟著船在走，這波浪在物理上就叫做尾隨場，當你用手機照它，會覺得它好像是條彩帶，這條彩帶跟著這艘船走。其實湖裡面的水分子並沒有真的跟著船走，它只是上下震盪而已，可是它的波形就像彩帶一樣，跟著船走。你可以想像有一艘超級厲害的船，使得船後面的波浪是非常劇烈地震盪，結果像山一樣高起來，物理上就像一面鏡子。如果我讓雷射走在密度不均勻的電漿裡頭，這整個系統是可

2　參考文獻：P. Chen and G. Mourou, Phys. Rev. Lett. 118, 045011 (2017)

以加速的，而加速的反射鏡跟真正的黑洞霍京蒸發具有一對一的對應，而且我可以在實驗室裡用我可掌控的方法讓它模擬黑洞蒸發到最後的狀態。

我這位多年的合作者 Gérard Mourou 教授，是法國人，今年拿到諾貝爾物理獎，我當然覺得與有榮焉。他的得獎並不是因為這篇文章，而是因為他 30 年前的一個貢獻。所以下星期五我要去斯德哥爾摩觀禮，Mourou 教授邀請我作為他的貴賓，雖然我沒得獎，但去看看熱鬧也好。

去年一月份我們發表那篇文章後，四月我就在臺大召開一個國際合作會議，包括法國、日本等國，圖 19 這張照片中，最左邊這位是日本最大的國立雷射實驗室（日本關西光科學研究所 KPSI）的負責人之一神藤正樹博士（Masaki Kando），左起第三位就是 Mourou 教授，所以他來過臺北。我們所站位置是當時仍在建造中的次震宇宙館，背後對著臺大的醉月湖。

圖 19 與 Masaki Kando 博士與 Mourou 教授（左三）於興建中的次震宇宙館合影。（陳丕燊教授提供）

### 安娜貝爾（AnaBHEL）實驗計畫

我發動成立了一個名為安娜貝爾（AnaBHEL）的實驗計畫，現正在國際上推動。它的國際合作包括了前面提到的幾個單位（法國 Ecole Polytechnique、日本 KPSI、臺大），還包括了上海交通大學等等。我們構想分成幾個階段來完成：利用中央大學 100 TW 雷射實驗室進行初步的研究，接著到日本關西光科學研究所（KPSI），最後到法國 Apollon 雷射，這是全世界將來最先進、最強有力的雷射。

## 晴空裡的兩片烏雲

在一個世紀前，國際上有個非常有影響力的物理學家 Lord Kelvin（絕對溫度 K 以他來命名，本名為 William Thomson），他是劍橋大學教授，時常被邀請在歐美到處演講。那時的物理已經相當成熟：重力方面有牛頓重力場理論，因為這理論的正確，科學家預測了海王星的存在並發現它；經過了一個半世紀的努力，熱力學已經成熟了；在 19 世紀中期，一位叫馬克斯威的蘇格蘭科學家，成功地把電場與磁場結合在一起，變成一個電磁場的理論。那時正是一片晴空，物理學實在太偉大了，因此 Lord Kelvin 在演講中把整個物理學的知識及對宇宙的了解做一個很樂觀的描述，但他最後又說，目前天邊有兩片小烏雲：⑴支撐光傳遞的以太還沒找到；⑵ 當時還發現不久的黑體輻射和電磁學的預測不相符。一個物體只要有溫度，不管是張三或李四，就會有黑體輻射，如人的體溫 37℃，黑體輻射相應於紅外線的波長，所以如果我們把會場的燈都關掉，一片漆黑，從可見光你是看不到我的，但如果你有一個紅外線探測器，就可以看到我，因為我有黑體輻射；另外所有現代的步兵，鋼盔上都有個紅外線探測器，才能夜晚時在叢林裡打仗。在 1900 年時，科學家用馬克斯威的電磁理論無法解釋黑體福射，因此 Lord Kelvin 才說這是兩片小烏雲，總是會解決的。但他萬萬沒想到這兩片「小」烏雲卻醞釀成 20 世紀裡兩大物理革命風暴：相對論與量子論。解決第一片以太烏雲是靠了愛因斯坦的相對論；解決第二片黑體輻射烏雲，是靠了普朗克提出的量子觀念。

隔了一個世紀，又出現了兩片小烏雲：

(1) 宇宙常數問題：

前面提到暗能量佔宇宙成份的 70%，愛因斯坦的宇宙常數是最合適來解釋它的。在微觀物理上最能拿來對號入座的宇宙常數就是量子真空的真空能量，可是，理論上量子真空能量卻比觀測到的暗能量，甚至於比宇宙臨界密度（$\Omega_c=1$）大了 120 個數量級。

(2) 黑洞信息遺失問題：

量子力學要求訊息在任何物理過程都不能消失，但黑洞霍京蒸發似乎違反了這個規範。

那麼，到底是誰的錯呢？是相對論的錯還是量子力學的錯？或兩者各打五十大板？在宇宙學界、重力場學界一個很重大的問題就是，要如何成功地將愛因斯坦的古典重力場理論量子化，讓兩者融合變成一個自洽的學問，稱為「量子重力場理論」，這也是我在努力的工作內容之一。

## 梁次震宇宙學與天文粒子物理中心（LeCosPA）

到這裡大家可以想像，我們過去十幾二十年在宇宙學或整個物理學界有個翻天覆地的變化，所以國際上很多領先的大學都紛紛成立宇宙學中心，想要競爭這個領域的國際領導地位。2007 年我的大學老同學梁次震先生為了讓我順利從史丹佛大學回臺灣任教，他捐給臺大兩億五百萬元臺幣成立了「梁次震宇宙學與天文粒子物理中心（Leung center for Cosmology and Particle Astrophysics）」，英文簡稱 LeCosPA。圖 20 這張照片是當年我大學時候的全班合照，梁次震先生就站在我的旁邊。當年從美國 NASA 回來輪休的邱宏義教授在臺大開授天文物理學課程，他說，光光靠書本知識是不行的，要自己磨一個望遠鏡，所以我們自己組織了一個團隊，做了一架八吋的天文望遠鏡，梁次震先生和我都是戰友，所以當時我們有革命情感。

圖 20 臺大物理系 1972 級合照。（陳丕燊教授提供）

成立梁次震中心五年後（2012 年），他又捐了十億臺幣讓這個中心永續運作，包括興建一個 3300 坪的宇宙學大樓。永續捐贈的簽約儀式辦在臺大校史館二樓，校史館二樓有一座臺大歷史上最重要的校長—傅斯年的雕像，旁邊是傅斯年校長所引用哲學家史賓諾薩（Barush Spinoza, 1632-1677）的話：「我們貢獻這個大學于宇宙的精神。」這句話是我從讀書的時候就知道的，沒想到我們真的在研究宇宙的精神。

時間過得很快，在去年我們的大樓舉行落成典禮，這棟大樓是國際知名的建築大師姚仁喜先生為我們設計的（如圖 21），他的設計理念就是一個「floating cube with circular voids 」，因此大樓中間有個圓形的洞，從天上看下來也是一樣。乍看之下這棟大樓好像是個漂浮起來的大方塊，我跟姚先生說，在我看來，這更像是暗物質被暗能量托起。各位如果有機會到臺北，歡迎大家來參觀。

圖 21　姚仁喜先生所設計的「次震宇宙館」大樓。（陳丕燊教授提供）

進到大樓裡，內部看起來像是一座天文臺，一路可以看到最頂上。姚仁喜先生跟我說，他以前讀東海大學建築系的時候，大一教他們建築學導論的漢寶德教授特別推崇羅馬的眾神殿，如果各位去過羅馬，可知眾神殿的中央頂上是開一個口。他受到漢寶德教授的影響，設計了這個大樓，我反過來受了姚仁喜先生的影響，想要把我們的大樓成為宇宙學的眾神殿，所以我在大廳裡面設計了四個宇宙學偉人的雕像，並找了一位雕塑家跟我合作。每個人手上都拿著他們歷史上有名的發明或發現（如圖 22），例如：伽利略手上拿著望遠鏡，他在 400 年前是第一個改良望遠鏡後望向宇宙的人，並做了很多重大發現，包括證明了哥白尼理論；牛頓手上拿著蘋果，雖不知道他是否真的被蘋果打到，但一提到蘋果，大家就會聯想到牛頓。

這些器柄都是用不鏽鋼拋光，讓它在黑暗中還可以發光。另外兩位是愛因斯坦及西元一世紀東漢的張衡，愛因斯坦手上拿了一個蟲洞，中間有一隻毛毛蟲爬出來跟他打招呼；而張衡手持渾天儀，他

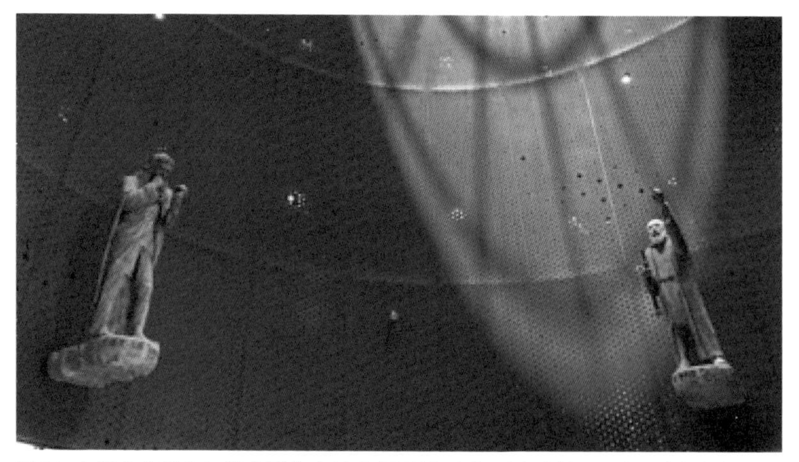

圖 22 次震宇宙館內四偉人雕像中的牛頓（左）與伽利略（右）。（陳丕燊教授提供）

的宇宙觀是超時代的，與歐洲托勒密的封閉宇宙完全不同，它是個開放宇宙，比較符合現在宇宙學的理論。

我在每個偉人的下方，引用了一句他們的名言，並有中英文對照。愛因斯坦說：「這個宇宙最不可理解的是，它是可以理解的。（The most incomprehensible thing about this universe is that it is comprehensible.）」這是我很喜歡的一句話。

## 結語

最後，印象派大師高更在去世前留下一幅有名的畫作（圖23），現在典藏於波士頓博物館。這幅畫描述人從嬰兒期、成年到老年，標題為《我們從哪兒來？我們是誰？我們往哪兒去？》畫家運用他的藝術天份，用顏料、彩筆追尋這個問題；而科學家用電腦、望遠鏡、用數學來算，追求一樣的問題——我們想要了解我們在宇宙自身的存在，我們從哪裡來？我們是誰？我們要去哪裡？我想這就是研究宇宙學的真諦。

圖 23 高更畫作《我們從哪兒來？我們是誰？我們往哪兒去？》（1898）
（圖片出處：wikipedia）

第2章

# 從「0」到「-6400」——地球的垂直軸

主講人：龔慧貞（國立成功大學地球科學系副教授）

「從『0』到『-6400』—地球的垂直軸」這個題目其實是要呼應第 15 屆週日科學閱讀大師講座鍾孫霖院士的演講，他講的是地表作用，描述台灣到歐亞大陸地表構造的故事，相對應他的題目，我就來談地球垂直軸的方向，讓大家對整個地球有更好的認識。

如果大家對地球科學有一點了解，應該都知道「6400」是什麼意思，它就是地球的半徑，我今天就是帶大家從地球垂直軸，來看科學上在地球內部學到什麼。

# 如何了解固態地球

我個人是做固態地球研究的，研究地球基本上需要的科學基礎就是物理、化學及數學，因為是在實驗室工作，所以是以實驗室的尺度來研究地球大小所發生的事，並且人的壽命有限，為了瞭解過去地球 46 億年所發生的事情，我們只能在實驗室用「日」的時間尺度來了解地球這麼長時間尺度（千萬年）的發展過程。

## 比「登天」還難的事？

有句話說「比登天還難」，現在應該很少聽到這句成語，因為現在太空計畫非常頻繁，從歐洲太空總署網站上一張太空計畫介紹海報[1]裡可看到太陽行星系裡有不同的計畫，而這只是歐洲太空總署的計畫，可以想像美國太空總署 NASA 又有多少太空計畫。登天似乎已沒這麼困難，那還有比登天還難的事嗎？ 我發現很多同學會對天文學有興趣，就跟當初高中的我一樣，我大學填了地球科學，以為念天文就要念地科系，沒想到念了地科系便從天上掉到地表，還因緣際會跑到地心，愈陷愈深。不過我覺得這是值得的，有時常覺得我這輩子是「塞翁失馬，焉知非福。」錯過了一個也許不是想像中的那件事，但繼續走下去，會發現還有另一個天地，我現在也很喜歡我做的事，在後面會介紹給大家。回到正題，登天到太空已經不是這麼困難的事，那我們有想過怎麼去了解地底下，尤其是這麼厚的地球半徑？我們好像也沒聽說過人類去探索地下的計畫，最近日本有個探索地心的計劃，不過他們探測船的深度不深，是只有幾公里的探測計畫，因此要到地心真的是很難。

1 圖片網址：http://sci.esa.int/education/51381-esa-s-fleet-in-the-solar-system/

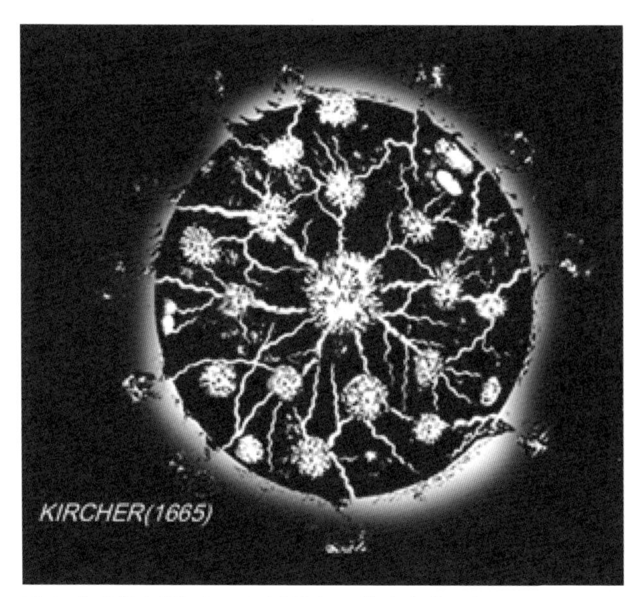


圖 1 德國學者 Kircher 於 1665 年所繪的地球內部。
（圖片來源：維基百科）

## 如何研究地球內部？

圖 1 是 17 世紀一位德國學者 Athanasius Kircher （1602-1680）對地球內部的想像，這是他於 1665 年在一本書上所繪的圖。Kircher 是個通才，研究宗教、地質與醫學，他在義大利見到維蘇威火山，也就是造成龐貝城被掩埋的火山，認為地球內部是岩漿庫所連結。當然時間久了，大家對地球內部的想像又不一樣。

地球的化學成份是什麼？不知道大家有沒有想過這個問題。地球的表面岩石就化學成分可以分為基性岩、中性岩及酸性岩，單從地球這三種成份不同的岩石，好像很難得到地球的化學成分，那我們可以用什麼方法分析？

在地球科學實驗室裡有一些分析的儀器，包括常見的實體顯微鏡（我們有時會把石頭用研缽磨粉來做分析）、做化學分析的質譜儀、拉曼光譜儀、X 光繞射儀（用來看礦物的結晶結構）、原子力顯微鏡（用來看表面物理特性）、光譜儀、高壓或常壓聲速（岩石中）測量的裝置等，於是我們可以在實驗室裡去測量岩石的物理、化學性質。有時如果實驗室的儀器沒辦法做，現在還有一個利器—「同步輻射」，我們也會到同步輻射中心做實驗。有一回我在 Brookhaven 國家實驗室看到實驗室門口立一個牌子寫著：「探索地球的秘密，保護它的未來（Exploring Earth's mysteries, Protecting its Future.）」我還蠻喜歡這個標語。

我們實驗的樣品頂多只有拳頭大小，而人（$1.7\times 10^{-3}$ km）相對地球（6374 km）是很渺小的，數量級差了 10 的 7 次方左右，地球這麼大，我們沒辦法將整個地球放到某個機器裡，那我們該怎麼辦？以人類的尺寸如何去分析百萬倍大地球的化學成份？

在 2003 年，加州理工學院教授 DJ Stevenson 提出一個想法，並將這想法整理出一篇簡短的文章發表在《自然》（*Nature*）期刊上[2]。他建議以一個葡萄柚大小的探測器，用熔融鐵水找一個裂隙將探測器送入地核，行進過程中探測器以高頻訊號將探測量測送回地表。這是利用重力將探測器帶到地心，這個想法最大的困難是找不到一個材料可以製作成這樣的偵測器，因為地底的環境是高溫及高壓。我很幸運的，在這篇文章發表後三個月，我剛好人在美國參加一個與地球內部相關的學術會議，這會議有點像營隊，我們被關在山上一個小學院開一星期的會。美國 NSF（類似臺灣科技部）地球科學學門的負責人也在那裡。一天我們吃飯時，我們那一整桌的人問學門負責人如果

2 David J. Stevenson, "Mission to Earth' s core — a modest proposal", Nature 423, 239 (2003)。

DJ Stevenson 向他們提這個計畫，會不會給他錢，學門負責人回應：「我要是給他錢，你們今年都沒有錢了！」基本上，這樣的計畫就會吃掉整個地球科學的經費。雖然找到適合的探測器材料是不可能的，但這想法已經在地球科學界引起很大的迴響。

探索地心看起來是不可能的任務，那我們要如何知道地球內部的資訊？要得到地球內部資訊的方式，我只能說，對我們人類而言，能得到資訊是祝福，但另一方面也代表著災難，那就是──地震。

## 以地震波了解地球內部

住在臺灣的我們相信對地震已如日常生活，當地震發生時會發出震波，這是物體會發生形變、建築被破壞的原因。地震波產生時有兩種波：表面波與體波，顧名思義，表面波只能在地球表面傳遞；相對地，體波可以穿透整個地球內部。體波分為 P 波與 S 波，圖 2 是一般地震發生時，地震儀所記錄的圖譜，其中橫軸為時間。

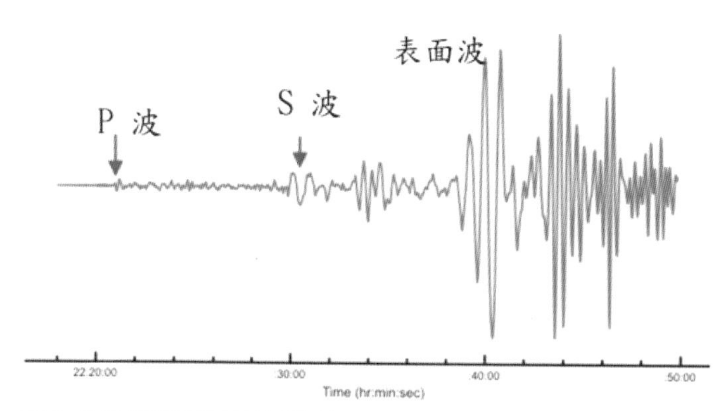


圖 2 地震儀所記錄的地震資料。

從圖中可看到最先到達的是 P 波，P 波速度較快，接著是 S 波，最後進來的是表面波。大家都有地震來時搖晃的經驗，我研究所畢業後，在中研院地球所工作過一段時間，我們實驗室的儀器都架設在光學桌上，為了保持儀器的平衡，我們會在光學桌下充氣，於是只要壓一下光學桌，它就會自動充氣、保持平衡，此時會聽到「嘶、嘶、嘶」的聲音。有一次我在工作的時候，實驗室只有我一個人，從我的桌子方向可以看到門，誰進來我都看得見。當我在準備實驗時，突然聽見背後的光學桌一直在「嘶、嘶、嘶」叫，彷彿有人在玩光學桌，可是我沒看到有人進來啊！於是我回頭，看是誰在玩光學桌？結果什麼人都沒有，我當時心想：「這是怎麼回事？光學桌怎麼會發出聲響？」後來突然想到，是地震！當這念頭在我腦海中浮起的當下，整棟大樓都在搖晃。這告訴我們什麼？由於光學桌很靈敏，一開始的震動就是 P 波進來的時候，但除非震幅夠大，人有時很難察覺，後來的搖晃就是之後到達的 S 波或表面波造成整個建築都在搖晃的感覺。地震預警便是利用這樣的概念。

## 一維地震模型

地震學家利用這些地震波的資料，可以把地球內部 P 波、S 波波速與深度的關係畫出來，如圖 3，地球密度（$\rho$）也是從震波的資料可以得到。

從地震波與深度的變化可看到，在某些深度，不管是密度或波速會突然改變，根據這些變化，地球物理學家把地球劃分為好幾層。這也是為什麼我們常在地球科學課本看到，地球像洋蔥一樣。在地球內部層狀結構有好幾個名詞，由上至下分別為：上部地函（界線在深度 400-410 公里）、過渡帶（400-650 公里）、下部地函（650 公里—核

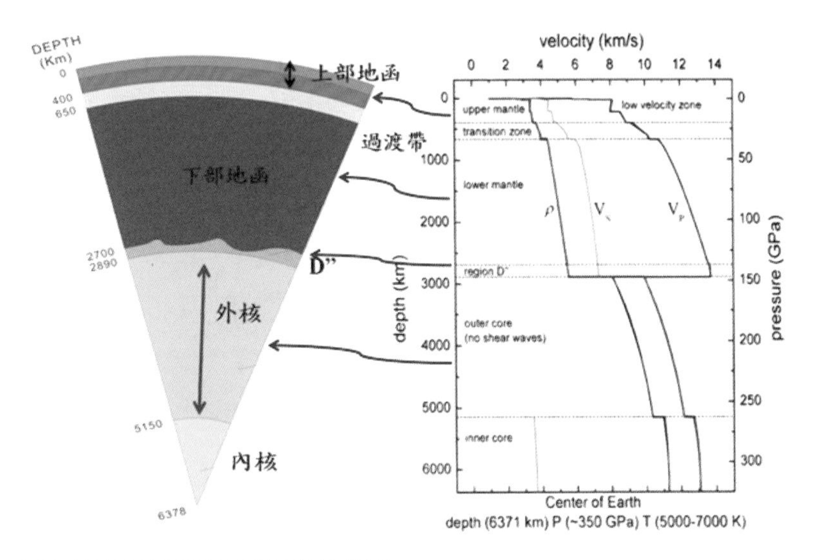


圖 3 地震波波速與地下深度的關係圖。
（PREM model; Dziewonshi and Anderson, 1981）

幔邊界）、地核（外核、內核）。地函跟地核之間有一層看似波浪形的層狀（如圖 3 左），稱為核幔邊界（D”），這是地底下很特殊的一層。

## 地震波與地球內部特性

地震波資料只有給我們數字的資訊（波速、密度），要如何從這些數字得到地球裡的化學成分、溫度與物理狀態？幸運的是，地震波傳遞與物質的壓縮及溫度有關，於是從地震波的資料可以轉換成地球物質的力學性質物理量，如方程式 1，可從 P 波、S 波波速及密度得到體積模數（bulk modulus）$K_S$ 與剪力模數（shear modulus）G 兩個物理量：

$$K_S = \rho\left(V_P^2 - \frac{4}{3}V_S^2\right) \qquad \text{Eqn. 1(a)}$$

$$G = \rho V_S^2 \qquad \text{Eqn. 1(b)}$$

其中體積模數 $K_S$ 與剪力模數 G 分別代表物質抗壓縮與抗剪應力的力學性質，兩者的物理意義可參考圖 4，

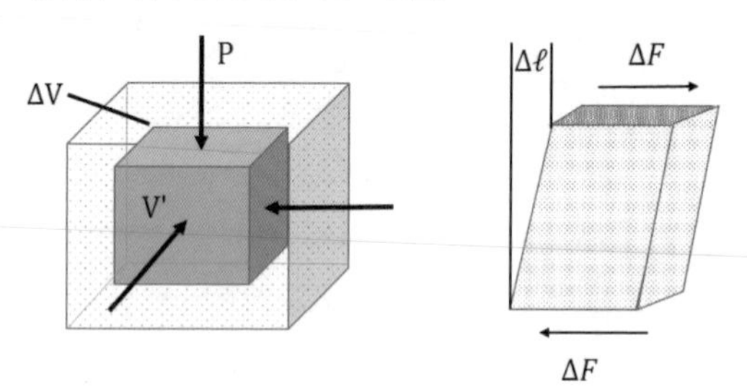


圖 4（左）物體受到正向壓力發生形變（右）物體受剪力發生形變。

左圖中物體受到正向壓力產生形變，$K_S$ 定義為 -VdP/dV，為抗壓縮性；右圖中，物質的平行面上有兩個方向相反的力而發生形變，G 為抗剪應力。表 1 列出大家較熟悉的物質的體積模數與剪力模數：

表 1 一些物質的體積模數與剪力模數（一大氣壓約為 105 Pa）

| | $K_S$（GPa, 萬大氣壓） | G（GPa, 萬大氣壓） |
|---|---|---|
| 鑽石 C | 443 | 535 |
| 石墨 C | 161 | 109 |
| 鐵 | 166 | 81 |
| 水 | 2.5 | 0 |

大家熟悉的鑽石和石墨化學成份一樣，都是由碳所組成，只是結構不同導致它們物理性質有所不同。鑽石是最硬的物質，石墨相對而言很軟，從表 1 可看到鑽石抗壓縮的 $K_S$ 值為 443GPa， 抗剪應力的

G 值為 535 GPa，從數值就告訴你它很硬。而它的同分異構物石墨，由於結晶結構不同、鍵結不同，石墨的 $K_S$ 值就比鑽石小的多，而 G 值就降的更低了，只有鑽石的 1/5。我們知道石墨是層狀的，容易滑移，因此抗剪應力非常弱。表下方其它兩種物質為鐵跟水，鐵也是我們日常生活常用到的，它的抗壓縮性與石墨差不多，但抗剪應力比石墨還小。鐵是金屬，具有高度延展性，就是因為 G 值非常小，因此我們會在鐵中摻碳（鋼），卡住滑移的面，讓摻碳的鐵堅硬一些。水是表中抗壓縮性與抗剪應力最低的物質，有趣的是，水的抗剪應力是 0，所以我們常講水很柔，可變成任何形狀，將水潑在地上，它就攤了、流掉了。

# 地底深部化學組成

## 礦物物理開疆拓土的三人組

地震波可讓我們知道地球內部各深度物質的性質，我現在要介紹三位對地球內部研究有極度影響力和貢獻的人，分別是 Percy W. Bridgman（1882-1961）、Reginald A. Daly（1871-1957） 及 Albert Francis Birch（1903-1992）。 這三位都是哈佛大學的人，在 30、40 年代因為他們的貢獻，讓我們對地球的研究才有現在的了解，不然要達到現在的水準可能還要晚很多年。Bridgman 是物理系的老師，他在他的傳記中描述，他立志這輩子要把高壓儀器推向一個極限，也因為這個成就，Bridgman 獲得 1946 年的諾貝爾物理獎。Birch 是 Bridgman 的學生，他大學時讀的是電機，研究所才去唸物理，在 1930 年左右跟 Bridgman 做博士論文。也就這麼剛好，岩石學家 Daly 在哈佛任教，Daly 是加拿大人，大學讀的是數學，到研究所轉讀地質。根據 Daly 的傳記，他正思考如何從地表的岩石與地震所測量到的數據做結合，他其實那時已經想到，可能從地震波跟地表岩石的連結可以用來了解地球內部。於是他找上 Bridgman，Bridgman 當時在做高壓實驗，他的想法是，把地表的東西壓到非常高壓，去量它的物理性質，再與地震波測量做對照。那時 Birch 剛好找 Bridgman 做博士論文，Bridgman 就讓 Birch 來做這個計畫。Birch 的博士論文基本上就是找很多地球可能的物質，壓到高壓，去量它們的物理性質，再跟地震波資料做對比。他在 1952 年發表了一篇共 65 頁的長篇論文，專門描述他做的這個研究，這篇文章就奠定了我們這領域如何研究地球內部的方法論。

## 高壓儀器介紹

Bridgman 用的高壓儀器類似我們現在用的大型多面體壓力機[3]，這儀器發展到最後變成大壓力機的一個雛型。

後來在 1950 年，美國另一個科學家發展了鑽石高壓砧，它與大型多面體壓力機基本上是現在很多實驗室做高壓實驗的主要儀器。它們的樣品體積都非常小，壓力的定義為力除上面積，如果力就這麼大，唯有縮小樣品面積才會提高壓力，這也是為什麼高壓實驗的樣品都很小。不過我們也在盡我們的能力改進測量方式，讓機器能測量很小的樣品。

3 圖片參考：https://photos.aip.org/history-programs/niels-bohr-library/photos/bridgman-percy-f3

## 大型多面體壓力機

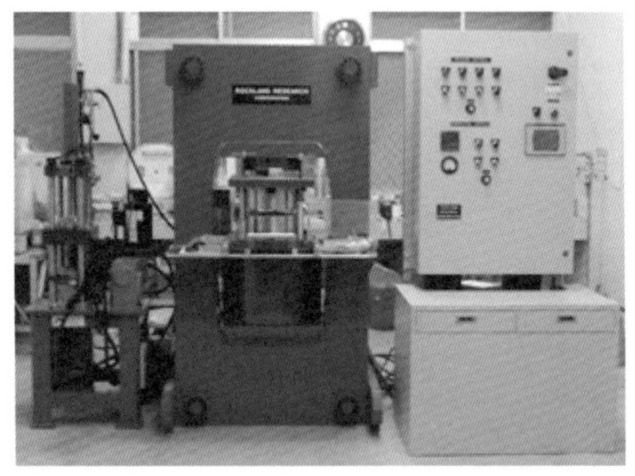
圖 5 實驗室中的大型多面體壓力機。
（龔慧貞教授提供）

圖 5 是我實驗室的大型多面體壓力機，它可提供 1,000 噸的壓力，約可模擬地底下至少 600 公里深處（20 GPa）及 1000 度以上的環境。

不過 1,000 噸的壓力機算比較小型的，目前世界上最大的可到 6,000 噸，幾個地方如歐洲、蘇俄或日本都有，我實驗室這臺高度不到 200 公分，而 6000 噸的壓力機大概有兩層樓這麼高。

圖 6 是壓力機內部的組模（左圖）與樣品腔（右圖），左圖外面四塊的材質是很硬的碳化鎢，中間是陶瓷做的樣品腔，由於陶瓷會帶些孔隙，因此外面碳化鎢金屬塊壓縮時，會對中間樣品腔施加壓力產生高壓。右圖樣品腔中灰色的部分為石墨，做實驗時施於電流電壓，即可產生高溫環境。

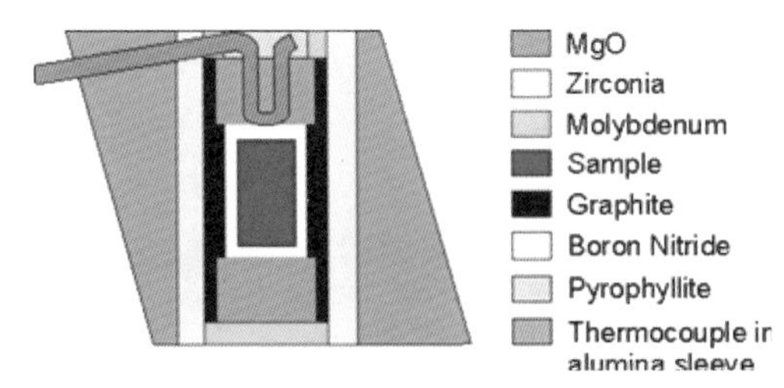

圖 6 大壓力機組模（左）與樣品腔（右）。

## 鑽石高壓砧

圖 7 是鑽石高壓砧，可以看到它很小，只比 50 元銅板大一些。鑽石高壓砧是將大壓力機中的碳化鎢以鑽石來取代，當鑽石很硬、面積又小時，就能產生高壓。現在鑽石高壓砧比較流行的加溫方式是利用雷射加溫。

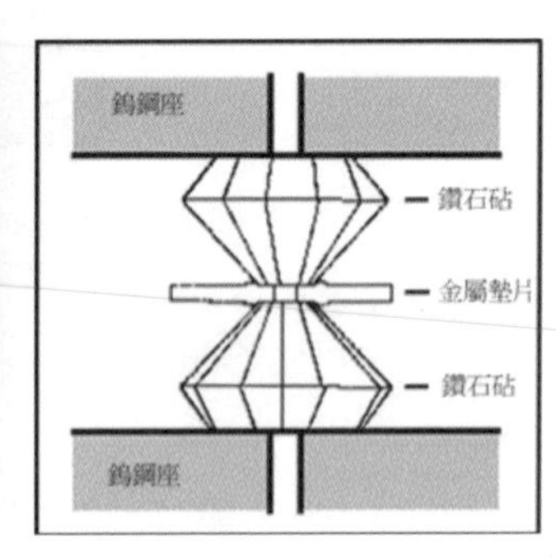


圖 7 鑽石高壓砧。

以上兩種是我們在做高溫、高壓實驗較常用的兩種儀器。圖 8 是高壓儀器可達到的溫度壓力範圍，其中橫軸為壓力，縱軸為溫度，而地心壓力介於 300-400GPa。

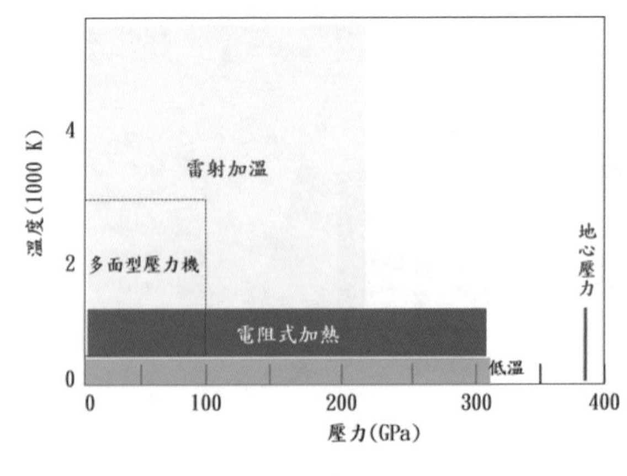


圖 8 靜態高壓儀器可達到的溫度壓力範圍。

圖中左下角紅框區塊是多面體壓力機可產生高壓高溫的範圍，剩下的是雷射加溫、電阻式加溫的鑽石高壓砧。還有人用鑽石高壓砧做很低溫的實驗，低溫鑽石高壓砧是做超導體的人常用的技術。從圖 8 可看到鑽石高壓砧溫度與壓力可到很大的範圍，不過就我所知，最新鑽石高壓砧可以從改變裡面的幾何設計，讓壓力可以到達地心。

## 上部地函橄欖岩

我們已經有溫度、壓力產生的儀器，那要從什麼材料開始？基本上我們會利用來自地球上部地函的一些岩石、礦物，例如大家熟知的鑽石，天然的鑽石基本上都來自很深的地底，它被地底的橄欖岩（基性岩）帶上來，我們稱之為「慶伯利岩」。圖 9 是來自澎湖的橄欖岩樣品，其中黑色部分是玄武岩，綠色部分就是橄欖岩。

橄欖岩內含有大量橄欖石，另外還包含輝石及石榴子石，這三種是橄欖岩主要的礦物。

圖 9 橄欖岩。
（澎湖，楊懷仁老師收藏）

## 地球層狀成因

關於地球深部性質的研究已經有大半世紀，我來總結地球層狀的成因為何。當橄欖石受到高溫高壓時，在某個一溫度壓力下（約地底深度 400 ～ 410km 之處），會改變它的結晶結構成為尖晶石結構（圖 10b），但成份不變。再增加壓力、溫度，到某個臨界值，尖晶石結構的矽酸鹽分解了，成為鈣碳礦結構與氯化鈉結構（圖 10c）。橄欖石在不同溫度壓力下發生結構改變甚至分解，是因為它熱力學的性質。從熱力學理論，我們所知的物質在某個溫度壓力穩定的時候，是自由能（Gibbs free energy）最低的狀態，因此當橄欖石的結構一直加溫加壓時，到了約深度 400 公里時，它的自由能已經不是最低的，尖晶石結構的自由能比橄欖石結構還低，所以結構就必須發生改變。到了下部地函部分，尖晶石的結構已經變得很不穩定，於是分解成兩種結構（鈣鈦礦結構 + 氯化鈉結構 ）才能維持在自由能最小狀態。其中有趣的是，尖晶石結構與鈣鈦礦結構在材料領域也有廣泛應用，你會發現地球內部物質結構跟地表應用的材料結構是有相通性的。

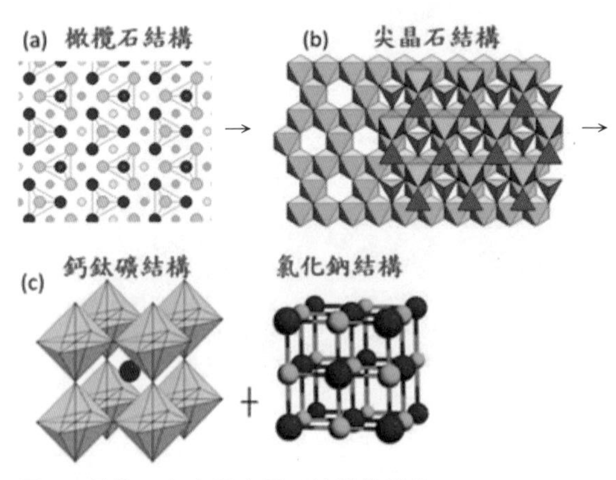


圖 10 橄欖石在高溫高壓下的結構變化。

地函與地核間的核幔邊界上端如波浪般，並不是平的面（如圖 3），這是地震波測量的結果。在 2004 年日本人發現鈣鈦礦（矽酸鹽）在核幔邊界又會改變，形成「過鈣鈦礦」結構（圖 11），此後，大家開始致力於過鈣鈦礦結構矽酸鹽的研究，同意它是能夠解釋核幔邊界地球物理觀測（如地震波數據等）最好的模型。大家可能會以為做出這成果的日本人是哪位老教授，並不是，他只是個二十多歲的博士班學生，他因為這個發現，在 2005 年獲得美國地球物理學會最佳博士論文獎。我記得他在舊金山的美國地球物理學會年會頒獎時說，他因為這研究壓破了兩對鑽石，我覺得跟他的成果比起來，兩對鑽石的價值也還好，因為他的研究奠定了我們科學的基礎。

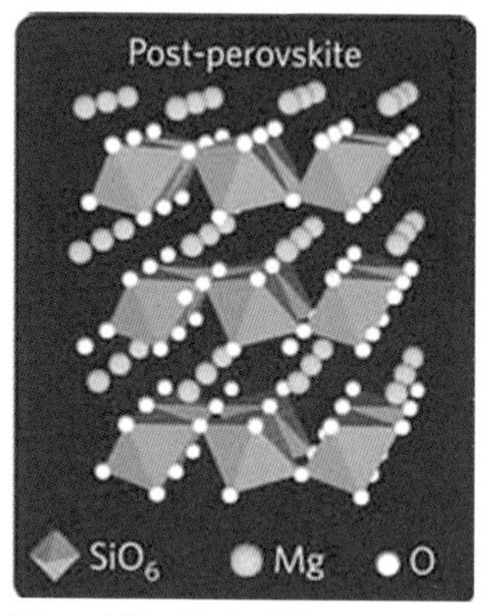


圖 11 過鈣鈦礦結構的 $MgSiO_3$
（圖片出處：http://www.assignmentpoint.com/geographic-minerals/post-perovskite-ppv.html）

## 岩石特性與地震波觀測值

有了地震波的觀測資料，也有岩石材料的物理性質，利用 Finite-Strain 方程式組（Davis 與 Dziewonski, 1975），得到結果跟地震波觀測做比較。圖 12 為以「輝橄岩」（橄欖岩與玄武岩比例 3:1 的岩石成分，地函理論岩石成分）計算地震波觀測值的比較。

這是 2001 年很經典的研究，實線為理論岩石成分算出來的 P 波、S 波波速，虛線為地震模型得到的 P 波、S 波波速，兩者很相近。因此我們可以利用這個方法去推斷地函內可能礦物相的比例，至少在上部地函部分的化學成份為何（圖 13），我們就是利用很多的實驗來建立起來。

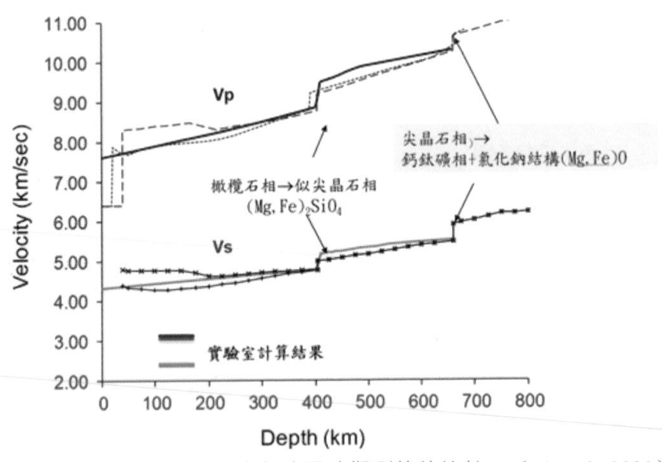


圖 12 輝橄岩成分模擬波速與地震波觀測值的比較。（Li et al. ,2001）

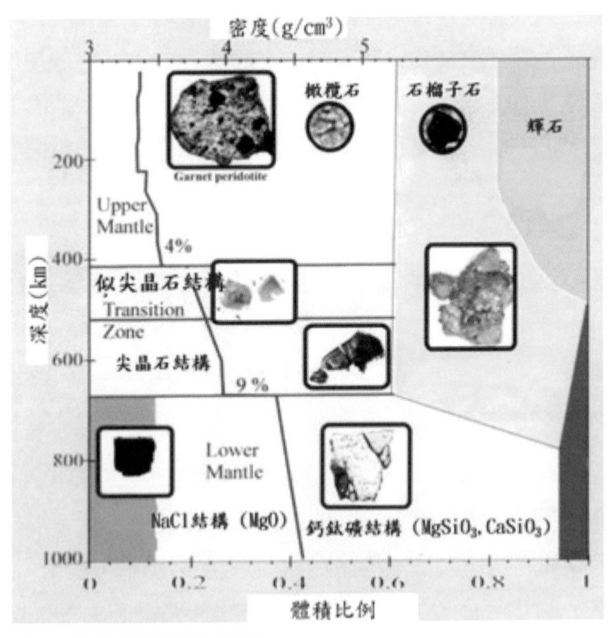


圖 13 地函礦物組合模型。

# 地函流動模型

回到地表世界，臺灣為什麼有地震？大家第一個反應應該是板塊碰撞，因為板塊浮在一個會流動的層，所以板塊會移動、相撞，這是大家都知道的概念。板塊下面有對流圈，主要是因為溫度梯度，地下比較熱，上方一直在散熱，因此形成了對流的效應。但大家有沒有想過，板塊運動造成地表上的火山活動、中洋脊、隱沒帶，那隱沒的板塊到哪去了？它的命運是什麼？圖 14 也是地震波的資料，藍色部分代表震波速度比平均值（黃色）還要快，紅色代表震波速度比平均值慢，這個數據取自日本附近，A ～ E 代表不同剖面，大家知道日本也是地震很多的地方，基本上也是板塊運動造成隱沒。

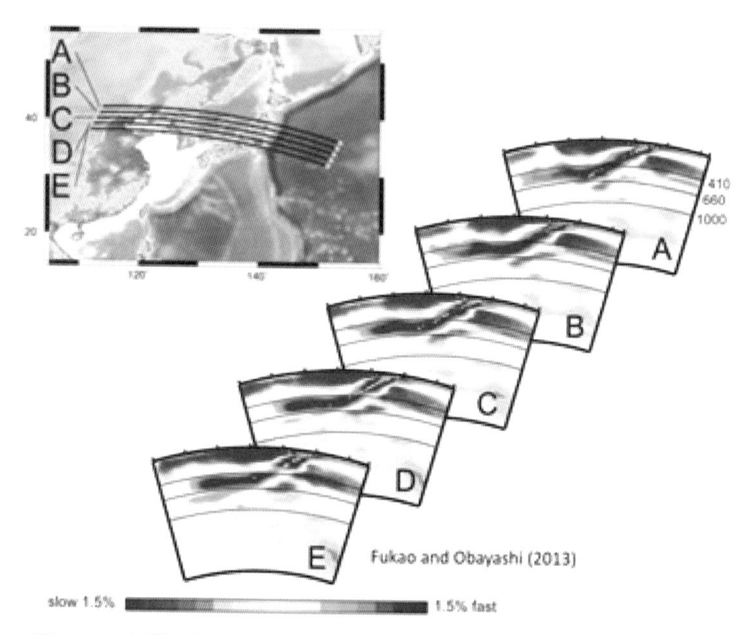


圖 14 日本附近的地震波資料。（Fukao and Obayashi, 2013）

圖中藍色部分也代表板塊，因為它溫度較冷、速度快，它就坐在410-660 公里的界面，然後停留在那個地方，但是不是所有板塊都一樣？我們地球表面有很多板塊，圖 15 是東加附近的地震波資料，可以看到板塊是可以一直到下部地函。

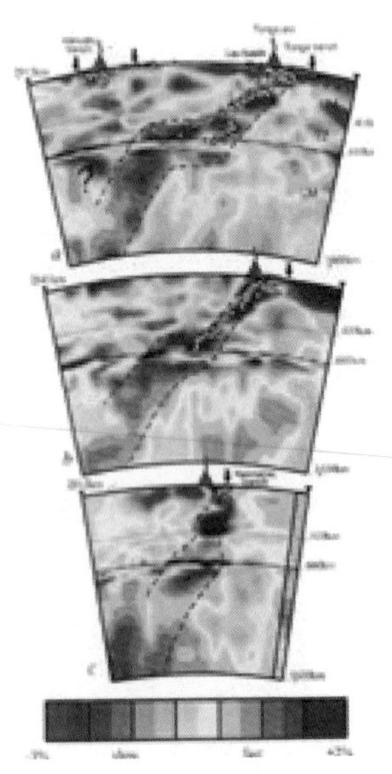

圖 15 東加附近的地震波資料。（van der Hilst, 1995）

日本的板塊停在深度 670 公里的地方，而東加的板塊會一直往下，這是為什麼？我們要怎麼從層狀的地球去了解地函的對流？目前有兩種模型解釋，分別為「兩層對流模型」（670 km 為一界面）及「單層對流模型」（圖 16）。如果是日本的案例，板塊留在深度 670km 上面，是可以用兩層對流模型解釋；但東加附近板塊的例子好像又符合單層的模型，所以地球層狀構造是可以幫助我們了解地函動力學的一個基本，並能了解地函物質交換動力。

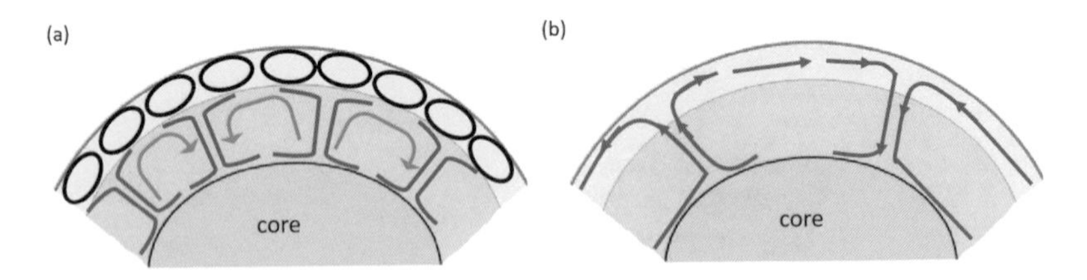


圖 16 (a) 雙層對流模型（以 670km 不連續帶為界面）(b) 單層對流模型。

如果大家對地科很有興趣，知道有板塊運動，常常也會在卡通或電影看到某板塊原來在什麼位置，如印度本來在南半球[4]，在最後一次板塊漂移中，從南半球漂到北半球就撞到歐亞大陸，現在還一直擠壓中。這些資訊都可以拿來做古板塊位置的重建。另外還有預測與模擬未來板塊的運動，在幾年前有人做了計算，由於臺灣也是藉由板塊碰撞隆起的，海岸山脈和中央山脈分屬兩種不同的板塊（菲律賓海板塊與歐亞大陸板塊），他便預測海岸山脈那一塊在幾百或幾千萬年後會遠離我們，如果那時人類文明還在，說不定會知道以前海岸山脈和中央山脈曾經是在一起的。

## 近期地球內部研究發展

以上是過去 50 年我們對地球深度的瞭解，最近我們又有什麼新發現？尤其是這一兩年的地球科學又看到更多東西，最主要是我們從鑽石裡找到一些有趣的證物。鑽石內若有「包裹物」，基本上鑽石商就會把它丟到一邊，因為這會降低鑽石的價值，但對科學家而言它是寶物！最近做地球內部研究的人都一直在收藏這些有包裹物的鑽石，因為這些包裹物會提供我們很多線索。2018 年中，地科研究人員在鑽石中發現冰（O. Tschauner 及 Marilyn Chung/Berkeley Lab）。其實從 1990 年代經過很多實驗，大家開始思索地底下有沒有水，這裡的「水」指礦物相結構鍵結的 氫氧羧基 （$OH^-$），不是大家一般喝的水。這種氫氧羧基在礦物中含量不高（等級如水中的氯鹽大約有 250 ppm），但不要小看這樣的含量，因為矽酸鹽礦物占地球很大部

4 關於印度半島、青康藏高原造山運動可參考第 15 屆週日閱讀科學大師鍾孫霖院士的講座：「臺灣到西藏和峇里島：東南亞地質與亞洲造山研究」。

分，如果地函礦物都含這麼多水，表示地球深部含水量會相當好多個地表海洋的水。圖 17 是最近從實驗及地函樣品構建的概念 —— 尖晶石結構矽酸鹽基本上是過渡帶的礦物，我們發現，上部地函或下部地函的礦物中所含的水沒有過渡帶中尖晶石相來的多，所以我們認為，過渡帶是一個水層，是一個含水很高的地方，圖左邊表示板塊下插到過渡帶時，板塊有時會帶水份下來，水以交換作用，使得過渡帶矽酸鹽含水。也有另一個理論說，可能過渡帶形成時就有帶水，這都是我們最近想探索的問題，也是這一兩年來從這些發現所發展出來的新概念。

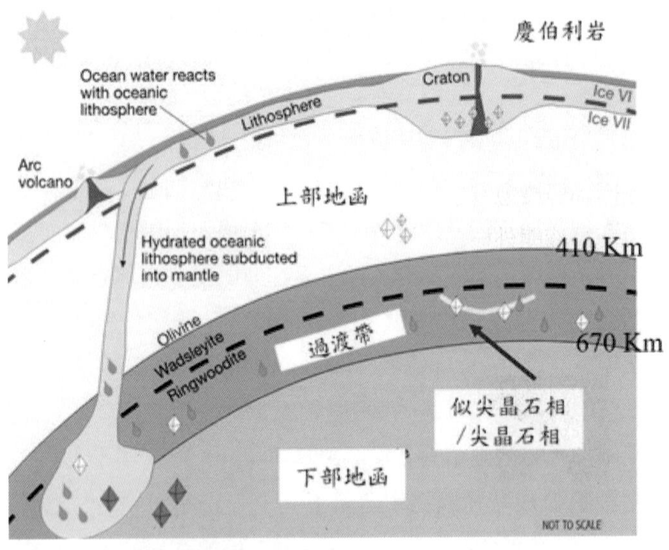


圖 17 板塊將水份帶到地函示意圖。
（圖片出處：www.gia.edu）

# 地核與地磁

我現在帶大家到地球更深之處 ── 地核。地核分為外核、內核，主要成份為鐵鎳合金，從地震波的資料顯示，S 波在外核就不見了。在物理上，剪力波無法在液體中傳遞，這建議外核應是熔體。外核是熔體對地球生物是個祝福，為什麼呢？由於有了熔態的外核，產生了地球的磁場，讓我們人類及生物免於來自太陽高能粒子的損傷，我現在來告訴大家是怎麼回事。

## 發電機理論（**dynamo theory**）

地球為什麼會有磁場？在 1940 年後期物理學家 W. M. Elsasser 提出一個「發電機理論」，那時已經知道地球有液態的外核，他表示要誘發磁場的產生，需要三個條件：⑴大量可導電的金屬液體，如熔融的鐵液；⑵地球的自轉；⑶熱與化學成份的對流作用。大家都知道越往地球內部溫度愈熱，外部較涼，因此基本上地球內部會有熱對流產生，也使得液態外核鐵鎳合金的成份會隨著溫度梯度，因而產生化學成分梯度。鐵鎳金屬液體對流加上地球自轉所產生的科氏力形成捲筒狀的電流，如圖 18，會進而誘發磁場。

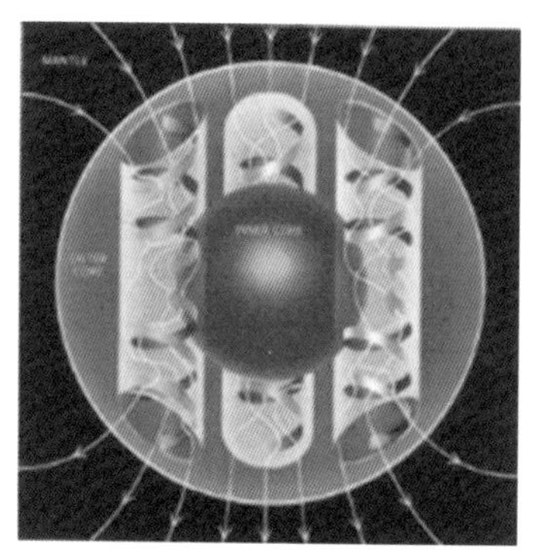

圖 18 地核發電機理論模型。
（圖片出處：維基百科）

仔細看圖中的磁力線，地核裡的磁力線其實還蠻複雜的，但我們在地表看到的磁力線就是從磁南極指向磁北極的封閉曲線，符合現在對地磁的觀察。

近 2000 年時法國國家科學中心利用一個大型圓筒狀儀器，內裝有 150 公升的液態鈉，圓桶兩端轉不同方向模擬地核旋轉，直到 2006 年在高溫、高速旋轉中第一次看到誘發出的磁場，並且有趣的是，每隔一段時間，誘發的磁場磁極方向會改變。在 1995 年地球物理學家 Gary A. Glatzmaier 與 Paul H. Roberts 便提出了理論模型（Glatzmaier—Roberts model），並利用電腦模擬重建地球磁場的強度、磁極特性及自發性反轉[5]。這些實驗與電腦模擬的結果，基本上跟我們在地球對地磁的一些觀察是有關連的。第一個，有些人會把地球的磁場想像成一根磁棒，其實不是這樣的概念，將地球磁極想成磁棒會有個問題——它無法解釋磁極漂移的現象。我們的磁南極與磁北極不是靜止在一點上，而且它們兩者移動的方向、速度是不一樣的，如圖 19，左圖是北半球從 20 世紀初一直到 2005 年所測量的磁極位置，它是從加拿大往蘇俄方向偏移，而且速度是越來越快；而在南極（右圖），磁極基本上就在南極洲附近，位移的速度跟距離不如北極這麼快，因此，磁棒的概念很難解釋這樣的現象，發電機理論產生的磁場較能符合觀察的結果。

還有另一個是觀察中洋脊附近的磁性礦物，這些礦物會記錄地球磁場的方向有時會發現有的跟現在一樣，有的則是跟現在相反，地磁磁極在轉換的時間是非常短暫的，並沒有地質記錄是看到磁極介於 0° 到 180° 之間，都是很短時間（千年至萬年）變換。若是磁棒的概念，磁極要南北反轉基本上會記錄到不一樣的方向，不會只有 0° 或

5 Gary A. Glatzmaier & Paul H. Roberts, Nature 377, 203-209 (1995)

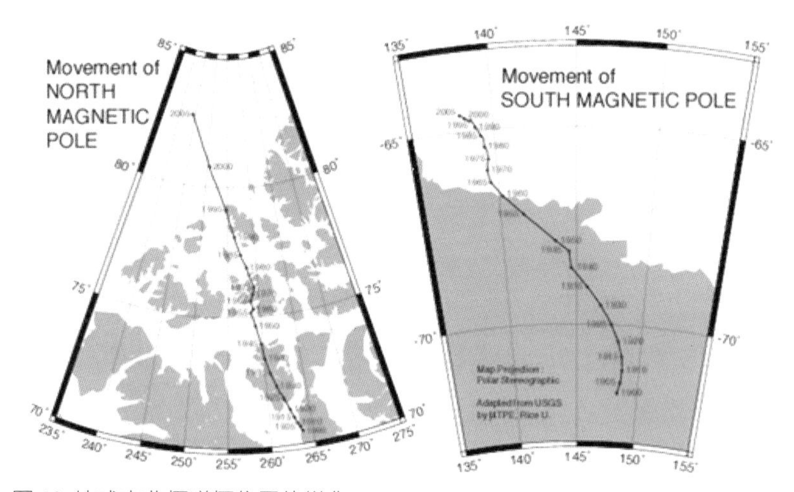


圖 19 地球南北極磁極位置的變化。
（Cerdit: Map by the Unitrd State Geological Survey）

180°，所以前面那些實驗、發電機的概念及液態核是可以幫助我們解釋這些地磁的觀察。

## 尚待研究的課題

現在我們有了一些定性的理論，但還需要定量，例如：

1. 磁極漫遊。
2. 地球磁場區域性變化。
3. 地球磁場強度與時間變化。
4. 地球磁極反轉及非週期性。

像磁極漫遊是如何移動、它真正的機制，另外還有磁場區域性的變化，譬如最近我們一直在討論磁極磁場一直在變弱中，是否代表它要反轉？這也是有些人在擔心的。第四點是地磁反轉及非週期性的問題，圖 20 是地磁磁場方向的紀錄，黑白部分代表與現在磁場同方向及不同方向，圖上我標明的中生代是指恐龍主宰地球的時候，可以發現那時地磁反轉的次數沒那麼高，而新生代（靠近現代）地磁反轉的次數相對於中生代是非常頻繁的，這現象要怎麼解釋？這些都是現在科學家要試著去回答的問題。

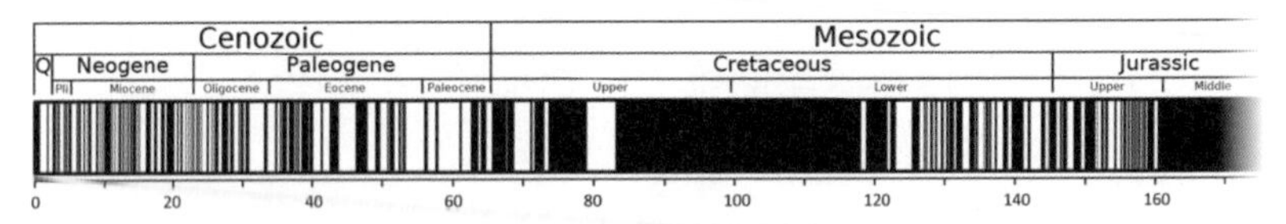


圖 20 地球地磁方向（與現在地磁方向比較）隨時間的方向。
（圖片出處：https://courses.lumenlearning.com/physicalgeology/chapter/9-3-earths-magnetic-field/）

## 地磁之外—太陽系行星磁場強度

知道了地球的磁場，我要把大家帶出地球，來看太陽系行星的磁場。大家都知道太陽系的行星被小行星帶分為兩種不同的群組，靠近太陽的行星稱類地行星，它們跟地球類似，都屬於石質的化學成分；而小行星帶外面的行星稱類木行星，與類地行星不同，它們的化學成分主要為氫、氦等氣體。如果把地球磁場定作 1，剩下的類地行星的磁場都很弱或接近 0；而類木行星很有趣，木星磁場強度約為地球的 19520 倍，土星磁場約為地球的 578 倍，其它大約在 20-50 倍間。地球有個熔融的金屬核自轉，那類木行星產生磁場的機制是什麼？氫跟氦是如何產生磁場？

圖 21 是氫的相圖，描繪氫在不同溫度、壓力下的狀態與結構，氫在常溫下是氣體，高溫或高壓下有了不同的狀態。液態氫與固態氫是大家還可以接受的概念，可是從圖上可看到，到了非常高溫、高壓的時候氫變成了液態「金屬」氫，稍微低溫一點則得到固態金屬氫，這對一些人可能是蠻驚訝的。其實，當用氣體形容氫的型態時，我們都是用地球表面的觀點，但如果氫是在極度高溫、高壓（如類木行星）的狀態下，這些一般人號稱「氣體」的元素都可以變成了金屬，甚至有液態或固態。圖中綠斜線代表土星 / 木星內的溫度梯度，可看出氫在土 / 木星較深處 是液態金屬的狀態。

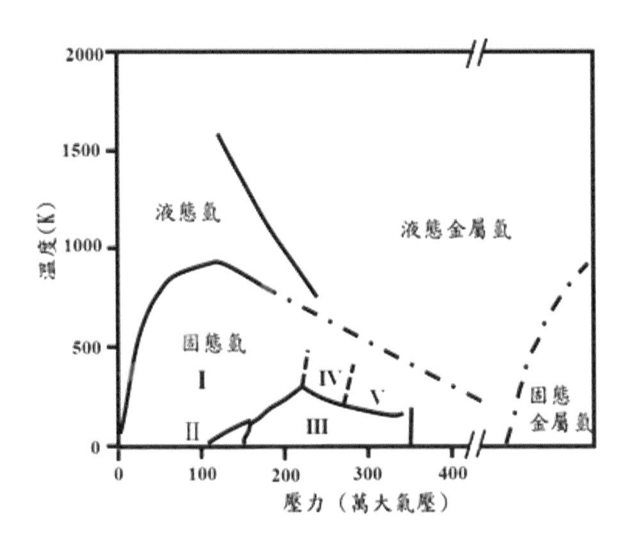


圖 21 氫的相圖。綠斜線代表土 / 木星內的溫度梯度。
（改自 Zaghoo and Silvera, 2017）

而據我們所知，天王星和海王星內部有很多冰（$H_2O$），大家都接受水有氣態、液態、固態，而最近做高溫高壓實驗的人發現，水在非常高溫高壓時會變成「超離子態」， 此時水還是 $H_2O$，但是一個三度空間的結構，氫可以在氧原子之間游走，變成可以導電的狀態。其實不管是金屬氫或水的超離子狀態，在 30、40 年前理論就已預測有這些狀態存在，但我們做實驗的人到現在才看到 ，不過相對於愛因斯坦的重力波花了 100 年時間才觀測到，我們還算很幸運了。氫、水在高溫高壓下變成可以導電的狀態，加上這些行星也是會自轉，因此這些較輕的類木行星的磁場機制跟地球是很類似的，只是成份不同。圖 22 是幾個類木行星內部的構造，基本上它們還是有一個小小、石質的核，不過土星或木星外面大部分為液態或金屬氫，這取決於它們的壓力大小。而天王星跟海王星都有冰核，這些冰核基本上都是超離子狀態。這些都是最近從實驗得知，這些物質在高溫高壓下可以呈現這些狀態，幫助我們去推測其它行星磁場形成的原因。

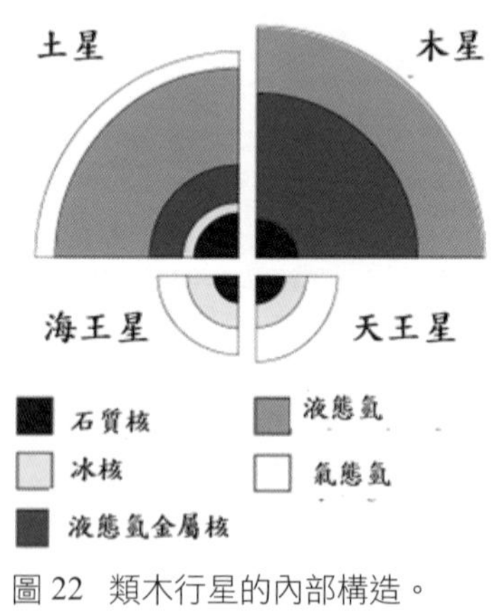


圖 22　類木行星的內部構造。
（改自 https://www.astronomynotes.com/solarsys）

## 結論

最後總結我們到底學到了什麼。前面強調了地表的作用與地球內部的動力行為是息息相關的。而地球內部化學成分、溫度及物理狀態目前只能依據地球物理觀測數據輔以稀有來自內部的樣品來詮釋，結合不同實驗技術與高溫高壓儀器，量測可能礦物的物理 / 化學性質，配合理論計算，再以觀測資料為限制規範，去發展地球模型，進一步地球演化過程，現今的實驗數據甚至可用以討論地球以外的行星內部狀態及其動力行為。

## 現場交流（節錄）

Q：為什麼地核的外核為液體，內核為固體？

A：這是很多人會問的問題，下圖為鐵的相圖，黑色實線稱為熔融曲線，在曲線上方是熔掉的鐵，在下方是固相的鐵。有些人會疑問外核是熔融的鐵是否表示它溫度較高，內核溫度較低，並不是，內核的溫度還是比外核高，內核是固體是因為它的深度較深，壓力較大，鐵的狀態落在固相區域內。地溫梯度曲線沿著 $\alpha'$ 曲線走，因此在內核鐵的溫度雖然比較高，但由於壓力的關係，鐵還是固態的。

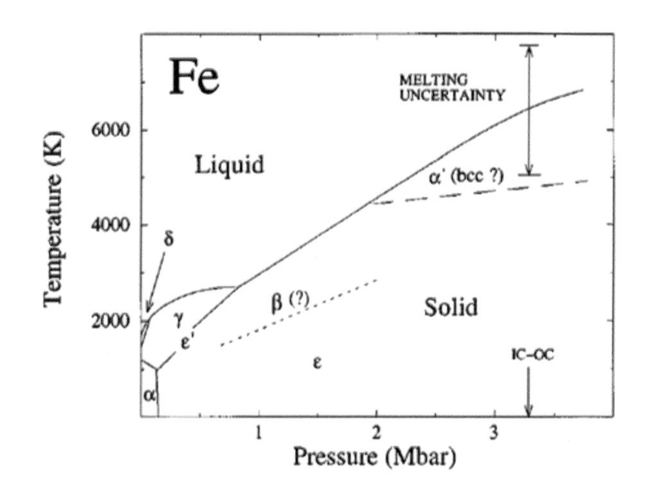

第3章

# 愛麗絲奇境中的科技與發明

主講人：張華（台灣世曦工程股份有限公司主任工程師）

英國作家路易斯・卡洛爾的《愛麗絲漫遊奇境》是一本同時受到成人與兒童喜愛的經典童話，表面上它是一個嬉鬧有趣的小女孩奇幻冒險故事，但其實故事中隱藏了豐富的雙關語、遊戲詩、謎語、數學、哲學等等。《愛麗絲漫遊奇境》並不單純只是一本「情節奇幻、瘋言瘋語的奇境世界」冒險故事，一百多年來，世界各地學者從各種角度接近它，但至今似乎無人敢說能完整解析它。

# 背景

19 世紀中葉的英國正處於國力鼎盛的時期。維多利亞女王（1819-1901）從 1837 年登位後，把英國建設成世界一流強國，軍事、科學、文藝、社會制度各方面都有長足的發展，統治面積約佔世界陸地總面積的四分之一，全球 24 個時區都有大英帝國的領土，號稱「日不落國」，總人口約佔全球四分之一。當時的英國以第一次工業革命（1760-1840）以蒸汽動力為基礎繼續發展，逐漸邁向以電力為核心的第二次工業革命（1870-1914），我們現在的制度，許多是從維多利亞時期開始的，譬如郵政、公共圖書館、婦女解放運動、旅遊，還有勞工制度。我們現在學校如小學、中學的制度很多也是在那時發展出來的。科技方面，攝影、混凝土、煉鋼術、柏油路、腳踏車、捷運（地下鐵）、安全火柴、抽水馬桶、縫衣機等等，都和我們現在的生活息息相關。

英國為了彰顯科技發展成果，在 1851 年由王夫阿爾伯特親王舉辦史無前例的萬國工業博覽會，展覽場地在倫敦海德公園，主體建築物是以鋼骨和玻璃為主的「水晶宮」，展出蒸汽機、農業機械、織布機等約 10 萬件展品。展場雖也設有中國館，但清朝政府當時正忙於處理剛剛竄起的太平天國之亂（1851-1864），無心參與，只由商人展出一些大花瓶、水缸、宮燈、通花磚、布料等一般商品，官方也沒派人出席。

《愛麗絲漫遊奇境》（*Alice's Adventures in Wonderland*）就在這個科技濃厚的氣氛中出現。這本書和其他童話故事最大的不同點，就是以明確的真人真事為故事骨幹，因而也顯示出當時的科技發展與發明。本次演講就以書中出現的科技發展與發明為主題。

# 卡洛爾小傳

卡洛爾的原名叫 Charles Lutwidge Dodgson，在家中 11 個孩子中排行老三，也是長男，父親是位傳道士。依照習俗，長男要沿用父親的名字，所以他家祖孫三代都叫 Charles Dodgson，只是中名不同。卡洛爾和幾位姊妹都有口吃的問題，但遇到小孩卻很會講故事。

卡洛爾很早就顯出他集文學、美術和科學於一身的天分。他 13 歲開始為弟妹用筆記本編家庭雜誌，約 18 歲時（1850 年）在家庭雜誌中寫了〈哪個鐘比較準？〉證明停擺的時鐘比每天慢一分的鐘準，因為前者每 24 小時有兩次準確的機會。

他在基督教堂學院畢業後，於 1856 年到 1881 年擔任基督教堂學院數學講師，在 1856 年 4 月 25 日認識了學院院長 Liddell 的女兒愛麗絲，那時愛麗絲將到 4 歲的生日。

卡洛爾和愛麗絲家很近，相隔只有一個大庭，他常帶愛麗絲三姊妹去玩、幫她們照相。1862 年 7 月 4 日這天卡洛爾在遊船中講了愛麗絲奇境的故事給三姊妹聽，後來應愛麗絲的要求，花了兩年時間把故事寫成手稿。一位作家看了這份手稿後覺得這故事很好，於是卡洛爾又把這故事擴大寫成《愛麗絲夢遊奇境》，在 1865 年出版。他在 1871 年又出版第二本愛麗絲故事《鏡中奇緣》。

第一個中文譯本在 1922 年出現，由趙元任翻譯，根據 2015 年的統計，《愛麗絲》全球有 174 種語言譯本，中文版一共有 463 個版本。我在 2010 年和 2011 年分別把這兩個故事寫成詳細的注釋本，名為《挖開兔子洞》和《愛麗絲鏡中棋緣》，後來又在 2013 年出版了簡體字版的《挖開兔子洞》（如圖 1）。

圖 1 張華出版的《挖開兔子洞》（2010）、《愛麗絲鏡中棋緣》（2011）、大陸版《挖開兔子洞》（2013）

圖 2 為我的書中一個拉頁，愛麗絲這本書裡一個特點就是把人（指愛麗絲）變大變小。在圖中愛麗絲正常的身高大約是 1 米 2 或 4 英呎，因為愛麗絲 7 歲，所以拿 7 歲小孩的平均身高來方便做計算比較。這是我自己做出來的比較表格，大概從來沒有人這樣做過，算是這本書比較特別的地方。

圖 2 附在書中拉頁的大小比較圖

卡洛爾與自然科學最密切的關係是攝影。他 24 歲時買了全套攝影設備（圖 3），當時濕版火棉膠攝影法發明才 5 年，攝影師必須先把碘化物和火棉膠塗在玻璃片上，泡在暗房裡的硝酸銀溶液中，趁玻璃片未乾照好相，再快速拿回暗房顯影、沖洗，因為藥液十分鐘後變乾就會失效，整個過程都像在做化學實驗。他一生照了三千多張照片，不但是英國最早期的攝影師之一，而且很會安排人物姿勢與構圖，甚至會玩雙重曝光，與一般呆版的照相館相片完全不同。

圖 3 卡洛爾的沖洗設備[1]

## 愛麗絲小傳

愛麗絲全名叫 Alice Pleasance Liddell，於 1852 年出生，1934 年過世，而卡洛爾是 1832 年出生，兩個人剛好差了 20 歲。愛麗絲在 10 個孩子中排行第四，到 1880 年（28 歲）才結婚，在那時代算是晚。夫家非常有錢，住在一個佔地很廣的莊園裡，過著舒服的生活。他們育有三子，第一次世界大戰時，三個兒子都去打仗，兩個兒子戰死，剩下最小的兒子叫 Caryl Liddell Hargreaves，Caryl 的音近似 Carroll，不知是否有紀念之意。

卡洛爾的手稿本原來叫《愛麗絲地下歷險》（*Alice's Adventures Under Ground*），在 1864 年完成後送給愛麗絲。後來在 1886 年隨著《愛麗絲漫遊奇境》的流行也出版了。

1 圖片網址：https://www.lewiscarroll.org/carroll/study/photography/

愛麗絲晚年丈夫去世後，因為經濟拮据，在 1928 年把手稿以一萬五千英鎊的高價拍賣到美國人手中，第一次世界大戰結束後，美國為了答謝英國的協助，又集資把這份手稿買回來送給英國的博物館，所以這份珍貴的手稿現在就放在英國的博物館內，是英國博物館的鎮館之寶。

圖 4 是手寫本的封面與第一章，右圖是最後一頁，卡洛爾原本把愛麗絲的樣子畫在頁尾，後來不滿意，又用愛麗絲的照片把畫像遮蓋起來[2]。

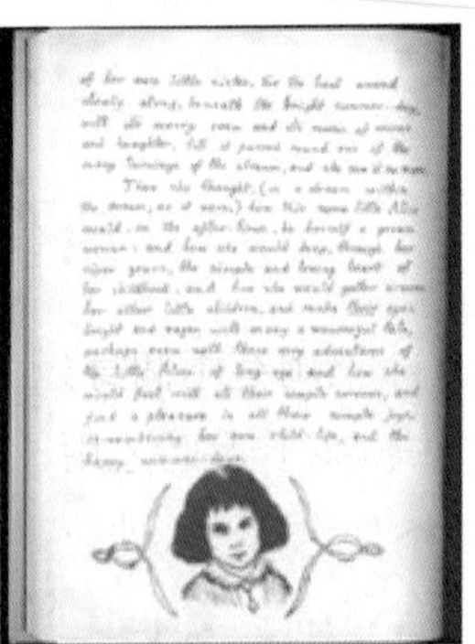

圖 4 《愛麗絲地下歷險》的手稿本

圖 5 是愛麗絲前期、中期、後期的照片，最左邊是 6 歲的愛麗絲，故意打扮成乞丐的樣子，中間是 20 歲時的照片，最右邊是她 80 歲時，卡洛爾 100 歲誕辰應邀到美國慶祝時所拍的相片[3]。她兩年後便過世了。

2　圖片網址：http://www.alice-in-wonderland.net/alice2c.html

3　圖片網址：https://underbritishumbrella.files.wordpress.com/2012/11/1-alice-lidell.jpg

圖 5 真實愛麗絲的照片，第一張為卡洛爾所拍，最右邊為 80 歲在美國所拍的照片。

## 其他有關科學與數學著作

卡洛爾有兩個身分，他在出版嚴肅的學術作品時用查爾斯的原名，寫趣味作品時才用卡洛爾。除了《愛麗絲漫遊奇境》和《鏡中奇緣》，他也寫了其他有關科學和邏輯的作品，如圖 6。

***Sylvie and Bruno***　***Sylvie and Bruno Concluded***　***A Tangled Tale***　**Symbolic Logic and the Game of Logic**

圖 6 卡洛爾其他有關科學和邏輯的著作

*Sylvie and Bruno* 與 *Sylvie and Bruno Concluded* 二本都是小說，*A Tangled Tale* 是一本數學書，討論些纏雜的問題；而 *Symbolic Logic and the Game of Logic* 是本關於邏輯遊戲的書。後人開始研究卡洛爾所建立的數學、邏輯概念，市面上也有一些相關研究討論的著作，包括著名數學科普大師葛老爹的《手絹中的宇宙》（*Martin Gardner: The Universe in a Handkerchief*）、與 Robin Wilson 的 *Lewis Carroll in Numberland*，另外還有有關遊戲與謎題的 *Lewis Carroll's Game And Puzzles* 及 *Rediscovered Lewis Carroll Puzzles* 等等。

卡洛爾也常給雜誌寫一些益智遊戲。例如下圖（圖 7）：

如何用不重複、不交叉的方式一筆畫把路徑走完？[4]

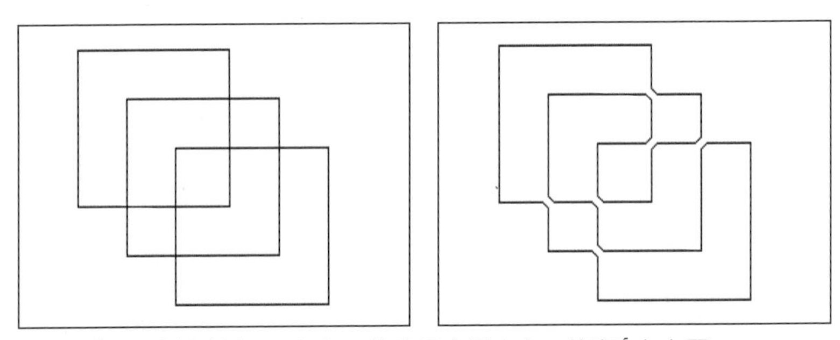

圖 7 卡洛爾的數學謎題，如何一筆畫把上圖走完，答案[5]在右圖。

另一個是有名的謎題是費波納西（Fibonnacci）拼圖，原來排起來 8×8=64 塊的矩形，會變成 5×13=65 塊的矩陣（如圖 8），多出來那一塊從哪來？

---

4 圖片網址：http://people.missouristate.edu/lesreid/carroll.html

5 圖片網址：http://people.missouristate.edu/lesreid/lewissol1.html

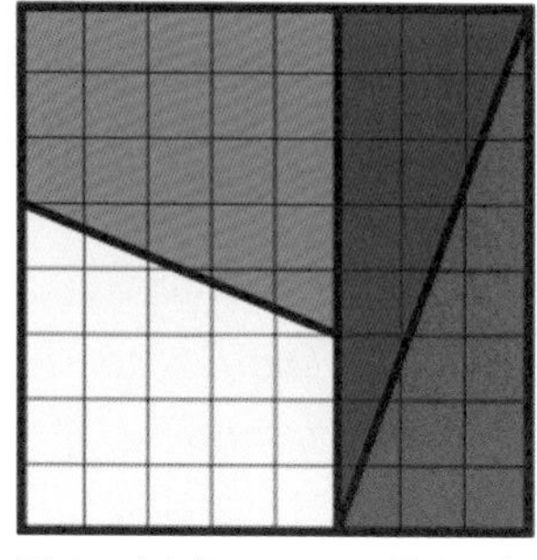
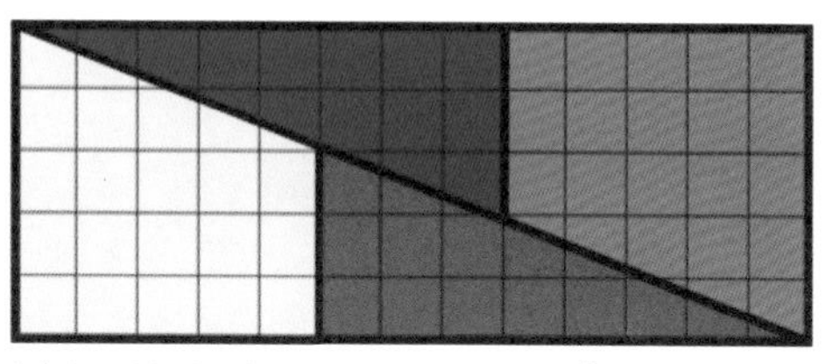

圖 8 （左）8×8=64 的矩形；（右）重新排成 5×13=65 的矩陣[6]

從圖上看起來好像沒有破綻，但事實上藍色三角形斜邊的斜率和黃色梯形斜邊的斜率不相同，紅色三角形的斜率不等於也和綠色不同，如果依斜率把各圖製出來（如圖 9），就會發現兩個三角形（紅＋黃、藍＋綠）不能密合，中間的空隙就是多了一個方塊面積的來源。之所以會有這種錯覺，是因為圖 10 用粗線條把縫隙遮蓋起來。

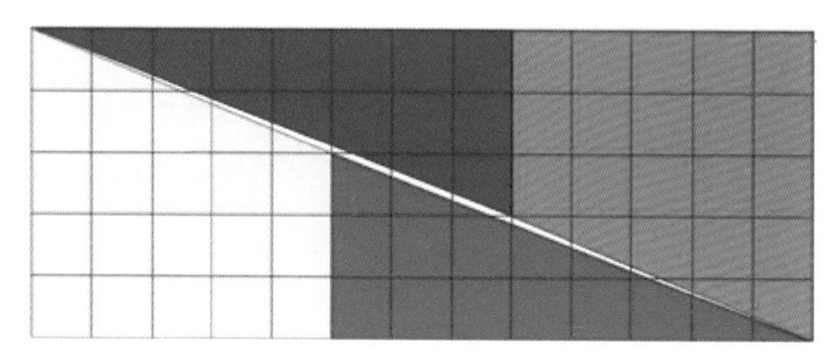

圖 9 依照斜率繪圖組合，就會發現各徒刑的斜邊不能密合，中間的空隙多了一個方塊面積的來源。（資料來源：張華製圖）

6 圖片網址：https://mathlesstraveled.com/2011/05/02/an-area-paradox/

## 邏輯與應用

卡洛爾的故事裡有很多邏輯概念，但他不是拿來教邏輯用，而是用邏輯作為題材。例如《愛麗絲漫遊奇境》裡用了不少邏輯謬誤：

- 複合問題：

　「我該怎麼進去啦？」愛麗絲又說一遍，聲音提高了些。

　蛙佣人說，「你可以進去嗎？這是第一個問題。」（第 6 章）

愛麗絲的問題其實隱藏了另一個條件「我有權進去」，被蛙佣人點穿了。就像你在電影院門口問查票員：「我該怎麼進去？」查票員會問你買過票了沒一樣。

- 輕率推廣：「這樣就能搭火車回家了。」
  愛麗絲掉到鹽水裡，她認為只要是鹽水就是大海，所以就用她的經驗，推論所有海水浴場都有火車可搭，她就可以回家了。

- 相似非難：「你也一樣在長。」
  被責難做錯事的時候，許多人喜歡以對方也做錯什麼事情來避開指責。我們經常在報紙上看到類似的話，「你也一樣」、「大家都差不多」等。

- 濫訴權威：「我年紀比你大，當然比你懂得多。」

- 循環論證：「而且住在內井」
  我問一句話，他沒有正面回答，而拿一個類似的話來回答塘塞你，事實上還是講同一件事情。這常發生在有人詞窮回答不出來，就用這種話塘塞別人。

- 訴諸憐憫：「我是個可憐人」

  我很可憐，所以你要赦免我的罪，這是一種不談自己的罪那裡可以赦免，而是說自己是可憐的人所以要被赦免，這是另一種邏輯方面的混淆。

- 栽贓：假海龜：「雖然你不相信……（去上過學）」／「我沒說過不相信」

  辯論的時候，有時用栽贓的，愛麗絲明明沒講過她不相信，可是假海龜說她有說。

- 思想三律：

  — 排中律：不是變大，就是變小。但愛麗絲也有不變大不變小的時候，所以中間的可能性沒考慮進去，它就錯了。

  — 矛盾律：因為是柴郡貓（會笑）／貓都會笑。這兩個是矛盾的句子。

  — 同一律：誰偷了餡餅／茶會細節。

## 卡洛爾的靈感來源

卡洛爾的靈感來源，一個來自愛麗絲的生活故事，譬如說愛麗絲生日 5 月 4 日，還有井底的三姊妹（這三姊妹的名字就是從現實中愛麗絲三姊妹的名字改的）；一個來自當代社會的習慣，如下午茶、去海灘，還有法庭上及學校的場景。他們小學的課本基本上有三科：語言、數學、寫作；另有當時的新發明，包括重力火車（在當時是個理論）、地球科學、腳踏車、郵票、火車；還有前面談到的邏輯與當時的童謠（如小星星等）與遊戲（包含前面提到的娃娃屋、「我是誰」、家家酒、撲克牌、西洋棋、槌球）。卡洛爾的題材包羅萬象，所以他可以信手拈來隨時講故事。以下說明他一些靈感的來源：

## 重力火車

愛麗絲夢遊奇境第一章裡有這麼一段：「愛麗絲掉進兔子洞裡面，先是平走的，後來突然間一下轉彎就往下掉了。」在 19 世紀時盛行「重力火車」的話題，就是假定從地球一端挖隧道，穿過地心以直通到地球另一端。火車進隧道後就直接往掉向地心的另一方。

另外從卡洛爾另一本小說 *Sylvie and Bruno Concluded* 第七章有段對話也有提到：

「他們的火車不需要引擎，只需要剎車，夠神奇了吧，米拉蒂？」

「不過動力是哪裡來的？」我問

「他們使用重力」他說

「不過那是用在下坡」伯爵說。「你們的火車不可能一直都是走下坡吧？」

「一直是走下坡」梅恩・赫說。

「兩頭都是？」

「兩頭都是。」

「我投降了！」伯爵說。

從地球一段挖隧道通過地心到另一端，物體受地心引力吸引，重力加速度與距離成平方反比，與質量（正比於球心半徑的三次方）成正比，經過計算，物體在均勻球體中的受的力與球心距離成一次方正比，力方向與速度方向相反，使物體在地球兩端重力加速度最大，到達地心時加速度為 0，但速度最大，物體可以在地球兩端來回做簡諧震盪。

17 世紀英國科學家虎克（Robert Hook）寫信給牛頓談論物體在星球裡加速度的問題，到了 19 世紀有人向巴黎科學院正式提出重力火車的方案，最近 1960 年數學家 Paul Cooper 在《美國科學月刊》發表文章，建議把重力火車列為未來交通的計畫。但重力火車最大的問題在哪裡呢？第一，隧道裡有空氣阻力會讓火車越走越慢，使火車不可能單靠地心吸力到達目的地。第二，地核的溫度高達 5700K，一般火車不可能承受這麼高溫，更何況挖到地心會有什麼後果我們也不知道。

他說只要從任何地方穿過去都可以，不管距離、遠近，怎麼穿法都是 42 分鐘可以到達，但我相信現在還沒人看出它的可行性。到地心探險是人類一個夢想，也在相同時期 1864 年，法國作家儒勒・凡爾納（Jules Gabriel Verne, 1828-1905）以地心為題材寫了《地心歷險記》一書，書中講述一位科學家聽說冰島有個火山可以到地心，他就真的去當地探險，然後三個人去了火山底下沿熔岩前進，而後在地底中發現巨大的海，還有植物及一些古生物，後來他們遇到一個巨石的阻礙，為了炸開這個巨石，他們一炸再炸就把他們炸回來了，他們發現他們最後身在義大利，故事就到這裡結束。在當時《地心歷險記》是一個很暢銷的故事。

## 自由落體

同樣在第一章掉進兔子洞，愛麗絲經過一個架子拿了一瓶果醬，結果發現果醬是空的，她想把空瓶子往下丟卻不敢丟，因為怕砸死下面的人。這裡有個問題，是一個物理問題，愛麗絲本身是個自由落體，瓶子也是自由落體，兩者受到的重力加速度相同，所以愛麗絲就算放開手，那瓶子也會跟著愛麗絲同時下降到地面。以同樣的題材，卡洛爾也在另一本書 *Sylvie and Bruno* 第八章中提到。在當時候有思考實驗的觀念，假設一個題材，在虛擬的狀況下推論出一些科學的現象、性質。書中假設房子在地球上方幾十億哩外，而且附近沒有東西可以影響它，然後拿一條繩子把房子綁起來，往地球扯，房子裡面的人就開始做自由落體運動了。書中的人討論這個現象，房子落下要過很久，裡面的人還是會歷經生老病死，還可以一直喝下午茶，但是人要綁在家具上拿著茶杯，不過茶會往屋頂上衝。我們現在都知道這些相對運動的現象，但在當時算是非常特別的話題。

## Antipodes（倒蹠地）

同樣第一章的話題，愛麗絲想到如果一直掉下去會不會掉到澳大利亞或紐西蘭？因為那時相信從英國穿過地心到地球的另一邊是紐西蘭跟澳大利亞，很多英國人去過澳洲並在那裡發現金礦，所以很多英國人到澳洲去，後來澳洲也變成英國流放犯人的地方，繞過半個地球把犯人放在那，犯人就回不到英國去了。所以現在澳洲的英文是靠近英國某個地區口音的英文，發音較特別，不容易聽懂。有個新觀念叫antipodes（倒蹠地），指腳底相對之地，地球面上任何一點經過地心連線交於地球面另一點，亦即這兩點位於球體直徑的兩端。例如說從地球來看，臺灣相對點剛好是在阿根廷一個叫福爾摩沙省的地方，非常巧合；而英國格林威治的相對點非常接近紐西蘭的群島，因此該群島就名為 Antipodes islands（安蒂波德斯群島）。倒蹠地在當初是個很流行的觀念，英國人以 antipodes 稱呼澳大利亞跟紐西蘭，愛麗絲卻誤說成字形相似的「倒蔗地」（antipathies 反感）。

## 一天是從哪裡開始？

卡洛爾在 1855 年大概 32 歲的時候，在一次演講中提出這個問題「一天是從哪裡開始？」因為我們知道地球是圓的，那哪一點是地球最早接觸到陽光的？卡洛爾當時就開始在思考，他假設一個人如果走路的速度跟太陽一樣快，他在某一星期二中午出發，太陽維持在他頭頂上，他就這樣跟著太陽繞地球跑了一圈回到出發點，這時已經是星期三了，但問題是：「請問他路途中在什麼地方變成星期三了？」這個人一直在中午的時刻這樣跑，沒有間斷，那時間是怎麼改變的？卡洛爾的問題很早在 1855 年提出，約 30 年後到 1884 年，在美國華盛頓舉行的國際子午線會議才訂定東經 180 度為「國際換日線」。卡洛爾的思想非常先進，很早就想到這個問題，而且聽說他一直拿這個問題去困擾氣象局的人，氣象局也答不出來。

但換日線跟日出線有點不一樣，換日線是沿著地球自轉軸來算的，所以是斜的，有 23.5 度的傾角，可是太陽光是如平行光一樣照射到地球，所以在同一條經線上的地區，南方的日出會比北方早。利用換日線的觀念，《地心歷險記》的作者，法國作家儒勒•凡爾納 1873 年又寫了一本《80 日環遊世界》的暢銷書，《80 日環遊世界》和卡洛爾的《鏡中奇緣》差不多時期。這本書敘述一位有錢人跟別人打賭說用 80 天就能環遊世界，那時交通很不發達，大家都不相信，所以跟他打賭。於是他就出發了，從倫敦開始，中間經過蘇伊士運河，而後到了孟買，從孟買坐火車去加爾各答，再坐船到了香港，從香港再坐船到上海、橫濱、舊金山再轉火車到紐約，最後坐船到英國利物浦再回到倫敦。原本照這個有錢人來算，本來是 79 天，結果他到了英國被警察當作罪犯關了一天，回來時間超過了。他原以為他輸了，他在路上救了一個女奴，那位女奴要去結婚，他想說反正已經輸了於是帶這個女奴去登記結婚，結果人家告訴他還有一天，原來是利用換日線的道理，以他的走法是賺了一天，最終他還是以 80 天到了目的地，贏了賭金，不過這贏的錢跟他花的錢差不多，也沒賺到，可是這變成一個非常吸引人的故事，後來還拍成了電影，同樣也很吸引人，因為看得到各國的風光。

## 王后的槌球場：質數

在《愛麗絲夢遊奇境》第八章內，其實有個很不明顯的數學題目。他有三個紙牌人，分別為 2 點、5 點、7 點，我們會問卡洛爾為什麼會選這 3 個數字，當然這 3 個數字都是質數，但問題是紙牌有 10 點，另外兩個質數 1、3 跑到哪裡去了？我們就找了一個參考數，這參考數是卡洛爾最喜歡的數字 42，這 42 在兩個地方會出現，一是拍照的時候要用 42 秒，另一個是重力火車，通過地球需要 42 分鐘，42 大概從這裡來。所以我們這麼一算，（2 ＋ 5 ＋ 7）×1×3 ＝ 42，我們猜是 2、5、7 點在花園裡，1、3 點到花園外偷懶了。這是一個有趣的故事。

## 卡洛爾的猴子爬繩趣題

卡洛爾在 1893 年以思想實驗方式提出一個很著名的題目，用來考數學界同儕。這個實驗實際上不難做到，但他在日記上記載，「奇怪的是數學家的答案各不相同」：

> 一根繩子穿過一個鬆動的滑輪，一端掛著 10 磅的重錘，另一端有一隻剛好等重的猴子。假如猴子往上爬，重錘會上升還是下降？

這不是數學問題，而是物理上的定滑輪問題，可用槓桿原理來討論。猴子和重錘（施力和抗力）的重量相等，則兩者和滑輪（支點）的距離（力臂）也永遠相等，所以猴子向上爬，重錘也跟著等距離向上升。

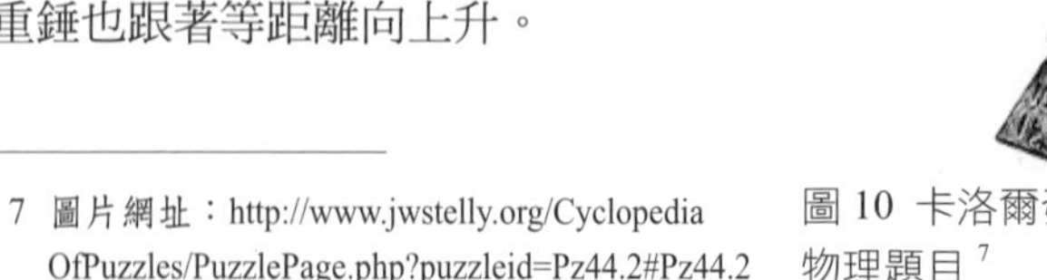


圖 10　卡洛爾發明的猴子爬繩物理題目[7]

7　圖片網址：http://www.jwstelly.org/CyclopediaOfPuzzles/PuzzlePage.php?puzzleid=Pz44.2#Pz44.2

# 愛麗絲的《鏡中奇緣》

愛麗絲的第二本書叫做《鏡中奇緣》（*Through the Looking-Glass*），圖 11 也是我做出來的一張表，把所有棋盤每一步，一步步繪出來，並放上相關插圖。

圖 11 放在書拉頁中每一場景對應的棋盤位置圖

譬如第一張紅皇后是紅棋（E2），愛麗絲是白棋（D2），第二張紅皇后斜進到 H5，愛麗絲搭火車從 D2 經過 D3 到 D4 去等等。

《鏡中奇緣》的目錄有十二章，分別為：第一章「鏡子裡的房間」、第二章「活花的花園」、第三章「鏡子裡的昆蟲」、第四章「哈拉叮和哈拉噹」、第五章「羊毛和水」、第六章「圓圓滾滾」、第七章「獅子和獨角獸」、第八章「這是我的發明」、第九章「愛麗絲王后」、第十章「搖搖搖」、第十一章「醒來」、第十二章「是誰做的夢？」第八章的主題是「這是我的發明」，所以這本書事實上是用「發明」當作他的主題構想，所以有非常多發明在內容裡面。例如：

● 序詩裡的數學

「純真的孩童，帶著無憂的舒眉，和好奇的夢幻眼睛！雖然時光飛逝，你我已經大半輩子沒見過面。」這是一道數學題，這本書在 1972 年出書的時候，卡洛爾 40 歲，愛麗絲 20 歲，兩人剛好相差半輩子，可是這個問題好像沒人發現。

● 第三章：愛麗絲搭火車

圖中愛麗絲搭的是頭等車廂（圖 12 左），反映出愛麗絲家裡很有錢。插畫中頭等艙火車的圖是參考圖 12 右邊這張圖。

火車在 1822 年由喬治·斯蒂芬生發明，也因為火車的發明，歐洲的旅遊業才開始發展。

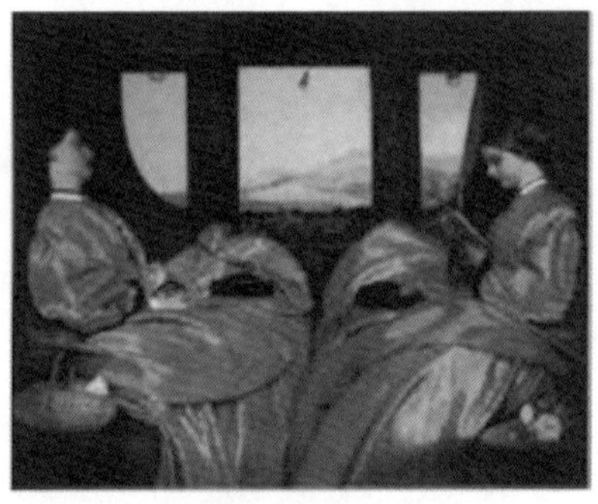

圖 12 愛麗絲搭火車，車廂裡的插圖是參考右圖這張畫 "The Travelling Companions", Augustus Egg, Birmingham Museums &Art Gallery[8]

8 圖片網址：http://en.wikipedia.org/wiki/The_Travelling_Companions

## ● 第三章：鏡子裡的昆蟲

> 「另一個聲音接著說（「車廂裡的乘客真多！」愛麗絲想）：「她和『郵票』同樣有人頭，應該寄回去…」「應該把她當『電報』打回去…」「剩下的路叫她『拉著火車走…』」各式各樣的話題都有。」

這本書提到了郵票、電報、還有「拉著馬車」。郵票是 1840 年發明的，俗稱「黑便士」，那時候郵政事務才發展出來。摩斯電報在 1844 年發明的；然後「拉著火車」火車為什麼要用拉的？早期有軌的車是由馬拉的，先有軌道讓馬去拉車子，那時還有馬拉的火車在裡面。

也因為卡洛爾是發明家，他也發明了一個放郵票的夾子（圖 13），雖然現在看起來有點簡陋，上面是愛麗絲抱了一個小孩。後來這個小孩變成了豬。

圖 13 卡洛爾發明的放郵票的夾子

第三章說到愛麗絲碰到紅國王，紅國王正在睡覺，聲音如蒸汽機般大聲。蒸汽機就是在那個年代的發明。在當時蒸汽機非常巨型，英國為展示國力，在第一次的世界博覽會上便擺示各種蒸汽機給大家觀摩。

## ● 第四章

再來第四章故事提到一對長的很像的兩兄弟，這就參考到倫敦 1835 年成立的杜沙夫人蠟像館，這蠟像館在當初也是一個創舉，因為創作者熟知解剖學，有辦法將蠟像做得像人一樣栩栩如生，現在香港也有杜莎夫人蠟像館。蠟像館門口往往會放兩個人，一個是真人，一個是模他的假人，來招攬生意，和兩兄弟有點像。杜莎夫人博物館的門票是 6 便士，可以買 12 本的《鏡中》（一本 6 先令）。

- 第五章

第五章中愛麗絲和白皇后有一段對話，白皇后說她有時還沒吃早餐前就能相信六件不可能的事。這個反映了什麼？反映了當時發明、發現的風氣。現在我們認為很多理所當然的事，在當時就發現它的原理在裡面，包括迴紋針也是那時候發明的。

- 第六章

第六章中後來白皇后變成羊了，愛麗絲跟這個羊在對話。圖 14 中間這棋譜很用心，把愛麗絲跟白皇后的相對位置都標出來。

羊變成雜貨店的老闆，一面在繡毛衣，一面在賣東西，後來愛麗絲跟牠買了一個蛋。而這個雜貨店事實上是一個真的店，現在還在，而且變成愛麗絲的專賣店，成為一個景點，遊客在當地旅遊都會造訪這家店。在圖 16 左可看到店裡面擺設，但這擺設是亂畫的，因鏡中世界和現實是左右相反。

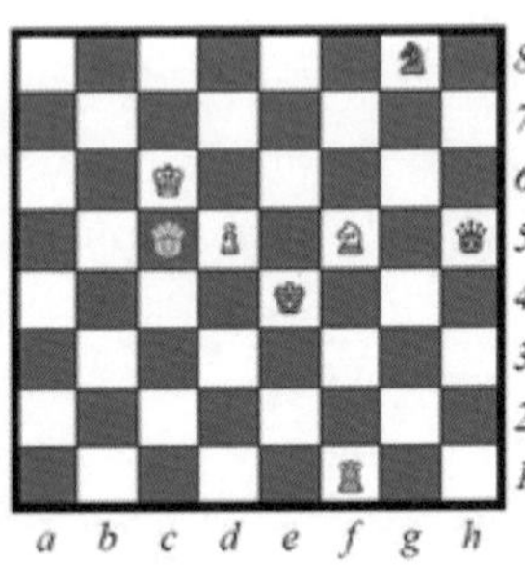

圖 14 白皇后變成了羊開了一個雜貨店，愛麗絲在跟牠對話中，中邊是相對應的棋譜。最右邊是真實的雜貨店的樣子，現已變成愛麗絲專賣店。

● 第八章

來到了第八章，愛麗絲碰到紅騎士、白騎士，他們倆個在打仗，如果各位玩過棋子，象棋和西洋棋比較像。我們象棋的馬走的是日字形，西洋棋的騎士也是類似走法，當紅騎士看到愛麗絲要攻上去，結果一旁的白騎士就跟他打了起來，這完全是照西洋棋的走法。後來白騎士把愛麗絲救回來後，愛麗絲就跟騎士一起走，騎士騎馬，愛麗絲走路，但騎士騎馬非常笨，馬一停騎士就往前摔，馬一走他就往後倒，這事實上是反映另一個新的發明——也就是腳踏車。當時的腳踏車是所謂的大小輪腳踏車（圖 15）。

人坐在上面，因為重心的關係，一剎車很容易會摔倒，甚至只要碰到一個小石頭就會摔倒，所以圖 17 右圖這畫面是很普遍的景象，卡洛爾就利用這個特點，將之變成他講故事題材的一部分，來描述騎腳踏車的危險性。

圖 15 1833 年的大小輪腳踏車

另外第八章就是講「我的發明」，但卡洛爾的發明是在開玩笑，他是用發明來編故事而已。白騎士發明了一個盒子，一個隨身盒，可以口朝下倒過來放，他說這樣雨就不會淋進去了，問題是蓋子沒蓋的話，裡面的東西也會完全掉出來，所以他的發明事實上是個好玩的發明而已，拿來製造笑話。同樣的道理，騎士也發明了一個方法讓頭髮不會掉下來，他說：「在頭上豎根棍子，讓頭髮順著棍子往上爬，就像果樹一樣。頭髮散亂是因為它垂下來了，你知道，東西是不會往上垂的。這是我的發明，喜歡的話可以試試看。」

## 不朽的卡洛爾與愛麗絲

如今牛津基督大教堂度和位於卡洛爾出生地 Daresbury 的 All Saints Church 都在彩繪玻璃窗上把卡洛爾和愛麗絲兩個人的像嵌在玻璃裡，用以紀念《愛麗絲夢遊奇境》的故事。

圖 16 卡洛爾出生地 Daresbury 的 All Saints Church 的彩繪玻璃（資料來源：張華攝影）

第4章

# 話說梅雨

主講人：陳泰然（國立臺灣大學大氣科學系特聘講座教授）

梅雨，又稱黃梅天，每年的五月及六月是臺灣的梅雨季節，豐沛雨量是臺灣重要的水資源。大家對於梅雨了解多少呢？東亞梅雨是全球特有的天氣和氣候現象，臺灣梅雨是東亞梅雨重要一環，其伴隨的降雨和豪（大）雨更與國計民生息息相關。說明東亞季風和梅雨的關係、比較宋代詩人和臺灣人的梅雨觀、探討梅雨研究和臺灣經濟活動演變的互動，以及氣候變遷下的臺灣梅雨。

## 梅雨研究契機

在談梅雨之前，我先來談是什麼機緣引領我進入梅雨研究。這可從人生是否有規劃談起，其實我在求學的時候是有規劃的，譬如我高中時想進大學，進了臺灣大學後，在畢業時覺得所學有限，當時系上還沒有研究所，所以規劃畢業後當完兵就出國留學。出國留學唸完博士學位的規劃是趕快回臺灣服務，因為臺灣缺這方面的人才，回來在臺大大氣系任教也已有40幾年。現場應該沒有年紀比我更長的人吧，我是臺灣光復那天出生，那時二次大戰在臺灣也是打的天昏地暗，光復那天出生的小孩名字取的很有意思，有的叫太平，有的叫光復等等。我那個村子出生了三個小男孩，都叫做太平，我父親幫我報戶口時也把我取名叫陳太平，承辦人員覺得大家都叫太平會搞混，問說要不要換名字，父親就把我取名叫陳泰然。我很喜歡這個名字，大概因為這是父親做出的最好決定，從此這個名字就跟我人生牢牢綁在一起，待人處世就非常泰然自若。我人生到底有沒有規劃？一開始大致上是有的，後來則是隨緣且認真做好任何一件事情就是了。

今天要談的，是我的氣象專業領域。在美國念博士的時候，做的論文是美國的氣象問題，回臺灣後，覺得我們臺灣的氣象問題很多，沒必要也沒動力繼續做美國的氣象問題。當年我為什麼要去美國學氣象？原來打算是去學颱風的，當時美國大學提供的獎學金是讓我去跟一位專研颱風的教授做研究，但沒想到我去的那年暑假，教授因癌症過世了，所以我就沒有學颱風，那時就在想到底要學什麼？總覺得要學跟臺灣有關係的？後來我就學了寒潮爆發（寒流），因為我當時在紐約，冬天寒流來時是非常冷、非常有感覺的。

1974 年底念完博士，1975 年初回到臺灣，那時在思考怎麼把所學應用到我的研究上，所以一面教書一面想這個問題。在臺大任教的第一個梅雨季時，看到報紙上（當時只有三大報）的頭條寫著政府要求國軍待命，待天氣放晴後下鄉幫農民搶割，因為在梅雨季，一天到晚下雨，已經影響到二期稻作的收割。這個消息引起我特別注意，原來一直下雨會對我們農業造成衝擊。經過大概一星期之後，又看到一則頭版頭條新聞：政府要求公賣局（現臺灣菸酒公司）收購農民發芽的穀物來釀酒，以減少農民損失。這兩條新聞讓我深深覺得研究有了方向，就來做梅雨研究吧！1975 年是梅雨非常顯著的一年，影響到農業、民生，因此就決定做梅雨鋒面問題研究，選擇當年最後一道梅雨鋒面作為研究對象。那道梅雨鋒面在華南形成，緩慢南移到臺灣，影響時間從 1975 年 6 月 10 日到 15 日大概一個星期左右。隨後向國科會（現科技部）申請研究計畫，那時心想一個星期的資料應該花一年時間做研究就足夠了，沒想到一年過後，解決了一些問題，但是發現的問題遠比解決的問題還多。這一個個案，各位大概很難想像我做了 20 年，但我非常堅持，因為當時對那些觀測到的現象雖然能夠了解，但卻仍有很多理論與背後的原理還沒辦法解決，所以 20 年後，我們以這個個案去驗證所提出的理論才結束這項研究。在這 20 年期間又發生很多氣象災害事件，事實上這些事件也提供很好的研究機會。

話說臺灣社會的演變是跟氣象息息相關的。請各位回顧一下，我們有個很重要的十大建設，其中很多重大建設都在南部，譬如中鋼、中船。十大建設從 1974 年開始到 1979 年完成，這跟我們氣象搭上什麼關係？這得回頭看看我們的國民所得 GDP，GDP 是人均國民所得也可看成是個簡單的貧富指標，我們現在 GDP 大概是美金兩萬三左右。臺灣光復那年（1945 年）GDP 約 100 元美金，我在臺灣 GDP 約

100 元的環境下長大。觀察過去 70 年來的發展，如果每 10 年來回顧一下，在 1951 年我們人均所得比光復時進步了，大約 150 元，經過了 10 年（1961），從約 150 升到約 160 元。那時臺灣社會普遍貧困，因為仰賴農業，出口基本上是農業產品，包括蔗糖、樟腦、香蕉、鳳梨罐頭、還有少部分稻米等，在那年代 GDP 要成長很難。

期間臺灣發生兩件大事：民國 47 年（1958 年）8 月 23 日，金門發生 823 砲戰，還好金門沒有失守。823 砲戰老共一共打了十幾萬發砲彈，我們也打回去，但比較節省，據說那時打一發砲彈要用一噸蔗糖去換，也就是說賣一噸蔗糖的錢只能買一顆砲彈，所以我們只好省著用，不能老共打多少我們就打多少。現在金門發達了，當地出名的菜刀就來自 823 砲戰所留下來的彈殼。次年民國 48 年，臺灣本島發生了自清朝以來最嚴重的天然災害「八七水災」，中部六縣市陷入一片愁雲慘霧。我當時在彰化中學念初中二年級，八月下旬學校要註冊，媽媽跟我提醒兩天後要註冊，所以次日要先去學校。那時從埔里到彰化，需要先坐車到草屯再轉車，大概要花兩個多個小時。八七水災使這條道路柔腸寸斷，完全不能行車，大部分的路基不見了，媽媽幫我準備了兩個便當，因為我在路上也沒有東西可以買，還叮嚀沿著河谷一直走，就可以走到草屯，只要早上早點出發，傍晚一定可以到彰化。我就這樣走過來，早上六點鐘出發，帶著便當中午吃一個，傍晚再吃一個，終於走到草屯，坐車轉到彰化的時候已經晚上了，這就是八七水災的遭遇。八七水災有多嚴重？嚴重到影響我們的 GDP，回顧過去歷年的 GDP 的變化，在民國 47 年時，已經慢慢有點成長，GDP 接近 178 元，但因八七水災的災損，我們的 GDP 掉回來到 150 元左右，一次氣象災害事件就導致 GDP 下降二點多%，這很嚴重。相對來說，這對當時社會的衝擊比 2009 年「八八水災」與 1999 年「九二一地震」更為嚴重，因為後來臺灣的經濟發展了，國民所得增加也相對較為富有，對天然災害承受力也增強了，早期那個年代臺灣還處在相對窮困的時候，只因中部一次天然災害事件，GDP 就掉了 2% 左右，且花了四年時間 GDP 才回復到原來的水準。

1974 到 1979 十大建設這段時間，還有一件事值得提出，就是謝東閔先生當臺灣省主席（1972 到 1978）留下一句為後人傳誦的話:「客廳即工廠。」當時農業產值不高，政府鼓勵家庭做手工業，幾乎家家戶戶都在做以賺點外匯，因為這樣，我們的國民所得增加了。在他擔任省主席前後六年，國民所得增加三倍。1981 年 GDP 已經達到是兩、三仟美金左右，這些現象和今天要談的主題息息相關，因為我的研究主題和臺灣的經濟發展、社會急遽變化，大自然也開始反撲有很密切的關係。1975 年我感受到的梅雨季降雨災害使二期稻作受到連續降雨影響，不能收割、稻株倒伏、穀粒脫落，導致農民損失；1981 年 5 月 28 日清晨，桃竹苗降下豪雨，導致淹水暴洪的「528 豪雨事件」，讓我們感受到豪雨對經建成果的損害已經比農業損害來的更大了，一次豪雨事件，造成桃竹苗工業區，包括水利及交通建設等，就損失了近百億元新臺幣。

1981 年 5 月 28 日早上 8 點半左右，中央氣象局吳宗堯局長打電話給我轉述孫運璿院長的話，孫院長打電話去氣象局關心，談到氣象局怎麼對這次的豪雨毫無預警？即使前一天晚上的電視新聞也沒有提到隔天會有這麼大的豪雨出現。孫院長提醒，氣象局應該要好好思考如何改進豪雨預報，因為若能提早預警，即使是兩三個小時前的預警，也可讓各行各業能預先採取防範措施，就能減少災害損失。吳局長說要到臺大找我商量如何面對梅雨季的豪雨，因為事後氣象局預報人員仍然還不了解為什麼會下這麼大的雨。我跟他說我上課到 10 點鐘才下課，隨後他來臺大與我討論的結果，是臺灣梅雨季的氣象主要災害已從原來的農業轉到其他各行各業，至於到底是怎樣程度的豪雨才會導致災害呢？應該需從災害事件調查和雨量強度分析著手。這個豪雨事件讓我們了解到，社會經濟發展與經濟活動已經發生變化，使得氣象災害型態也產生改變。雖然過去梅雨季也曾有豪雨發生，但是主要是因為連續性降雨導致農業災害，而「528 豪雨事件」導致的主要災害則已轉移到經建成果方面，而非原來的農業。這個災害事件也引導我之後改變研究方向的思考：該如何面對豪雨？後面我會跟各位介紹我一輩子最重大的決定，就是規劃並執行一個大型的國際合作科學實驗計畫，一個前後十年的研究計畫，投入我人生十年的黃金歲月，主持包括五年實驗計畫規劃與五年後續基礎科學研究與應用研究，這個計畫成果不僅在學術研究上發表豐富且具突破性的科學論文，還能把科學研究成果轉變成改進預報的技術，並能改進氣象局預報作業系統，使氣象預報作業由原來傳統化方式走向全面電腦化時代，今天我就要來談談這一個過程。

怎麼談？首先認識一下梅雨與季風的關係。其實全世界只有東亞地區有梅雨，從東亞地區的季風，就能了解到為什麼只有東亞地區有梅雨。東亞地區除長江流域外，華南和臺灣地區一樣有梅雨，日本、韓國也有梅雨。因為兩岸都有梅雨，我們就先來看看兩岸對梅雨觀有何不同，隨後再稍微講一下臺灣從早期到後來的梅雨研究主題如何轉變，最後，可能大家也很關心，就是全球暖化導致的氣候變遷是否影響到臺灣的梅雨？剛剛民視來問我今天要談的內容，我就談氣候變遷對臺灣梅雨到底有沒有改變這個問題，事實上是有的，我們等會可看些資料，特別是臺灣中南部地區。面對氣候變遷我們能夠做甚麼？一般而言講到氣候變遷，目前解決方法只有兩個：節能減碳與調適。

# 梅雨與季風

首先來看圖 1，這張圖已經有簡化了。

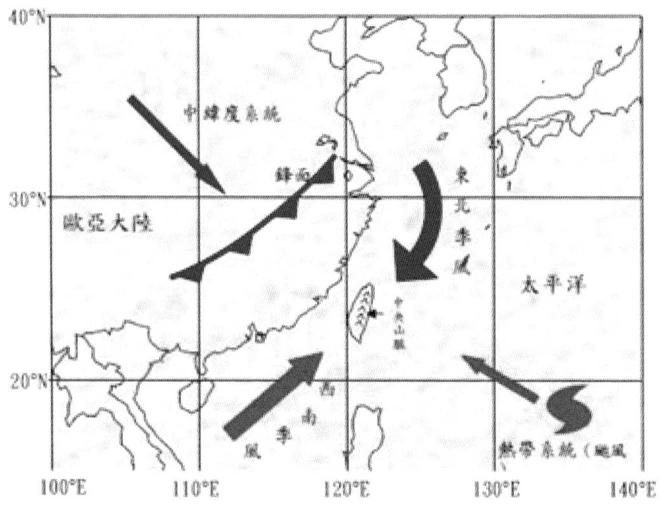


圖 1 臺灣一年四季受到的氣候影響

臺灣地區一年四季都受災變天氣影響，譬如夏天有颱風，冬天則有寒流。冬天是東北季風影響的季節，北邊冷空氣南下，從早到晚平均來說吹東北風，東北季風就發生在冬半年，夏半年則為西南季風。季風是什麼意思？就是因季節改變而風向轉變 180 度的風場。在臺灣從冬到夏會有個轉變季，該轉變季就是梅雨季，此時東北季風越來越弱，西南季風越來越強，在這兩種不同氣流相會的地方形成一道鋒面，這道鋒面的平均位置，隨著季節由原來在南邊漸漸移到北邊，形成東亞地區梅雨現象。梅雨鋒面平均位置開始位於華南、臺灣地區隨後北退到日本一帶與長江流域，最後退到韓國。以臺灣地區來講，有兩大因素決定我們的天氣與氣候，一個是季風，另一個是臺灣的地形。雖然東亞地區有季風，印度洋地區也有季風，全世界很多地區也都有季風，但只有東亞地區有梅雨這個現象。今天在高雄正在下的雨是非常少見的個案，因為在氣候上，今天高雄的降雨機率只有 10%而已。由於有中央山脈和季風影響，冬季迎風面就在臺灣的東側，所以臺灣東側冬天是比較潮濕的，而西側則是西南季風影響期間比較潮濕。中央山脈在氣象上有很大的好處，特別是颱風來時，如果沒有中央山脈，臺灣並不適合人居住，因為一年平均有 3.5 個颱風，臺灣怎麼受得了？我們一直抱怨臺灣多山，有 1/3 的平地、2/3 的山，使臺灣人口過於密集，但如果沒有中央山脈，將不適宜人居住，所以有中央山脈還是有好處的，擋擋颱風也可以讓臺灣各地都有其獨特的天氣和氣候現象。

談到梅雨是從東北季風過渡到西南季風期間發生的，在這個過渡季節裡，南北兩個不同性質的氣團相會交界的鋒面，稱為梅雨鋒。梅雨鋒出現的平均位置在 5 月中到 6 月中位於華南到臺灣地區，半個月後北移到日本，再過半個月北移到長江流域，最後北移到韓國（如圖 2），這就是東亞地區的梅雨季，逐漸往北退的原因為冷空氣越來越弱，西南季風越來越強所致。

這個鋒面是個輻合帶，輻合使空氣上升，空氣上升冷卻水氣就凝結成水滴，形成雲帶，這就是梅雨鋒面雲帶，東西延綿達千公里，寬度比較窄一點，有時可達幾百公里。雲帶裡會有一些組織性的對流系統，豪雨就是來自這些組織性的對流系統。以圖 2 左上角圖來看，臺灣地區附近有些較白的雲系，就是組織性對流系統。

梅雨是導致我們連續性降雨與間歇性豪大雨最主要的天氣製造機器，所以我們想要了解為什麼？副熱帶的梅雨鋒與中緯度的極鋒有很多相似的地方，包括形成過程、結構，但也有很多相異之處，特別是

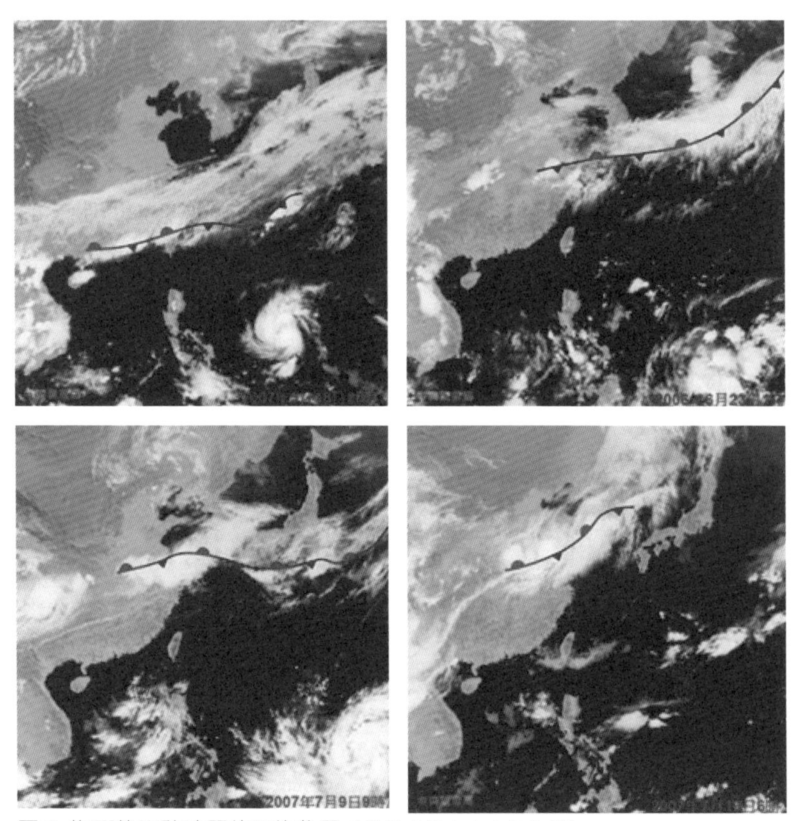

圖 2　梅雨鋒面隨時間的平均位置（資料來源：中央氣象局）

為什麼在梅雨季會有這麼多對流，中緯度的鋒面很少有這樣的對流，且梅雨鋒面因為出現在春末夏初，鋒面的溫度對比也沒中緯度鋒面來得大，但為什麼可以維持這樣的鋒面？並產生這麼多天氣型態？這些都是科學上很有趣的問題。

在氣候上我們怎麼對梅雨分類？因為梅雨主要現象是鋒面導致降雨，所以我們會從鋒面的觀點去看或從降雨的觀點去看。過去在報章雜誌上大概也可以看到這樣的氣象名詞，如：今年是多梅，或今年是正常梅、少梅、間歇梅、空梅等，或是霉雨、沒雨、濕梅、乾梅等。這些名詞都是我們從事研究時需要去使用的，氣象上的梅雨分類可能對你來說沒有用處，但將來你聽到時會知道那是形容梅雨的特性。

## 兩岸梅雨觀

華南和長江流域地區的梅雨，在歷史上已有很多記載，例如宋代首都南遷之後，江浙一帶有很多詩人，平時吟詩作對、喝酒，他們對天氣的感受很深。宋朝曾幾（江西贛縣）所寫的〈三衢道中〉描述：

梅子黃時日日晴，小溪泛盡卻山行；
綠蔭不減來時路，添得黃鸝四五聲。

「梅子黃時日日晴」他看到梅雨季天天有好天氣，這是怎麼回事？如果我們現在去分析它，很可能那年是空梅，因為梅雨有年際變化，也可能是有空間變化問題，曾幾居住的地方可能沒有太多雨。同樣在南宋，趙師秀（浙江溫州）的〈有約〉寫道：

梅雨時節家家雨，青草池塘處處蛙；
有約不來過夜半，閒敲棋子落燈花。

古時候沒甚麼娛樂，就找好朋友約晚上下棋，結果一直等到半夜朋友都不來，可能因為雨一直下出不了門，趙師秀只好拿著棋子敲棋桌。他看到的梅雨和曾幾看到的大不一樣，那時候是「家家雨」，很可能那年是霉梅、正常梅、多梅、濕梅等等。另一位南宋詩人戴復古（浙江臺州）的〈夏日〉寫道：

乳鴨池塘淺水深，熟梅天氣半陰晴；
東園載酒西園醉，摘盡枇杷一樹金。

戴復古家裡可能蠻富有的，一天到晚喝酒吟詩作樂還摘枇杷吃，他感受梅雨天氣就寫這一首詩，前面兩個例子是「日日晴」、「家家雨」，他看到的則是「半陰晴」，此時可能是正常梅、多梅、少梅、間歇梅。這些是宋朝的人對梅雨的觀察。

臺灣老百姓也有對梅雨的觀察，臺灣諺語：「未吃五日節粽，破裘不願放。」五日節就是端午節，端午節一定是落在梅雨季（陰曆五月五號端午節，陽曆一定是在 5-6 月），我們 5 月最低溫可到 10℃，6 月最低溫可以到達 15.6℃，所以梅雨季可以很冷，但今年五月很反常比較暖。我們有一首歌也可以反映梅雨季的天氣也可以很冷，就是〈河邊春夢〉。歌詞是這樣的：「河邊春風寒，怎樣阮孤單，舉頭一下看，幸福人作伴……。」以前男女朋友約會常常是去河邊散步，歌詞描寫該日這女孩已經跟男朋友有約，男朋友一直沒來，女孩子就在河邊等他，寒冷春風吹來，倍感孤獨之時，抬頭一看男朋友來了，就很高興，終於有人作伴真幸福，這首歌就在描寫個景象。這就是臺灣的梅雨季，已經變成我們文化的一部分，連臺灣民謠都寫進去了。

## 臺灣梅雨研究

桃竹苗「528 豪雨事件」發生在 1981 年，所以我把臺灣的梅雨研究從 1980 年之前和之後做個簡單劃分：

### 1980 年前的臺灣梅雨研究

1945 年臺灣光復之後，由農業漸漸走向農工商並重時代，這時候梅雨季裡的連續降雨對臺灣中北部二期稻作造成嚴重影響。梅雨研究在做什麼？我們看幾個問題：

1. 臺灣有沒有梅雨？為什麼有梅雨？

梅雨現象發生在長江流域一帶，自古即有記載，臺灣氣象界也有共識認為臺灣也有梅雨且和長江流域的梅雨是一樣的現象，我們不妨拿臺中長期日平均雨量做例子（圖 3），因為臺灣地區每個測站的分布都有類似現象。

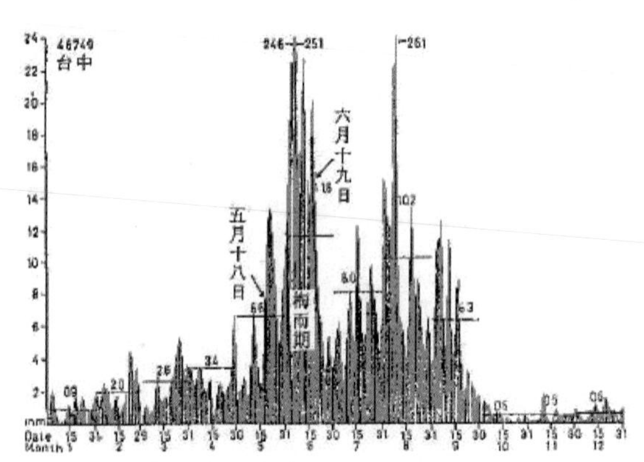


圖 3 臺中的日雨量對時間的分布圖（資料來源：陳泰然、吳清吉，1978）

在氣候上，5、6 月雨量特別多，這就是梅雨，如果日雨量非常集中，就是梅雨很顯著，我們用另一個指標來看，如圖 4：

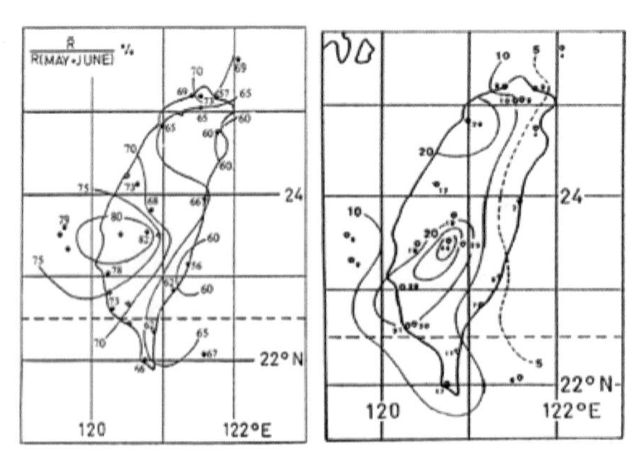


圖 4 （左）1950-1980 年梅雨期平均降雨量佔 5 月與 6 月總平均降雨量百分比（資料來源：陳泰然，1983）
（右）1975-1984 年 5 月與 6 月臺灣地區各氣象站 326 次豪雨個案空間分布。（資料來源：陳泰然、楊進賢，1988）

圖 4 左邊這張圖，是把梅雨期平均雨量除上 5 月 6 月總雨量的分布，如果超過 50%就代表有梅雨集中現象，這張圖顯示臺灣各地幾乎都超過百分之五十，且中南部特別大，中央山脈以西比以東顯著。右圖表示梅雨季豪雨的頻率，這是早期用氣象局二十幾個測站做的分析。現在氣象局有超過幾百個測站，如果再加上臺電跟水利局會有上千個測站，以這麼多測站分析顯示的分布基本上和右圖分布相似，只是稍微做一點修訂而已。從這張圖可以看到臺灣各處都有豪雨發生，中央山脈以西比以東多，特別是阿里山到臺南這一帶，這主要是地形影響，所以說臺灣的地形決定天氣和氣候，也決定梅雨季的雨量和豪雨空間分布。

2. 臺灣梅雨的氣候特徵是什麼？為什麼？

梅雨研究從梅雨鋒面與降雨的觀點來看，包括梅雨期、梅雨季，還有降雨的多寡，如多梅、少梅、空梅、乾梅及濕梅等。從梅雨期的氣候特徵來看，包括平均環流特徵、不同性質梅雨期環流特徵、鋒面與鋒生時空分布、鋒面與降雨關係等。

3. 梅雨季中尺度結構為何？為什麼？

豪雨的影響對社會的衝擊越來越大，所以我們的研究開始進入中尺度氣象，梅雨季中尺度現象包括梅雨鋒面、中尺度低壓還有低層噴（射氣）流。大氣裡有很多噴流，噴流代表風速特別大的地方，大氣高層有噴流，舉例來說，若飛機從臺灣出發去洛杉磯，一般先往北飛再順著西風帶最強的噴流，這樣順風飛行可以節省很多汽油；如果是逆風向飛，則要避開這股氣流。我講個故事：噴流是在二次大戰期間發現的。二次大戰後期美軍轟炸東京，飛機都是從太平洋諸島或航空母艦上起飛，那時候飛機還不是飛很快，因為擔心會被高射炮打下來，所以趁著東京的地面情報人員通知空中有雲可以遮掩飛機，才飛出去出任務。飛機往西飛，看看飛行時間判斷應已到達目的地，炸彈丟一丟就飛回去，結果地面情報人員覺得奇怪，怎麼飛機沒有來轟炸，原來是飛機還沒到東京炸彈就丟在太平洋上，就這樣才發現了噴流。大氣上層有噴流，下層也有，梅雨季上層噴流對臺灣地區通常較不重要，下層噴流稱「低層噴流」，這噴流帶來很多水氣，會讓大氣恢復不穩定度，讓劇烈對流／豪雨可以持續。

4. 梅雨鋒面之天氣動力特徵？為什麼？

這些研究包括梅雨鋒面的三維結構，鋒面怎麼形成？為什麼形成？怎麼演變？為什麼演變？怎麼消失？為什麼消失等。

前面談到 1975 年的最後一道鋒面，我花了 20 年去做個案診斷分析，那段期間我每年總會到國際研討會發表論文報告我的研究成果，我的國外氣象界好友每次都問我：「George（我的英文名字）你最近在做什麼研究？」我說：「還在做梅雨。」問了幾次後我的答案還是在做梅雨，他們問：「你不累啊？」我說：「不累，這很有趣，問題越做越多。」就這樣每年都被問一次。

## 1980 年後之臺灣梅雨研究

因為經濟發展帶動社會的改變，接著氣象災害的對象也轉變，換句話說，經濟活動轉型，氣象災害也在轉型，從原來連續性降雨對農業的災害轉變成為豪雨對工商、水利、交通建設以及對人民生命財產的嚴重影響，所以我們隨後就把梅雨研究聚焦到豪雨研究。前面提到 1981 年孫運璿院長關心「528 豪雨事件」為什麼沒有預報到，所以當時我一方面做災害調查，一方面評估氣象局對豪雨的預報技術能力。各位知道臺灣地區豪雨最主要發生在颱風來的時候，其次就是梅雨

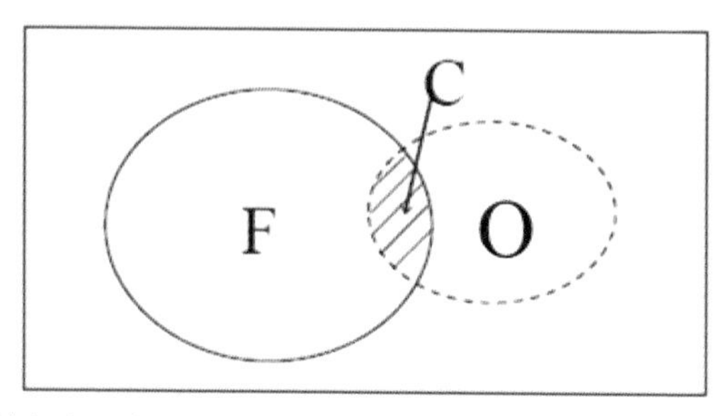


圖 5 T 得分的概念示意圖

說明：F 為預報定量降水的範圍，O 為觀測到的定量降水範圍，C 為正確預報範圍。

季。我們來比較一下氣象局對颱風和梅雨季的豪大雨預報能力，我們用一個簡單的指標，叫做 T 得分（threat score, TS），圖 5 為 T 得分的概念示意圖，圖中 F 代表預報（forecast）的定量降水範圍，O 代表觀測到的定量降水範圍（Observation），預報和觀測交集的地方就是正確的預報範圍。

T 得分定義為 C/（F＋O－C），這個得分範圍是 0-1，如果 F、O 兩個圈沒交集，代表預報的事件都沒發生，而沒預報的事卻發生，TS 得到 0 分；如果兩個完全重疊，代表預報的就一定發生，且發生的都有預報到，TS 得到 1 分，所以 0 代表沒預報能力，1 代表完美預報。除了這指標外還有一個較簡單的指標，預報到底有多少真正會發生？這叫後符（PA ≡ C/F），有多少觀測是可以事先預報的，這叫前估（PF ≡ C/O），當時氣象局對豪大雨的預報能力如表 1：

表 1 中央氣象局在 1981 年對颱風、梅雨豪大雨預報能力比較

| | TS | 前估（PA） | 後符（PF） |
|---|---|---|---|
| 颱風 | 0.60 | 0.68 | 0.85 |
| 梅雨 | 0.17 | 0.20 | 0.57 |

颱風那時 TS 得分 0.6，梅雨只有 0.17，相對差很多，但沒到 0 分這麼差，對科學家來說，怎麼從 0.17 往 1 提升是一項重大挑戰。但光看 TS 得分還不夠完整，還要看前估，前估就是有多少豪雨事件是可以預先預報的，颱風有 0.68，但梅雨只有 0.2，換言之，10 件豪雨事件只有 2 件會被預報到。再來看後符，代表預報有多少應驗的，颱風是 0.85，也就是颱風侵襲時豪雨預報錯誤不會太大，因為颱風一來暴風暴雨就跟著來，所以颱風預報最大的問題在路徑預報，只要預報路徑不對就全部不對，預報路徑對豪雨預報就錯不了。這個分析顯示中央氣象局對颱風路徑的掌握已經相當好，但 0.85 不是百分之百，因為還有地形的影響。再來看梅雨的後符，其實也不錯有 0.57，換句來說梅雨季裡如果氣象局預報有豪雨，大概也會發生，但氣象局沒有預報豪雨也不見得不發生，因為導致豪雨的機制有兩個不同的尺度，一個是大尺度，另一個是中小尺度。大尺度預報在當時氣象局是有能力的，因為做了很多相關研究，如果是大尺度的機制導致豪雨，氣象局能夠掌握，但對中尺度過程則了解相當有限，因為氣象傳統觀測設計是針對大尺度的，而中尺度的觀測較昂貴，需要有密集的測站，方法也和傳統觀測有所不同，所以氣象界對中尺度的觀測與了解非常有限。雖然我們知道問題出在哪裡，但如何能增加對中尺度過程了解以改善豪雨的預報技術？唯有一個辦法，就是設計一個很好的方案來進行科學實驗，蒐集一些中尺度過程相關的資料進行研究加以了解。

因 1981 年「528 豪雨事件」，我們做了兩年的災害調查，1983 年劉兆玄先生擔任國科會企劃處長，他眼看天災對臺灣社會導致的財物損失越來越大，就發函邀請各大學教授，就各自的專長思考研究臺灣這些天然災害問題，我那時想到這個梅雨的問題，所以提出做科學實驗的構想，隨後國科會核准了計畫。從那時開始，經過 4 年半的規劃，在 1987 年進行「臺灣地區中尺度實驗計畫（Taiwan Area Mesoscopic Experiment, TAMEX）」的實地作業，這個計畫從 1983 開始規劃到 1992 年結束。最後一年我們做了預報實驗，雖然科學成果主要是能發表論文，但對我們來說更重要的是科學成果要能應用，科學成果要如何透過應用研究轉變成預報技術，如何將預報技術建置到中尺度預報系統，能夠改進豪雨預報才是我們的終極目標。

1. 臺灣地區中尺度實驗計畫（TAMEX）

這個實驗計畫所訂下來的長程目標，是透過基礎研究與應用研究，增進對劇烈區域性豪雨之了解以改進豪雨預報能力，減少豪雨帶來的損失並增加水資源利用之經濟效益。水資源利用這件事非同小可，例如中南部地區 5 月中旬至 6 月中旬梅雨季那一個月降雨量佔了年總雨量 1/4，如果某年梅雨不來的話，臺灣大部分地區大概都會缺水，若發生豪雨，水庫水位需要調節甚至考慮該不該洩洪，這些決策都牽涉到預報。TAMEX 計畫主要目的有三個層次：基礎研究、應用研究及技術發展。研究重點當然是中尺度天氣系統的結構和動力，實驗設計出的科學研究問題有 30 多項，這 30 幾項問題就要在那一個月時間，透過密集的觀測實驗去收集資料，然後花五年的時間來消化。這實驗在當時我們絕對沒有能力圓滿執行，但這也沒關係，國際上大氣科學界還是可以相互合作。所以，我們走訪日本和美國的大學和研究單位尋求合作，之後大家一起花了四年半的時間規劃完成實驗計畫的觀測設計，在 1987 年 5-6 月實驗期間來臺灣參加實地作業的包括美國 10 個大學和 3 個聯邦政府研究單位，而國內和氣象有關的各政府單位各大學都參加了。

這計畫的規劃與執行都由 TAMEX 計畫辦公室負責，在 1983 年 9 月到 1987 年 4 月間，參與規劃的單位、人員包括美方 15 所大學、4 個研究單位 50 多位科學家，以及我方 5 個學術單位與 3 個氣象作業單位 40 多位專家學者，工作分組包括：科學管理組、實地管理組、資料管理組、後勤裝置組、飛航管理組及都卜勒雷達組。而 1987 年參與實地作業計畫的人員包含美方 10 所大學、3 個研究單位 70 多位學者專家，我方 4 個大學／專校及 11 個作業單位 80 多位學者專家及 1000 多位專業技術人員。

在前四年半規劃期間，1985 年 2 月我第一次帶著規劃團隊出訪美國和日本，我們趁著寒假於 2 月 7 日到達美國國家大氣研究中心（National Center for Atmospheric Research, NCAR），圖 6 是我們當時的合照，照片裡臺灣的團員目前有的退休有的已經過世。

這其中有個故事跟大家分享，故事發生在 NCAR。當時還沒有 email，聯絡事情不是打電話，而是用寫信方式，要規劃一個到日本、美國的行程，需要花很長時間寫信聯絡。NCAR 是訪問

圖 6 1985 年 2 月 7 日 TAMEX 規劃小組訪問 NCAR 與該單位主要主管及科學家合影（資料來源：陳泰然提供）

美國四個單位中的第三個，也是我們訪問的重點單位，因為國家大氣研究中心有一個對流風暴組（Convective Storm Division），我看中該組有 30 幾位博士級的頂尖科學家，同時擁有先進的實驗設備，所以就拜訪該組並請該組組長 Dr. Ed Zipser （是一位患有小兒麻痺的猶太人，研究做得非常好）主持演講會。我主要目的是談這個實驗計畫的設計、科學目標以及規劃的情況。與會很多科學家提出了疑問、看法及建議，但都很正面，快到中午時組長總結，他很不以為然的說：「George 啊，你這個計畫想法很好，但你憑甚麼做這個計畫？聽起來你們既無人力又無設備，也沒經費，空有理想怎麼做這個計畫？」講完就結束了。會後我們一起午餐，當天下午我們還要到下一站科羅拉多州大訪問，我們一位團員勸我不用去了，因為在 NCAR 得不到支持，去大學大概也得不到支持，他又說這個組長這麼負面，要尋求合作怎麼可能？我笑笑說，此言差矣，我說這個組長是有表達他想法，但是他可以有兩個方式表達，如果他只有「哼」一聲就結束了，那就沒希望，但他還大大說了我們一頓，說我們沒能力、沒金錢、沒設備，這表示他也不是不關心這個實驗的相關問題。我說吃過午飯我會再到他辦公室跟他溝通討論。當我到他辦公室時，我先肯定他，說他在早上講得非常對，但我表達看法，我說如果我們有能力、經費、設備，我們就不會來找你們合作了，我會找你們是看中你們條件好，什麼都有，但我們有科學問題，而你們有科學家和設備，我們來合作不是很好嗎？他很不好意思就笑了。那年剛好美國要做一項大型實驗，叫做 PRESTORM，就在 Oklahoma 和 Kansas 這兩個州，目的是研究對流風暴，他們要研究龍捲風和冰雹，但實驗設計和我們理念是很相似的，他說他是首席科學家，問我要不要去看他們怎麼做實驗，我說當然好，說好學期結束就過來。學期結束後我帶兩位教授過去參訪，在那邊看他們怎麼在實驗指揮中心進行科學問題和任務執行討論，也認識各單位來參與的科學家。後來我選擇一天和 Zipser 一起出飛行觀測任務，飛 NOAA 的 P3 飛機，P3 飛機是反潛飛機改裝的，此趟任務飛行約十個小時。先飛到新墨西哥，飛進到對流雲裡，當時我很興奮，因為這也是個機會看他們怎麼指揮、怎麼觀測，所以在飛機上到處觀摩，隨後進到劇烈對流風暴覺得很刺激，裡面亂流很厲害，還有閃電，幾分鐘就穿越對流出來了，再繞一大圈如此反覆進入對流風暴中進行雲內觀測。第二次進入劇烈對流時我就覺得不太對勁，覺得這亂流太厲害，第三次進去後我開始受不了了，就坐下來閉目養神，帶上去的東西也沒吃，這時候眼睛張開來看，看到每個人都很認真在工作，一面喝可樂、一面吃漢堡。這些老美真厲害，飛機都震得這麼厲害還能夠一邊吃東西、一邊工作，我當時的感覺是五臟翻騰極具痛苦，雖然我人生一向很樂觀，但這極端痛苦的過程讓我有自殺想死的念頭。飛機繼續這樣飛到傍晚回到 Oklahoma 市的機場，下飛機時機場水淹到膝蓋，這是一次非常成功的飛行任務。我回到旅館，洗完澡一秤磅秤發現少了一公斤。那次飛行任務讓我們建立了革命感情，之後那整批研究人員和實驗指揮中心人員就被我們邀請到臺灣來參與 TAMEX 實驗計畫。

這個實驗計畫還有個插曲，因為我們要把那架氣象飛機弄來臺灣需要向 NOAA 申請，當時有四個大型計畫在爭取，後來被我們爭取到了，但是卻遭到國務院反對。有天早上 AIT 一位官員打電話給我，說有一個壞消息，國務院說飛機不能來臺灣飛，因為大陸反對，臺灣關係法明定美國的財產不能來臺灣運作，我問該怎麼辦，他說他沒辦法要我們自己想辦法。後來經過一個月時間我們想出辦法解決這個問題，那個月也讓我日夜難眠，頭髮也慢慢變白了。因為，這個實驗需要海、路、空三方配合進行，陸地上有觀測，海上有三艘研究船，還要搭配空中氣象飛機觀測，如果飛機不能來參加實驗觀測，那整個搭配就會大打折扣，所以飛機太重要了，幸好最後獲得解決。飛機來後又有另一個問題，當初我們花了兩年設計飛機觀測飛行形式，我們原以為飛機飛行路徑是歸民航局管，但民航局管的只是民航機的固定航線，其他空域則是軍方在控管。我們向國防部申請實驗觀測的飛行權，國防部很客氣回應說「可以啊，一個月前申請飛機飛行路線，我們會看看再核准。」但一個月前我們怎會知道將會發生什麼天氣現象而知道怎麼飛？做實驗就是到時候才知道怎麼飛啊！後來了解原來臺灣的空域有很多靶區，經常有不同軍種在演習，因為管控空域的是軍方某一個跟空軍總司令部有關的單位，我就要求去空軍總司令部演講，看能不能說服有關單位配合我們實驗。我在空軍總司令部講了一個小時實驗計畫，總司令被我說服了說：「陳教授，我們支持你！除非要打仗我們沒辦法配合。」「我們每天到你的實驗計畫晨報會議來聽取你們的決議，你們怎麼飛我們配合清空。」所以兩個月實驗做下來非常好，需要的資料全部取到了，這是中間的插曲。

圖 7 是 1985 年 2 月 7 號拜訪完 NCAR 後，下午訪問科羅拉多州立大學，我在大氣系做實驗構想的報告，下面也坐了很多大陸學者和臺灣留學生，其中好幾位現在是臺大教授，在科羅拉多大學演講主要是希望說服教授們來參加我們實驗計畫。

圖 7 1985 年 2 月 7 日下午，陳泰然教授於科羅拉多州立大學大氣科學系報告 TAMEX 實驗構想（資料來源：陳泰然提供）

圖 8 1986 年在 NCAR 舉辦的 TAMEX 合作會議參與人員合照（資料來源：陳泰然提供）

圖 8 是 1986 年最後一次 TAMEX 規劃會議，我們去 NCAR 召開，集合美國所有參與的相關人員，最後討論定案所有的實驗觀測計畫，因為 1987 年 5-6 月就要做實驗了。

1987 年做完實驗，從 1988 以後，我們花了五年時間做基礎研究、應用研究，最終目的是要能夠把科學研究結果應用來改善豪雨預報。總結 TAMEX 計畫成果，在學術方面，很多論文發表在國際一流期刊，美國氣象學會在 *Mon. Wea. Rev.* 為 TAMEX 出版一集特刊（special issue）。在應用方面，1992 年利用中央氣象局建置之即時預報系統，進行 Post-TAMEX 預報實驗以建立新的中尺度預報技術和系統。

2. Post-TAMEX 預報實驗

這個預報實驗很重要，因為它是新的概念。傳統的預報是大尺度的，進入到更先進的預報就是中尺度，不做實驗無法知道我們的預報方法有沒有預報能力、對預報有沒有改進等，當時預報實驗訂了幾個目的：(1) 在中尺度預報作業系統引進新的預報概念；(2)利用中央氣象局建構之即時預報系統（Weather Integration and Nowcasting System, WINS）以及 TAMEX 計畫所獲得的新預報方法，以建立對豪雨及定量降水之即時與極短期預報能力；(3)建立即時預報與極短期預報之預報基準（baseline），以作為未來預報之改進標準（包括新預報區、新預報期限與新預報內容等）；(4)測試不同預報方法對於豪大雨及定量降水在 0-24 小時的預報能力。我們依這些目的做了兩個月的實驗。

當時為了預報實驗，成立了 10 個小組，國外參與國家包括美國、加拿大、南非，圖 9 是預報實驗的討論過程，當然我是天天參加要帶領整個團隊進行實驗。

圖 9 1992 年 Post-TAMEX 預報實驗進行預報討論（資料來源：陳泰然提供）

圖 10 臺灣地區中尺度實驗計畫規花小組成員合影，右上角為同一批人於 1985 年的合照（資料來源：陳泰然提供）

圖 10 是當初 1985 年我帶到美國訪問的規劃小組（圖右上方），幾年後 1992 年再聚合影。

TAMEX 做了 10 年，有沒有解決所有問題？當然沒有，有些科學問題仍然存在，以當時的實驗設計需要配合上氣象局的現代化進程，氣象局需要在淡水河域設很多地面的自動氣象站和雨量站，民航局在中正機場要引進先進的都卜勒雷達技術，所以我們把實驗重點放在北部，雖然實驗範圍也包括南部地區，但沒有放太多的儀器設備。TAMEX 之後規劃一個 10 年期的研究計畫，叫臺灣天氣研究計畫（Taiwan Weather Research Program, Taiwan-WRP），期間 2008 年執行 TIMREX（Terrain-Influenced Monsson Rainfall Experiment）計畫，這計畫在國外叫 TAMEX2，基本上面對的也是中尺度氣象的問題，但實驗重點擺到南部。在當時參加的國外研究單位和國家，比 TAMEX 當年多，除了美國，還有日本、加拿大、韓國、澳洲、菲律賓。在 TAMEX 之後這段期間我們又有額外的觀測儀器，發射了福衛三號衛星。福衛三號可接收 GPS 訊號，從 GPS 定位的訊號可以反求大氣內的參數，可以增加很多探空資料。TIMREX 實驗的儀器設備包含漢翔飛機投落送觀測、NCAR 的 SPOL 雷達、研究船、福衛三號 GPS 探空資料。

最後我們要問，中尺度氣象過程與豪雨之關係？為什麼？我們前面談到中尺度過程，豪雨預報能力受限就是因為對它的不了解，所以接下來我們來看中尺度過程／現象，包括梅雨鋒面、低層噴流、中尺度低壓及地形效應對豪雨的關係。

## 最近的梅雨研究

最近我個人的研究還是在梅雨，包括梅雨的鋒面系統是如何發展的，另一個是梅雨鋒面和中緯度鋒面很多方面很相似，但唯一不同的是對流潛熱釋放所扮演的角色，我們想了解對流潛熱釋放對梅雨鋒面的影響。

圖 11 簡單概括我過去 40 年來所關心的議題，就在鋒面、鋒生及旋生。梅雨季重要的降雨都是鋒面導致的，鋒面的形成就是鋒生，鋒面有什麼結構？鋒面怎麼移動？鋒面上一些低壓系統的發展就是旋生，鋒面南側的低層噴流與豪雨關係密切，這些中尺度現象構成了整個梅雨鋒面系統。我們做了很多天氣動力的研究，特別是在了解這過程中的潛熱釋放，包括鋒面的形成、演變、消散，也包括低層噴流形成及其和地形交互作用的對流系統。

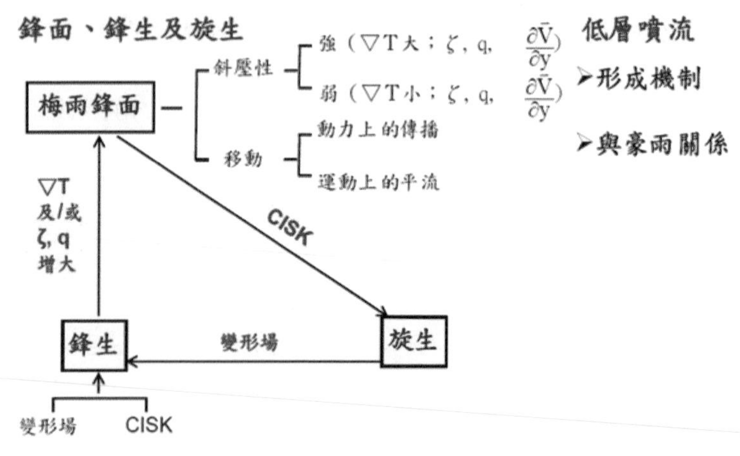


圖 11 40 年來及近年來研究的簡圖（資料來源：陳泰然提供）

## 氣候變遷與梅雨

最後，氣候變遷對梅雨有沒有影響？氣候變遷下臺灣地區梅雨特徵有沒有改變？氣候特徵用什麼作為指標？我們大家關心的就是降雨，那降雨強度，例如時雨量、日雨量（豪大雨以日雨量來定）有沒有改變？豪（大）雨與大豪雨的頻率有沒有改變？

圖 12 是臺灣過去 20 年的前 10 年與後 10 年的降雨比較，以後期減掉前期，左圖是梅雨平均時降雨強度分布，紅色部分代表後期比較強，藍色部分代表後期變小，可看出西南部平均時降雨強度明顯增大；右圖是平均日雨量也是如此。從豪雨頻率及豪大雨頻率來看前後期改變，西南部也是有明顯的增加（如圖 13）。

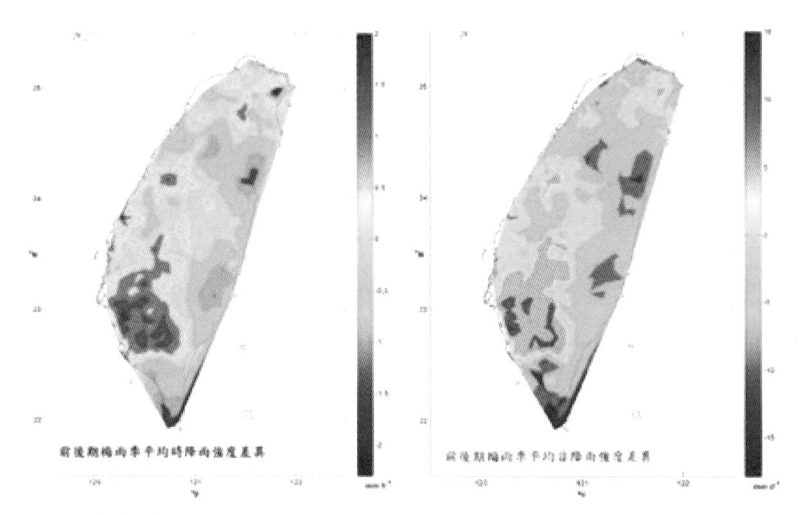


圖 12 前後期梅雨平均時降雨（左）與日降雨（右）強度差異（資料來源：陳泰然與王子軒之研究成果）

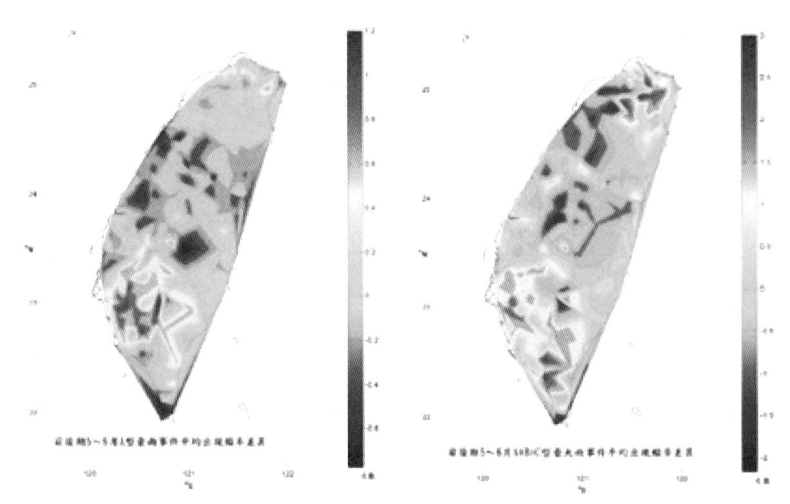

圖 13 前後期（左）豪雨（≥130mmd$^{-1}$）與（右）大豪雨（≥200mmd$^{-1}$）事件出現頻率差距。（資料來源：陳泰然與王子軒之研究成果）

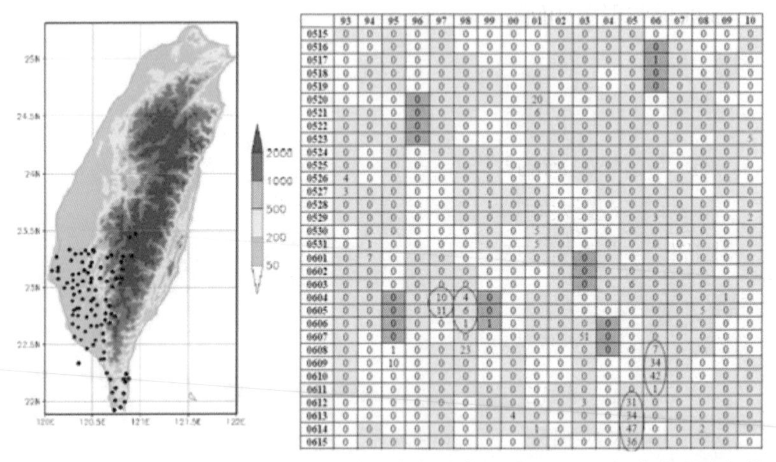


| | 93 | 94 | 95 | 96 | 97 | 98 | 99 | 00 | 01 | 02 | 03 | 04 | 05 | 06 | 07 | 08 | 09 | 10 |
|---|---|---|---|---|---|---|---|---|---|---|---|---|---|---|---|---|---|---|
| 0515 | 0 | 0 | 0 | 0 | 0 | 0 | 0 | 0 | 0 | 0 | 0 | 0 | 0 | 0 | 0 | 0 | 0 | 0 |
| 0516 | 0 | 0 | 0 | 0 | 0 | 0 | 0 | 0 | 0 | 0 | 0 | 0 | 0 | 0 | 0 | 0 | 0 | 0 |
| 0517 | 0 | 0 | 0 | 0 | 0 | 0 | 0 | 0 | 0 | 0 | 0 | 0 | 0 | 1 | 0 | 0 | 0 | 0 |
| 0518 | 0 | 0 | 0 | 0 | 0 | 0 | 0 | 0 | 0 | 0 | 0 | 0 | 0 | 0 | 0 | 0 | 0 | 0 |
| 0519 | 0 | 0 | 0 | 0 | 0 | 0 | 0 | 0 | 0 | 0 | 0 | 0 | 0 | 0 | 0 | 0 | 0 | 0 |
| 0520 | 0 | 0 | 0 | 0 | 0 | 0 | 0 | 0 | 20 | 0 | 0 | 0 | 0 | 0 | 0 | 0 | 0 | 0 |
| 0521 | 0 | 0 | 0 | 0 | 0 | 0 | 0 | 0 | 6 | 0 | 0 | 0 | 0 | 0 | 0 | 0 | 0 | 0 |
| 0522 | 0 | 0 | 0 | 0 | 0 | 0 | 0 | 0 | 0 | 0 | 0 | 0 | 0 | 0 | 0 | 0 | 0 | 0 |
| 0523 | 0 | 0 | 0 | 0 | 0 | 0 | 0 | 0 | 0 | 0 | 0 | 0 | 0 | 0 | 0 | 0 | 0 | 5 |
| 0524 | 0 | 0 | 0 | 0 | 0 | 0 | 0 | 0 | 0 | 0 | 0 | 0 | 0 | 0 | 0 | 0 | 0 | 0 |
| 0525 | 0 | 0 | 0 | 0 | 0 | 0 | 0 | 0 | 0 | 0 | 0 | 0 | 0 | 0 | 0 | 0 | 0 | 0 |
| 0526 | 4 | 0 | 0 | 0 | 0 | 0 | 0 | 0 | 0 | 0 | 0 | 0 | 0 | 0 | 0 | 0 | 0 | 0 |
| 0527 | 3 | 0 | 0 | 0 | 0 | 0 | 0 | 0 | 0 | 0 | 0 | 0 | 0 | 0 | 0 | 0 | 0 | 0 |
| 0528 | 0 | 0 | 0 | 0 | 0 | 0 | 1 | 0 | 0 | 0 | 0 | 0 | 0 | 0 | 0 | 0 | 0 | 0 |
| 0529 | 0 | 0 | 0 | 0 | 0 | 0 | 0 | 0 | 0 | 0 | 0 | 0 | 0 | 3 | 0 | 0 | 0 | 2 |
| 0530 | 0 | 0 | 0 | 0 | 0 | 0 | 0 | 0 | 5 | 0 | 0 | 0 | 0 | 0 | 0 | 0 | 0 | 0 |
| 0531 | 0 | 1 | 0 | 0 | 0 | 0 | 0 | 0 | 5 | 0 | 0 | 0 | 0 | 0 | 0 | 0 | 0 | 0 |
| 0601 | 0 | 7 | 0 | 0 | 0 | 0 | 0 | 0 | 0 | 0 | 0 | 0 | 0 | 0 | 0 | 0 | 0 | 0 |
| 0602 | 0 | 0 | 0 | 0 | 0 | 0 | 0 | 0 | 0 | 0 | 0 | 0 | 0 | 0 | 0 | 0 | 0 | 0 |
| 0603 | 0 | 0 | 0 | 0 | 0 | 0 | 0 | 0 | 0 | 0 | 0 | 0 | 6 | 0 | 0 | 0 | 0 | 0 |
| 0604 | 0 | 0 | 0 | 0 | 10 | 4 | 0 | 0 | 0 | 0 | 0 | 0 | 0 | 0 | 0 | 0 | 1 | 0 |
| 0605 | 0 | 0 | 0 | 0 | 31 | 6 | 0 | 0 | 0 | 0 | 0 | 0 | 0 | 0 | 0 | 5 | 0 | 0 |
| 0606 | 0 | 0 | 0 | 0 | 0 | 1 | 1 | 0 | 0 | 0 | 0 | 0 | 0 | 0 | 0 | 0 | 0 | 0 |
| 0607 | 0 | 0 | 0 | 0 | 0 | 0 | 0 | 0 | 0 | 0 | 51 | 0 | 0 | 0 | 0 | 0 | 0 | 0 |
| 0608 | 0 | 0 | 1 | 0 | 0 | 23 | 0 | 0 | 0 | 0 | 0 | 0 | 0 | 7 | 0 | 0 | 0 | 0 |
| 0609 | 0 | 0 | 10 | 0 | 0 | 0 | 0 | 0 | 0 | 0 | 0 | 0 | 0 | 34 | 0 | 0 | 0 | 0 |
| 0610 | 0 | 0 | 0 | 0 | 0 | 0 | 0 | 0 | 0 | 0 | 0 | 0 | 0 | 42 | 0 | 0 | 0 | 0 |
| 0611 | 0 | 0 | 0 | 0 | 0 | 0 | 0 | 0 | 0 | 0 | 0 | 0 | 0 | 1 | 0 | 0 | 0 | 0 |
| 0612 | 0 | 0 | 0 | 0 | 0 | 0 | 0 | 0 | 0 | 0 | 3 | 0 | 31 | 0 | 0 | 0 | 0 | 0 |
| 0613 | 0 | 0 | 0 | 0 | 0 | 0 | 0 | 4 | 0 | 0 | 0 | 0 | 34 | 0 | 0 | 0 | 0 | 0 |
| 0614 | 0 | 0 | 0 | 0 | 0 | 0 | 0 | 0 | 1 | 0 | 0 | 0 | 47 | 0 | 0 | 2 | 0 | 0 |
| 0615 | 0 | 0 | 0 | 0 | 0 | 0 | 0 | 0 | 0 | 0 | 0 | 0 | 36 | 0 | 0 | 0 | 0 | 0 |

圖 14 （左）臺灣西南部 72 雨量站的分布與（右）1993-2010 年臺灣西南部梅雨季雨量測站出現大豪雨（≥200 $mmd^{-1}$）出現時間和規模。（資料來源：陳泰然與王安翔之研究成果）

因為臺灣西南部在梅雨季有關降雨的氣候特徵有這麼大的改變，我們想知道大豪雨的狀況有沒有改變，所以從西南部氣象局所設置 72 個雨量站（圖 14 左），來看大豪雨產生的時間和頻率。

圖 14 右圖中 x 軸代表年分（1993 年開始到 2010 年），y 軸代表日期（從 5 月 15 日到 6 月 15 日），灰色部分代表颱風影響的，黃色部分代表梅雨鋒面影響的，上面圈起來的數字就是有幾個測站有大豪雨出現。從圖中可以看出，2000 年前有兩個時段出現大豪雨，時間持續兩天或三天；2000 年後也有兩個時段出現大豪雨，可是時間持續了四天且觀測到大豪雨的測站數目變多，這代表什麼意思？其實這代表了大豪雨的規模，不論時間或空間都在變大。

前面這些現象如何詮釋呢？讓我們來看鋒面的頻率有沒有改變，如圖 15。

左圖和右圖分別代表臺灣前期、後期的鋒面次數，比較兩者，我們發現後期影響臺灣的鋒面變少了，但雨量觀察卻顯示降雨強度變大，降雨次數、豪大雨次數變多，以及大豪雨的時空規模也變大。這反應出我們過去看到全球暖化導致的氣候變異已在臺灣梅雨季出現，代表極端氣候事件更多了。未來會如何？我們希望透過電腦模擬可以明確知道氣候變遷是不是會繼續發生，當然在觀測上我們還會繼續追蹤。總之，在全球暖化、氣候變遷這樣的思維下，過去這段時間的氣候變異皆已經反應出來，換句話說，未來只要有鋒面來臨，發生劇烈天氣的情況可能會比過去更多。

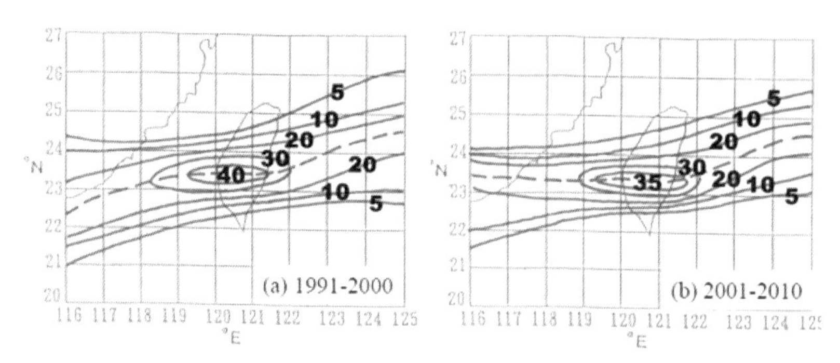


圖 15 前期、後期中影響臺灣的鋒面次數（資料來源：陳泰然與王子軒等人之研究成果）

第5章

# 氣候變遷新思維

主講人：葉欣誠（國立臺灣師範大學環境教育研究所教授，時任行政院環境保護署副署長）

近年來我們經常在新聞媒體看到全球各地出現極端氣候的現象，大家也感受到天氣愈來愈熱，就連北極熊也快沒地方住了！氣候變遷是我們人類未來是否能生存的重要議題，根據聯合國的報告，人類非常可能是氣候變遷的「罪魁禍首」。為了減緩全球暖化問題，聯合國定期召開氣候變遷大會進行協商，目標在於節能減碳、堅守「2℃」的防線。而臺灣在氣候變遷的議題上有什麼因應措施呢？

# 前言

氣候變遷和我們生活中的很多事物都習習相關，圖 1 就是若干一般我們看待氣候變遷時會想到的場景：

比方說，我們住在一個城市生態系裡，食、衣、住、行似乎都在其中。今天我從臺北坐高鐵到高雄，經過了很多鄉村，對我們來說好像僅是風景而已，但事實上我們吃的糧食都是從外圍的生態系來的。氣候變遷造成生態系逐步崩解，正對我們的生活產生根本性的影響。圖 1 的右上角是個鑽油平臺，我們在加油站加的汽油其實已經歷了幾萬公里的傳輸，又經過了精煉，最後變成我們的使用油。在這過程中，排放了非常多的溫室氣體，再燃燒石油，又把它變成了溫室氣體，最後造成的氣候變遷如圖 1 下。各位看到北極海，是不是會想到全球暖化造成海冰融解呢？最後，我們會討論到底要用什麼樣的態度、思維

圖 1 一般聽到氣候變遷大家會聯想到的場景

去面對這樣的事情。我想大家應該很了解一些背景資料，我們環保署去年做過民調，調查民眾相不相信氣候變遷這件事，這在美國往年民調中，大概維持在 40-50%，最多到百分之六十幾的比例，每個州不太一樣，而在臺灣是 93%，也就是臺灣大部分的人相信氣候變遷這件事，並且認為自己應該要做一些事情。因此我想跟各位討論一下，我們看到「氣候變遷」這四個字，可以想什麼？應該想什麼？想了以後我們可以做些什麼？這也是這個題目「氣候變遷新思維」的目的。

你對氣候變遷的想像是什麼？當別人提到氣候變遷時，我們會聯想到的場景或下一句話會是什麼？

現場有朋友提到，氣候變遷會聯想到《明天過後》這部電影。在這電影中，很多事物都沉到水下。受到氣候變遷影響的一個真實案例是北極熊，現在牠的棲地越來越少，在食物來源有問題的情況下，北極熊甚至開始吃同類。北極熊的攝食過程很特別，牠們基本上是吃小海豹，小海豹在北極的冰層探出頭來時，就被北極熊捕獲。倘若沒有大面積的冰，北極熊是很難攝食的！雖然我們可以想像北極熊會跳入海中捕魚，但在海裡魚游得比牠快，並不容易抓到。因此大家現在發現北極熊的生態環境完全受到影響，甚至北極熊與加拿大北部的灰熊開始交配產生新的品種，這都是我們原本沒想到這麼快會發生的事。另一個例子是太平洋島國隨著海平面的上升，居民生存環境受到威脅的機率越來越高，每當暴雨或暴潮發生時，淹進來的是海水，居民無處可逃。在全世界島嶼的分布裡，臺灣算是一個很大的島，我們的最高峰將近 4000 公尺，海平面上升對臺灣當然有影響，然而，與這些小島國相比（有些小島國全國最高只有海拔 4 公尺），我們是非常幸運的。這些場景，或是電影《明天過後》都是大家會想到的，當然跟電影的傳播能力也有關。

如果你被問到這樣的問題：「我們該如何因應氣候變遷？」你的答案是什麼？我有時會發下小紙條讓大家寫，在過去學校裡面，收到的答案大概有 60%是節能減碳，30%寫資源回收，另外還有 10%是寫其他東西。所以，我們的聯想是很直接的，後面會與各位談一下，我們的聯想可以連結到哪裡。

我們為什麼在這邊討論氣候變遷？這問題如果拉到最高或最核心，其實是一個「生命」和「環境」的問題。我們的生命為什麼會存在地球上？可能過了很久都沒人想過這問題。我第一次想到這問題是在 1992 年到美國留學時，開始經歷了寒帶的氣候：冬天嚴重下雪，動輒零下 20 度。在這環境裡，我才體會到原來臺灣真的是風和日麗、鳥語花香、四季如春，但以前在課本上讀到這些並沒有感覺，直到了比較惡劣氣候的地方時就有這樣的感覺。如果整個地球都變成惡劣氣候的話，人類這物種在地球上是不是還能夠存活下去，就是現在我們真正要嚴肅面對的最根本性問題——氣候變遷會不會嚴重到讓人類沒有辦法再活下去？

## 這事情跟我們有什麼關係？

1. 從生物學的觀點

   人類是否可以適應不同的氣候型態？在世界上赤道有人住，北極也有人住，但南極沒有人住。一個地方如果氣候好、水源充沛及其他條件，人自然會聚集。人口聚集的大都市多半在出海口，如高雄、臺北；而有些地方人沒辦法住，因為那裡氣候和其他條件都不適合人住，如果氣候變遷繼續下去，會變成全世界人類都沒辦法住。

2. 生命安全與健康觀點

社會的維生系統可以適應不同的氣候型態嗎？如高雄冬天再冷頂多 10 度，臺北可能冷到 4 度。在民國五十多年時，臺北曾經到達零下的溫度。基本上，整個臺灣在冬天，室內很少用到暖氣。但我在美國的那幾年，冬天如果晚上睡覺不開暖氣，第二天起來就變冰棒了，甚至美國很多州規定，房屋必須要保持在攝氏 15 度以上，否則很多民生設施如水管會產生問題。萬一冬天的寒流比從前強很多，我們的社會維生系統還能支持嗎？交通可能因雪而大亂、水管因水結冰而破裂、家家戶戶使用電暖器而跳電等。氣候變遷會產生很多後果，這是我們目前的維生系統沒有思考到的。同樣地，在世界上許多其他地方一下變太熱或太冷，一下子雨太大或都不下雨，我們是不是能再生存下去呢？這是一個健康，甚至生命安全的問題。例如在南歐，一些地方突然發生傳染病，後來發現這是非洲的蟲子飛到南歐去，因為天氣變熱，它們往北遷徙。當地的人從沒看過這種昆蟲，而這種昆蟲帶有疾病。這是已經發生的事情，當然會更大影響到人類的福祉。

3. 人類福祉觀點

氣候變遷是否影響人類的生活？

4. 文明存續觀點

最終，氣候變遷是否將造就人類文明的終結？

後面我會介紹這幾年來很多期刊和研究所分析的數據，當然我們不要過度悲觀，自己嚇自己。但我們也不宜過度樂觀，覺得什麼都不用做，和老天爺賭賭看，我們需要建立一個態度！

# 我了解氣候變遷嗎？

氣候變遷是什麼？氣候變遷的成因是什麼？氣候變遷是何時開始發生的？因應氣候變遷的主要策略是什麼？氣候變遷與節能減碳的關係是什麼？你有聽過氣候變遷調適嗎？以上各個描述都可以是一堂課。

## 獨特的地球

先回過頭來看，為什麼我們可以現在活得好好的？也許很多人沒想過這問題，覺得理所當然。但我們要知道一件事情，到今天為止，人類就算科技已經發展到如此進步的境界，還是無法確定浩瀚的宇宙中是否還有星球存在生命，僅有臆測跟推測。我們會常看到一些新聞，報導多少光年外的星系中發現一顆和地球條件類似的星球，但還是無法確定那上面有生命。地球非常的獨特，地表的平均溫度為攝氏15℃，搭配適度的大氣壓力，使得水可以三態（氣體、固體、液體）同時存在，且不同季節變化造就了穩定的生態系。

以天文物理的觀點來看，我們是太陽系的第三行星，與太陽之間還有水星與金星。我們和太陽的距離稱為一個天文單位（1AU），太陽表面的溫度約 5800-6000℃。假設地球是個恆溫的星球，從黑體輻射的基本原理來換算，地球表面溫度應為攝氏 -19℃，此時地球應該是顆白色的星球而不是藍色星球。但地球的表面有一層薄薄的毯子，也就是大氣層。多年以來，大氣層已逐步形成一個平衡狀態，也就是各位所知的氮氣佔百分之七十幾，氧氣佔百分之二十幾，其他還有一些溫室氣體，以二氧化碳為主，這些溫室氣體造成的溫室效應讓我們的溫度提升了 34℃左右，所以我們的地表平均溫度約為 15℃。到這裡我們知道了一件事，多年以來，我在審查許多國中小教案、甚至大學設計的教學內容過程中，發現裡面常出現一個詞「我們要對抗溫室效應」。溫室效應並沒有錯，如果沒有溫室效應，人類也不會存在，因為有了這34℃的溫室效應，地球表面才會有生物。我們現在面對的問題是：「過度的」溫室效應會造成全球暖化，所以溫室效應是自然現象，而非環境問題，「全球暖化」才是環境問題。過去我在一些測驗中也發現，許多人包括國中小老師對這件事都有很明顯的迷思概念，甚至有小朋友演環保舞臺劇扮演溫室效應怪獸，其他小朋友要消滅溫室效應，這是不對的觀念。

地球生態演化從46億年前地球誕生開始，41億年前陸地與海洋形成，40億年前最早的RNA生命形式出現，33億年前藍綠藻出現，開始有了光合作用把二氧化碳轉化為氧氣，一直到10億年前多細胞生物才出現，200-300萬年前人類出現，中間經過了5次生物大滅絕。根據各種科學家的研究，知道據今最近的一次生物大滅絕是6500萬年前，一顆隕石降落在現在墨西哥所在的猶加敦半島，造成恐龍大滅絕。人類在2、300萬年前才出現在地球上，可是這2、300萬年人類就把地球蹂躪成現在這個樣子，尤其是過去這150年間。從這個歷程各位可以知道，如果氣候變遷的問題是自然造成的，我們大概不需要討論，只能聽天由命。但事實上，非常多的科學證據顯示，如後面會談到的聯合國氣候變遷工作小組最新的氣候報告已經定調，氣候變遷是人類造成的可能性為95%。

## 地球的溫度變化

從 1850-1860 年代人類開始有完整的氣象紀錄以來，地球表面溫度的變化大概如圖 2，我們可以看到溫度變化的趨勢是往上的，而且斜率越來越大，代表平均每年升溫的速度其實越來越快。在過去 150 年間，地表平均氣溫上升了大約 0.8℃，而各位應該知道，現在聯合國體系裡一般定義與工業革命前的溫度相較我們不能讓升溫幅度超過與 2℃，一旦超過 2℃，地球就會完全失控。各位可能會想 150 年才上升 0.8℃，那要上升到 2℃應該還要花 250 年吧！但誠如我所說，升溫速度越來越快，現在看來可能幾十年內就會碰觸到 2℃的屋頂。

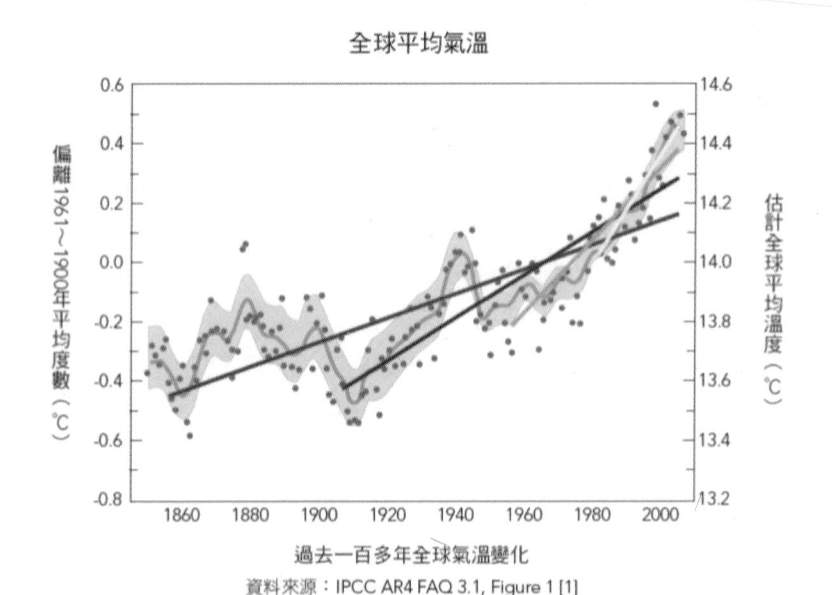


圖 2 地球地表平均溫度過去 100 多年的變化
（資料來源：AR4, IPCC 2007）

如果把時間軸拉長，用一千年來看地球的溫度變化，如圖 3，圖中縱軸 0 點代表 1960-1990 年的平均溫度，藍線是西元 1000-2000 年的溫度，橘線代表溫度計測得的溫度，我們從圖中可看到一件事。

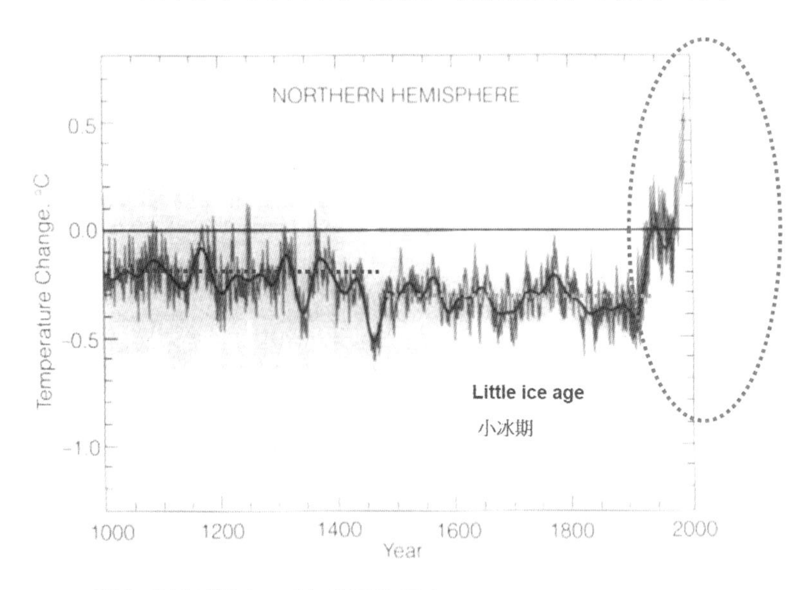


圖 3 北半球過去一千年的平均溫度
（資料來源：IPCC 報告）

就是地球過去這 1000 年來的平均溫度比 1960-1990 這 30 年的平均溫度低很多，甚至中間還經歷過所謂的小冰期（約 15 世紀左右）。這小冰期的出現造成不管是西方或東方很多朝代的結束，比方說當時是東方明朝到清朝間的交界點，在西方則是東羅馬帝國的結束。前面提到過去 150 年增加了 0.8℃位於這張圖中的橘線段落。相較於 1000 年的時間軸，這曲線變得很陡峭。如果我們把時間再拉長到 18000 年（如圖 4），18000 年在氣候變遷研究裡是個關鍵數字，代表上個冰

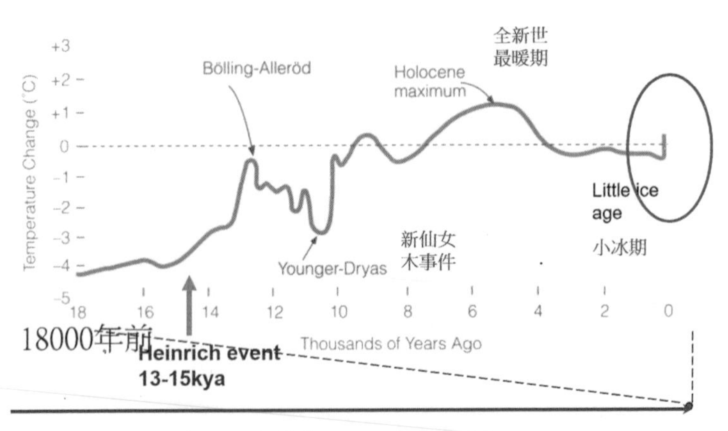


圖 4 地球 18000 年間溫度變化

河時期結束的時間，因此在 18000 年之前地球比現在冷很多。冰河時期結束後，地球才開始逐步升溫。中間經歷過急速升溫又急速陷落，陷落最嚴重的時期稱為新仙女木事件，也就是在冰層裡面會發現熱帶植物，這種急速升溫又急速陷落的現象類似電影《明天過後》的場景，都是同樣的原理。其實地球溫度的平衡是個很巧妙的安排，如果升溫過快，就會觸發北大西洋洋流的停止，最後南北極會往赤道方向封凍，一直到南迴、北迴歸線左右，那是個急速降溫的過程，因此急速升溫會造成急速降溫。接下來地球溫度逐步升高一直到 5、6000 年前，稱為全新世最暖期。這是這段時間中地球最熱的時候，之後又慢慢平穩下來，所以這就是後來這 5、6000 年是我們從四大古文明（中國、印度、西亞、埃及）一直到今天沒有斷代的原因，因為地球的溫度緩降且平和。但我們可以注意到，最後面 150 年間上升了 0.8℃，在這張圖就變成垂直上升，比前面的溫度變化都還要陡，這就是現在科學家們關心氣候變遷的主要原因，因為如果從 18000 年的溫度變化歷史來看，似乎看到以後可能會有非常戲劇性的變化，那是大家所不希望看到的事情。所以如果我們把時間軸拉長來看，就會比較了解什麼叫氣候變遷、什麼叫全球暖化。當然這 18000 年只是地球生命的 25 萬分之一，地球過去一定有比現在熱過，恐龍時代的溫度比現在熱很多，地球上才會有這麼多植物讓恐龍活下去，現在基本上大家還是認為恐龍是冷血動物，但最近有些學說要推翻這個假設，不過就算是冷血動物也必須活在比較熱的地方，當時地球的溫度比現在高了好幾度。

氣候變遷造成的衝擊，我相信大家對一些場景或敘述耳熟能詳，例如冰山融化、冰河退縮、極端降雨、嚴重乾旱、珊瑚白化等等。大家對於極端降雨已經不陌生了，在臺灣已經發生了幾次。

## 氣候變遷的趨勢

我們來看從 2007 年以來全球對氣候變遷的趨勢有什麼樣的變化？大家談到氣候變遷開始會談到什麼？

在 2007 年 2 月，上一次聯合國跨政府氣候變遷專家委員會（IPCC）發布的氣候報告中，強調全球均溫增加「非常可能（Very likely ＞ 90%）」是由人為排放的溫室氣體造成，並預估到本世紀末地球平均氣溫會比上世紀末上升 1.8-4℃，海平面將上升 18-59 公分。這單位是公分不是公尺，我有時會看到一些簡報中有人把網路上找到的照片貼上，如臺北 101 被淹沒只剩一個頭，這是不會發生的，就算全世界的冰都融化了，事實上海平面上升只會到差不多 90 公尺高，水就這麼多，現在我們的水百分之九十幾封凍在冰川、冰帽裡，所以冰全融光後，海平面上深 90 公尺，現在的預估是到 2100 年上升 59 公分。後來從 2007 到 2012 年一路歷經很多過程，包含 2009 年的哥本哈根會議等等，大家都在談 2℃的關卡能不能守住。但在 2012 年卡達氣候會議的前夕，世界銀行發布了一個報告，指出我們即將邁向4℃，不僅2℃守不住，還可能在2100年前有20%的機會超過4℃，而且最快可能在2060年就來臨。氣候變遷衍生的問題最直接的是熱浪，並造成糧食短缺、海平面上升、乾旱及風雨災害更加惡化，而受害者主要是貧窮國家，如圖5中是吐瓦魯的一張照片，它是我們的邦交國，南太平洋一個非常重要的島國，因為全世界都在注意是否吐瓦魯、馬爾地夫這些國家會因為氣候變遷海平面上升而提早需要大規模撤離。

當然這幾年也看到了一些科技跟國際市場上的變化，如果各位有注意到，我們過去全世界主要的石油來源都在中東地區，但曾幾何時美國變成產油國，而且產量變得很大，主要是因為頁岩氣和頁岩油的開發技術的突破，預計美國在幾年內會變成最大的產油國，甚至還可以輸出。這造成一個大問題，我小時候就被教導石油在幾十年內會被用完，但卻一直不斷地延長壽命，因為人類的科技一直不斷地突破，到各個地方去採油，現在美國變產油國後，這壽命又要繼續延長了，也代表石油相關產品的使用、排放出來的溫室氣體只會增加不會減少，而我們希望能減碳的目標，現在看來更困難。

圖5 受海平面上升影響的吐瓦魯（資料來源：中央社檔案照片）

到了去年 6 月分，國際能源總署（IEA）發布了一份報告《重劃能源及氣候地圖》，裡面說到：「我們目前的道路可能導致全球溫度上升攝氏 3.6℃到 5.3℃之間。」這也是遠遠超出我們希望守住的 2℃。為了減緩氣候變遷的衝擊，我們必須做四件事情：

(1) 提高建築物、工業與運輸的能源使用效率。
(2) 限制興建及使用效率低落的發電廠。
(3) 甲烷排放減半（甲烷的全球暖化潛勢（GWO）是 $CO_2$ 的 2、30 倍）。
(4) 局部取消化石燃料的補貼（天然氣、石油）。

我們的油、電理論上在不補貼的情況下，應該價格是比現在貴很多的，因為補貼讓價格降下來讓大家方便使用，但造成的結果是大家用得更多，最後全球暖化的速度更快。所以包括在里約舉辦的里約+20 國際永續發展會議，大家最後討論出最重要的，及全世界有共識可以採取而讓環境問題得以改善、氣候變遷速度明顯減緩的第一行動便是取消化石燃料的補貼。當然這也會造成另一種形式的天下大亂！當油、電、水價漲價，一定會造成人民不滿，但這不只是在臺灣，而是全世界的問題。

我們在去年也看到一個非常指標性的結果：全世界大氣裡二氧化碳濃度突破了 400 ppm（5 月 9 日）。這 400 ppm 是個什麼樣的概念？民國 70 年代初期，我在念大學的時候，我記得普通化學課本上寫著，現在全球大氣二氧化碳濃度是 330 ppm，而現在是 400ppm。這是在美國夏威夷一個火山上的全世界標準的二氧化碳測定站測得的結果，圖 6 為美國大氣總署所公布的測量結果。

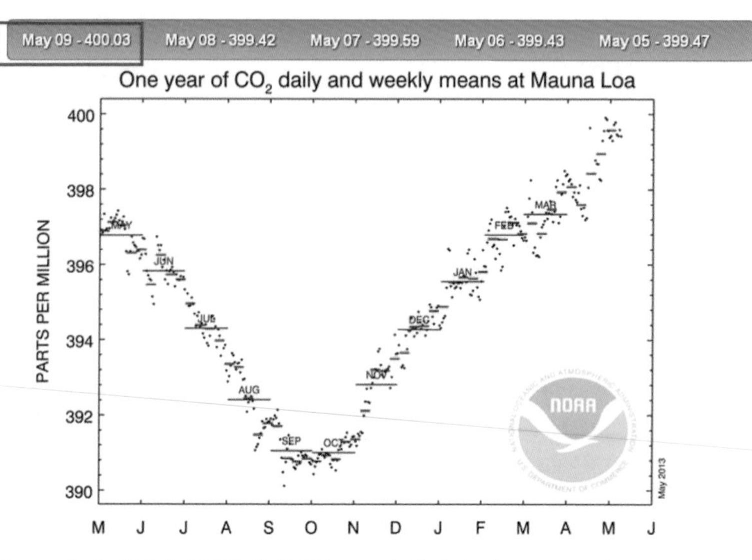


圖 6 二氧化碳濃度日平均與月平均在一年的分布（2012-2013）
（資料來源：NOAA）

這告訴我們，我們過去所擔心的事情正在發生。我們想要守住升溫 2℃的界線，它所對應的二氧化碳濃度事實上只有 450ppm，所以依照這樣的速度，再 2、30 年我們就很可能碰觸到 450ppm 的關卡，速度非常之快，所以去年 5 月 9 日的數值是個歷史性的事件。

去年 9 月 27 日 IPCC 於瑞典斯德哥爾摩公布了第五次的氣候報告，基本上沒帶給人們太多驚訝，因為正如大家所預期，氣候變遷的問題似乎變得越來越明顯、越來越嚴重，更顯示全球地表升溫「極其可能（extremely likely＞95%）」是人類所造成的。過去的四次氣候報告中，1995 年公布有一半的機率為人為造成，另一半可能是自然因素，從 50%（1995）、66%（2001）、90%（2007）到 95%（2013），越來越聚焦，在統計學上確定氣候變遷就是人類自己造成的。

若以四種輻射趨力（2.6、4.5、6.0、8.5 $Wm^{-2}$）來預測未來，最佳情境（最保守估計）是 2100 年時地表升溫至少攝氏 1.5℃，海平面上升至少 0.26 公尺，前面提到的 2℃ 是跟工業革命前相比，這裡的 1.5℃是跟 2000 年相比，事實上已經超過 2℃了；而最糟糕的狀況是升溫 4.8℃，海平面平均上升 0.82 公尺。這告訴我們(1) 地表升溫幅度可能比我們預期的高很多，(2) 只要不要產生大區塊冰山的崩解，而是緩慢地融冰，海平面上升並不如有些人所揣測的幾公尺至幾十公尺那麼嚴重。相較於 1861-1880 年，升溫幅度若要在 2℃之內，至少要把二氧化碳排放量控制在 8000 億噸二氧化碳當量之內，但人類到 2011 年已排放了 5310 億噸的二氧化碳，我們只剩不多的二氧化碳配額可以再排放，所以這其實是個警訊：如果我們想要控溫到升溫 2℃的範圍內、要達到減碳目標，機會是越來越渺茫。遺憾的是，這趨勢並沒有重大的改變，而且美國的頁岩氣、頁岩油還更加碼上去，因此多年來的氣候會議，從原來媒體的極度關注（如 2009 年哥本哈根會議），造成大家失望後，最近幾年國際媒體越來越不報導，現在大家把希望放在明年在巴黎舉行的 COP 21（聯合國氣候變化綱要公約 UNFCCC 第 21 次氣候會議），如果有什麼解決辦法，一定要在明年達到共識，再不達到共識，時間就離我們越來越遠。

## 全球環境的威脅

全球暖化的威脅已經迫在眉睫，就如北極熊站在一塊浮冰上，無法再活下去。很多地方的氣候已經變得無法居住、耕作，如澳洲過去這麼多年來，有些地方變得完全不降雨，小麥無法種植，整個農村遷移，農民無法維生。

地球升溫從攝氏 1 到 6℃，在各階段會造成很多問題，我們所想要守住的 2℃代表很多大規模的病毒變異跟傳播，人類健康受到重大影響。而如果升溫超過 2℃，緊接著，超過 3、4、5、6℃就會非常快，到了 6℃後就不會再模擬，因為接下來已經世界末日了，所以我們現在要注意的是不要逾越 2℃這條界線，一逾越後就會變得難處理。

那我們到底現在有多嚴重？地球還能住人嗎？其實地球現在還能住人，大家還活得好好的，但我們要看的是未來。現在氣溫已經上升 0.8℃，所造成的問題非常多，而且是全面性的，玉米因為太熱無法收成只是其中一個問題，而水資源的缺乏、生質燃料需求造成全球農業生產危機。生質燃料的排放量是比較低的，但在前幾年很多國家在反省，因為給人類的食物變成給車吃的油，其實對於很多貧窮飢餓的國家人民造成更直接的衝擊，因此現在國際上發展生質燃料有一個基本的規範，不再用可以食用的東西去做生質燃料。這在前幾年於美國造成嚴重的問題，因為美國的豬主要是吃玉米，而玉米被高價買去做生質燃料，結果美國的豬沒有玉米可吃。這是一系列的問題。在 2010 年有份報告指出全球生態系即將崩解，在 2011 年《科學》（*Science*）三月刊裡提到第六次大滅絕即將啟動，以上種種都是不好的訊息，這些年大家也都在努力，包括會議、談判、碳交易、教育、宣傳、科技開發等，但全球溫室氣體的排放還是在逐年上升。

## 國際氣候變遷會議

在臺灣的我們就常看到氣候變遷、全球暖化、節能減碳這三個名詞，最熟悉的就是節能減碳。

面對氣候變遷，減碳是大家共同的責任，從 2005 年 2 月 16 號京都議定書生效開始，大家就不停地奮鬥，看可以透過哪個協議達到真正減碳的目標。但一路走來，歷經 2007 年峇里島路線圖、2009 年哥本哈根協議、2010 年坎昆協議、2011 年德班協議、2012 年多哈氣候途徑、2013 年華沙協議等（我自己參與過峇里島會議、多哈會議及華沙會議），到後面，全世界的氣候談判越來越像政治性談判。當年 2009 年在哥本哈根的 COP15 會議大家抱有相當大的期待，可惜最後這期待落空，全世界希望達到減碳的目標到理想境界還有一段很長的距離。

## 哥本哈根協議

2009 年的哥本哈根會議有個協議，但這協議並沒有約束力，主要有五大重點：

⑴ 長期目標：地球增溫小於攝氏 2℃。

⑵ 資助窮國：已開發國家每年提供 1000 億美元資助開發中國家，直到 2020 年。日本、歐盟、美國將於 2010-2012 年間，分別提供 110 億美元、106 億美元及 36 億美元。

⑶ 監督減排：要求監督開發中經濟體每二年向聯合國報告，並在尊重主權下接受查核。

⑷ 保護森林：提供開發中國家正面獎勵。

⑸ 碳權交易：利用碳權市場提高減碳的成本有效性。

其中⑵、⑷、⑸都和錢有關。可看出全世界氣候變遷的減緩，到底誰是其中真正的操盤者或決策者——越來越清楚是政客及有錢人，因為要有錢，而且是政治談判；而科學家在其中所扮演的角色只是提供資訊。

## 卡達多哈 **COP18** 會議共識

2012 在卡達多哈舉辦的 COP18，大家也是希望有些突破，但最後除了將京都議定書延長到 2020 年以拖待變外，其他三件事：繼續支持開發中國家長期的氣候資金、綠色氣候基金、新擬定損失和損害機制，這些還是跟錢有關，而且錢談得越來越嚴重。其中損失和損害機制是損害賠償的問題，有些開發中國家主張過去 150 年來這些先進國家排放大量溫室氣體到大氣中造成現在全球性的氣候變遷，所以當時的排放國應該要賠償這 150 年來所造成得世界各國經濟損失。各位想想看，這一定是天文數字，如何究責也不見得這麼合理，但現在有國家這樣主張後，有可能會成為下一波世界性衝突的根源。而這種主張在前年多哈會議提出後，在去年的波蘭會議又再提一次，如巴西直接主張追溯期間為 150 年，因此各位可以注意這是未來很重要的發展。

## 華沙氣候會議

到了去年的華沙會議，大家還是爭執不休。日本因為 311 核災，國力受到影響，本來承諾提供很多經費但縮水了，而受到各國批評；此外，窮國和富國的更加壁壘分明；巴西倡議損害機制之計算應追溯到工業革命；會議開到一半，有八百多位環保團體代表退出表達抗議。最後共識包括：

(1) 資金：草案文章僅敦促已開發國家設定「增加水準」資助，約定每兩年進行檢討。

(2) 損害與賠償：同意一項新的「華沙國際機制」（Warsaw International Mechanism）提供專業援助，協助開發中國家因氣候變遷相關極端事件所造成的損失，確切形式將於 2016 年進行檢討。

(3) 森林砍伐與綠色氣候基金：各國同意成立一項數十億美元的基金，成為綠色氣候基金的一部分，以緩和森林被砍伐的問題。

其中(3)是比較明顯可操作的。比方說全世界有好幾處熱帶雨林，最大最出名的是在亞馬遜河，還有印尼的婆羅洲、蘇門答臘的熱帶雨林區。這些國家包含南美洲相對上並不是很富有，所以他們有時為了生存必須砍伐熱帶雨林，改種其他作物或是作為牧場養牛，這樣農民才活得下去，或是大規模砍伐改種生質燃料的原料，導致熱帶雨林嚴重消失。如果只用道德呼籲或國際法制裁，效果通常都不大好。現在的機制是由已開發國家出錢買下一些熱帶雨林國家森林一定時間（如 50 年）的權利，這是氣候基金的概念，用錢來解決問題，這在未來幾年會越來越明顯。但現在的問題是，數十億美元從哪裡來？很多國家承諾後，最後錢沒有拿出來，形成更大的國際爭端。

所以現在國際氣候變遷會議的重點就變成政治角力，都跟減碳有關，只是各界人士表達意見的空間越來越少。

談到氣候變遷有如瞎子摸象，我們看待這件事是看到哪個地方？前面提到跟減碳有關，但減碳又不是這麼保險，因為不見得會成功。我們看氣候變遷可能每個人都只抓到一個邊，但事實上氣候變遷的全貌是非常重要的。以科學教育的觀點來看，我們要去學習的其實是它整個架構，在不同階段學習不同深度的知識，而不是小學學鼻子、中學學頭、大學學身體等，我常說一句話：「小學學小象、中學學中象、大學學大象」，都要知道完整的大象是長什麼樣子，如果只學一小塊，就會變得以管窺天，不知道全貌。

2014 年 3 月 31 日在 IPCC 第二工作組的報告中，IPCC 主席帕加尤利說：「如果世界再不減少溫室氣體的排放，人類體系的社會穩定會有危險。」最新的衝擊預測表示亞洲很多地方都會有問題，我們該怎麼做？

模型顯示，要限制溫度上升於 2℃內時，全球二氧化碳排放量必須在 2050 年比較 2010 年排放水準下降 40-70%，但事實上我們的碳排放量一直在增加，這中間的落差非常大，2100 年時溫室氣體的排放量必須是趨近於 0 或更低，完全淘汰溫室氣體。因此，達到碳排放量削減目標理想境界的路徑需要全球的目標先確立下來，大家有區別但有共通的責任，最後再去執行。現在我們有目標，還沒有策略，而全球性的機制有趨勢，卻沒有具體成型。

# 臺灣情形

## 臺灣能源供給結構

在臺灣能做什麼？臺灣的狀況是什麼？首先我們要知道臺灣能源的供給結構（如圖 7），及臺灣能源結構所造成的溫室氣體排放。2012 年我國能源供應量 140.77 萬公秉油中，有 97.82％是進口的，其中高碳的化石能源（煤炭、石油、天然氣）佔能源總供給量 89.79％，其他包括生質能及廢棄物（1.32％）、水力發電（0.38％）、核能發電（8.32％）、太陽熱能（0.08％），太陽光電及風力發電（0.11％）。

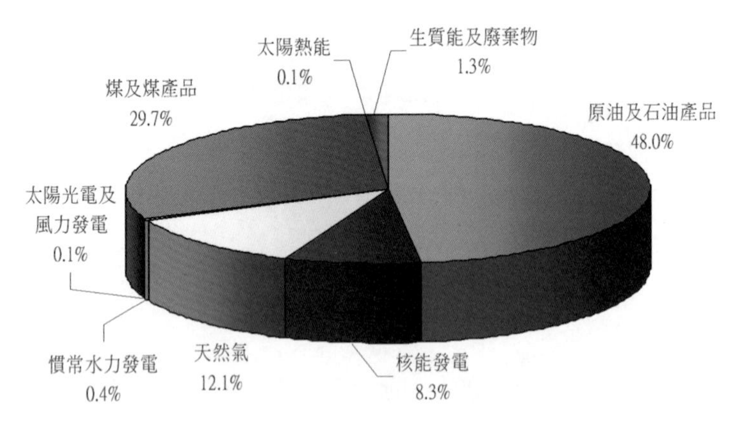


圖 7 我國能源供給結構 （資料來源：2012 年能源統計手冊，2013）

「我們的電最主要是靠什麼方式產生的？」這是我常發給觀眾問卷中的最基本問題，結果只有百分之四十幾的觀眾回答出正確答案：火力發電，同時有百分之四十幾回答了核能發電，也就是臺灣有一半的人以為我們的電主要來自核能發電，這可能是核電的議題在這幾年非常熱門，但也告訴了我們一件重要的訊息，我相信有很多人第一次知道臺灣的能源結構是如此，或第一次知道電其實大部分來自火力發電，這代表我們在進行科學討論或甚至政策的辯論前，應該要先確定大家是不是對基本訊息有共通性的了解。另一個很好的例子是水，大家覺得臺灣的水資源很匱乏，雖然我們是降雨量非常高的國家，每年大概有平均 2500mm 的降雨量，但臺灣人口太多了，且地形陡峭，能攔下的水不多，所以我們仍是缺水國。我們的水用到哪去了？我過去也問過很多人：「我們的水用途佔最高比例的是民生、工業或農業？」這就是我們開始要討論水資源政策前要先弄清楚的基本資訊——臺灣的水 70%用在農業上，工業和民生共約佔 15%。所以當很多人對基本的概念都還不清楚之前就在辯論大問題是一種社會風險，也代表我們的科學教育有一些根本性的問題，我們可能會辦一些活動讓社會大眾了解一些有趣的事，但該傳達的基礎關鍵訊息卻還不夠，光從「我們的電哪裡來？」「我們的水哪裡去？」這兩個問題就發現大多數人其實沒弄清楚過。我們臺灣整個能源 90%左右是化石能源，提供我們社會的基礎運作。為什麼臺灣要節能減碳？我們的排碳有 90%左右是來自能源使用，所以只要能節能，我們的排碳量就會相應地減少。但這情況並不適用於世界上所有國家，有些國家的能源結構完全跟我們不一樣，可能有些國家是以水力或地熱發電為主體，如冰島，冰島發 1℃電只增加 1 公克的碳排放量，而臺灣是 600 多公克，這差別非常大。

但好消息是，我國的碳排放的密集度正下降中，如圖 8。紫線代表我們的溫室氣體排放量，在民國 96 年前一直上升，之後維持平穩，藍線是排放密集度，也就是每產生 1 元的國民生產毛額背後所需排放的二氧化碳，這幾年開始下降。這代表我們國家整個能源效率是提升的，經濟學上是代表經濟成長和二氧化碳排放脫鉤現象在臺灣已經出現了，這是社會初步邁向成熟一個重要的指標，當然我們希望這曲線未來能降得更明顯。

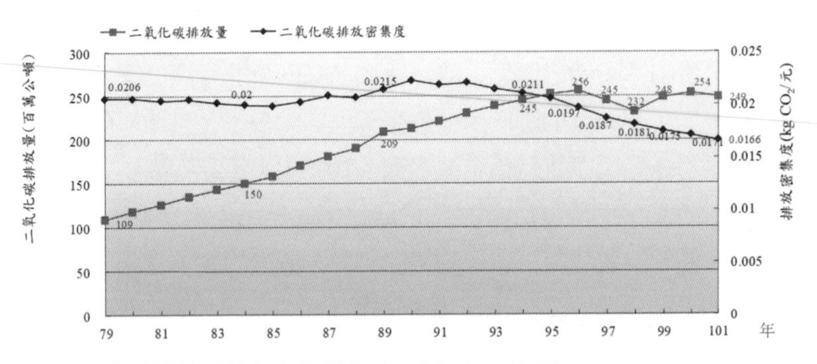


圖 8 二氧化碳排放量隨年度的變化（資料來源：環保署）

## 氣候變遷的核心議題

圖 9 是以 IPCC 報告書分類方式為思想架構的全球暖化概念圖，如果把全球暖化或氣候變遷當作主體，下面分出來的幾個主要領域包括：科學事實、衝擊、脆弱度、調適、減緩。我們所討論的節能減碳是減緩裡的重要策略，而整個跟氣候變遷的圖像是非常之大，所以當提到氣候變遷直接想到節能減碳並沒有錯，但我們要知道除了節能減碳外，還有其他必須要關心的事情，後面會介紹主要的兩個因應策略：減緩與調適。氣候變遷調適也是氣候變遷教育中非常關鍵性的問題，因為調適是現在國際氣候變遷上的熱議題，但臺灣普遍不知道氣候變遷調適，如果我們都不了解的話，就會不清楚我們可以做些甚麼。

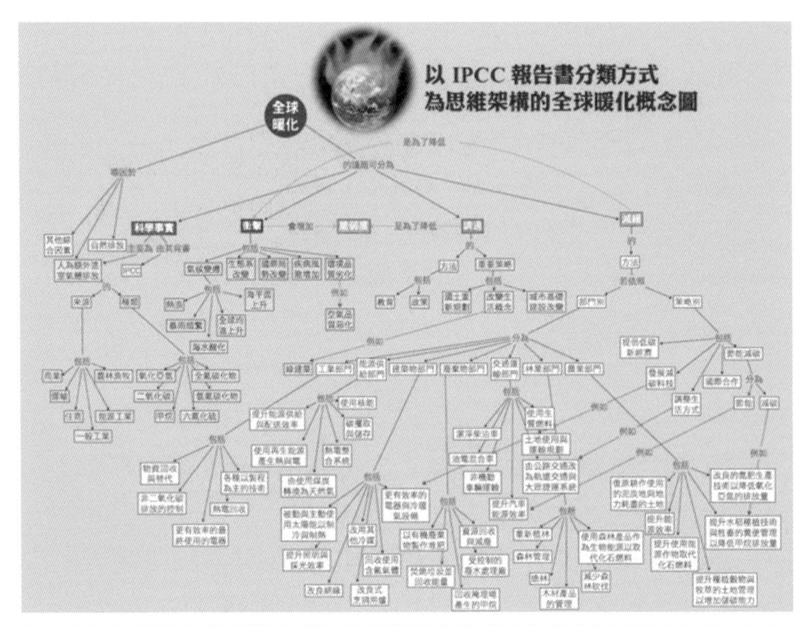


圖 9 以 IPCC 報告書分類方式為思想架構的全球暖化概念圖（資料來源：葉欣誠提供）

由上圖來看，氣候變遷的核心議題包含科學證據、減緩、衝擊與調適。科學證據指了解與預測氣候變遷，減緩指降低溫室氣體排放量就能減緩氣候變遷惡化的速度。衝擊與調適簡而言之，是為無法避免的氣候變遷衝擊做好準備。我們知道氣候變遷會越來越嚴重，透過減緩氣候變遷惡化的做法讓衝擊晚一點到來，但它必定會來，所以我們要做好準備，這也稱為「氣候防災」。

- 減緩 v.s. 調適

減緩與調適不一樣，但是相關的（different but relevant），當減緩做得越多，調適的壓力會越低，反之，如果減緩做的不夠，調適就需要做的很夠。比方說有個地方會淹水，我們去好好治水，最後大家會活得很愉快，結果都沒治水，那人們就自求多福，每個人家門口都蓋高門檻把水擋在外面，看我們要選擇哪種做法。簡單來說，我們盡可能減緩，但不能減緩的，只好來調適，因此這兩件事情是互動的。

經建會前年公布的國家氣候變遷調適政策綱領中有張非常重要的圖（圖 10），把我們的系統分為自然、社會和經濟，把氣候分成氣候系統及溫室氣體各種排放的情境，調適與減緩剛好在這兩件事情扮演著關鍵性的角色，當減緩工作做得越好，調適工作就能放鬆一點，否則調適工作將需要更努力。在前年行政院公布了國家氣候變遷調適綱領之後，現在各部會都已經找了自己的工作，研應政策、目標、策略到現在的行動方案。

以簡單的經濟學來看減緩與調適。前面提到世界各國每年都要開會、每年都在提倡要以減碳為目標，為什麼到現在一直無法達到或沒有完全成功？原因非常簡單，因為地球大氣層只有一個，美國、臺

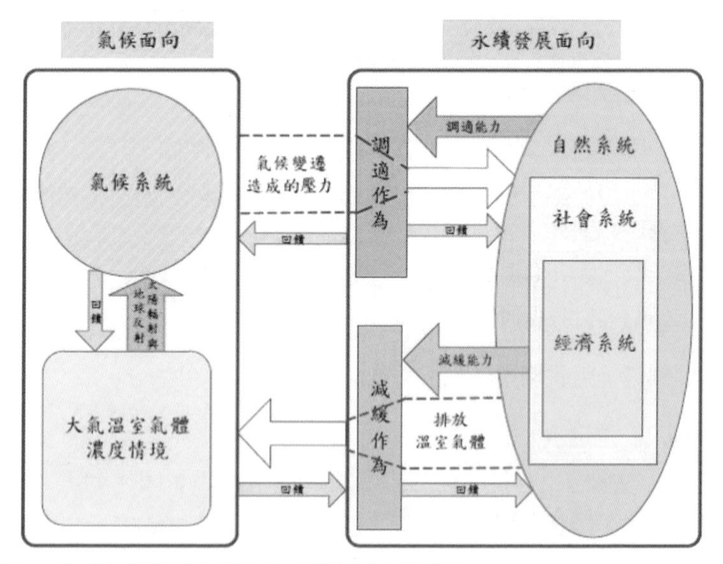


圖 10 全球氣候變遷與調適與減緩對策之關聯性
（資料來源：國家氣候變遷調適政策綱領，行政院經濟建設委員會，2012）

灣、日本、吐瓦魯排的碳最後都是到地球的大氣層中，所造成的整體氣候變遷效應在世界各地發生，所以如果說要減碳，是幫全世界降低壓力；而有國家排碳是幫全世界增加壓力。但減碳要花錢，因此每個國家都在期待其他國家減碳來降低自己的壓力，而不是自己花錢去減碳，讓其他國家降低壓力。減緩是經濟學上的公共財，這是一個搭便車問題（free ridership）：在不用花錢就能坐車的情況下，大家就不會投錢。如果公車上放了一個功德箱，讓乘客自由心證去投錢，不會查票，但如果大家都不投錢公車會倒閉，這結果是公車一定會倒閉。我記得留學的時候到紐約大都會博物館參觀，當時紐約大都會博物館就是用這樣的方式，讓大家以自由捐贈的方式，但建議投美金三元，我的學長告訴我丟一個 quarter 就好，代表有給錢。我看到美國人以三張一元的鈔票入館，但臺灣的同學都丟一個 quarter 進去，而一些國家的人就直接走進去，到後來大都會博物館發現不行，於是改變了制度。因為它是一個「公共財」，要維護一個博物館需要錢，需要所有的人來分擔。公共財的目標不可能自動達到，註定會發生市場失敗，因此需要一些外界壓力，才能讓國際上的減碳目標最後形成約束。而調適屬於私有財，自己要花錢來避災得到好處，所以大家會傾向去做這樣的事。以經濟學角度來看，減緩跟調適兩大策略中，減緩註定要失敗，除非有其他的因素參與發揮有效的功用；而調適就是大家自求多福、自我保護。

舉個例子：我們用納稅人的錢建了水庫，希望達到防洪、灌溉的功能，但要花大家的錢，這是公共財，如果大家都不納稅就沒辦法建水庫，所以一個國家要收到稅才行。前面提到國際氣候談判有許多項目需要大家給錢，但給錢跟納稅不一樣，前者沒有強制力。氣候變遷的公共財是大家努力來減碳，讓氣候惡化速度減緩；私有財是反正會淹水，乾脆自己造堤防讓自己不會淹水，也就是不管世界減碳進度如何，自己想辦法避免氣候災害的衝擊。圖 11 是真實的照片，美國密西西比河在氾濫的時候，有些農家自己做了圍籬把自己圍在其中，等水退了再出去，這就是調適。

圖 11 美國密西西比河氾濫（資料來源：Getty Images）

- **臺灣氣候變遷調適政策**

我國的氣候變遷調適政策分成八大部門，包含災害、維生基礎設施、水資源、土地使用、海岸、能源使用、農業生產、健康，由各個部會來負責。前幾天我跟其他幾個部會的朋友談我們在氣候變遷領域裡曾做過什麼努力，有些其他部會講了半天只想到跟能源有關，但事實上跟水資源、農業生產、健康等其他都有關，所以氣候變遷是非常廣域的領域，我們對氣候變遷的思考層面不能縮限在節能上，節能只是其中一部分，現在全世界越來越多國家開始把重點轉移到調適去，因為幾乎無法避免調適的問題。

## 全國氣候變遷公民會議

過去幾年環保署其實在這領域做過很多努力。在現今行政體系中，環保署負責氣候變遷、減碳相關政策，前幾年為了要讓更多的人了解這樣的議題並參與討論，開始嘗試在各地舉辦全國氣候變遷公民會議。第一場為東部場，在民國100年10月於宜蘭大學舉辦，我們請了各地約500多位朋友一起討論怎麼因應氣候變遷、該做些什麼。這是一種意見蒐集的過程，並讓更多的人利用這樣的場合提出自己的觀點和看法，這些在地的觀點和看法常常是專家學者或中央政府官員一下子沒想到的，因為每個人所關心的事情不同，所以我們在北、中、南、東辦了四次，共計兩千多人參加。後來我們在隔年101年5月分於臺師大體育館把主要四區的參與者及一些中央部會、地方政府高階公務人員聚在一起辦了總結會議，當時我們安排約60桌，每一桌都有政府官員跟NGO民間團體及學界、社區及產業人士，幾十分鐘後，桌長不動，其他的人可以選擇下一桌討論其他議題。我們一天下來辦了四回合，每個參與的朋友都可以在過程中認識幾十個人，並充分討論各種不同議題，最後可以讓關鍵但只有少數人想到的事情在這過程中被挖掘出來，我們蒐集到的意見會更完整。在6月分的總結會議上，當時的沈署長、農委會、經濟部次長及四位NGO代表共同對於整個討論提出看法，當時希望大家能夠建立夥伴關係，因為氣候變遷的影響是全面性的，影響到所有的人。

## 全球暖化風險管理

其實這麼多年來一直有人主張氣候變遷其實不存在，或是氣候變遷是唬人的，甚至也有書是這樣寫，但如果以風險管理的觀點來看，就能知道我們要做什麼或不要做什麼和我們自己的信仰中間沒有關聯。因為這世界未來會變什麼樣子，大概就兩種可能：(A) IPCC預

估正確 (B) IPCC 預估不正確，我們也可以有兩種做法：(I) 調適與減緩 (II) 一切照舊（Business as usual, BAU），組合起來就有四種可能：（如表 1）

表 1 IPCC 預估正確與否對應我們是否有所作為之四種結果

| | A（IPCC 預估正確） | B（IPCC 預估不正確） |
|---|---|---|
| I （調適與減緩） | 人類可能因有所準備而度過難關。 | 人類社會轉型為低碳經濟體，環境品質改善 |
| II（BAU） | 末日情境 | 人類社會繼續循原方式運作，但仍面臨其他環境問題的威脅 |

這四種結果中，以風險管理的觀點來看，為了要避免 (A)(II) 的末日情境發生，不管未來是否越來越嚴重，都要採取調適與減緩的方式，該做什麼就要做，就算未來氣候變遷並沒有像我們預估的這麼嚴重，人類也會因為有這樣的做法而社會轉型為低碳經濟體，整個環境品質獲得重大改善。但走 (I) 這條路比較辛苦，要常常約束自己的行為、設法改造我們的社會，但這是必要的做法。如果是 (A) 的未來，我們可以因準備而度過難關，雖然也可能是 (B) 的結果，我們什麼都沒做就僥倖過關，但我們不能去賭這樣的未來，一旦賭輸就是末日情境。因此，不管你相不相信氣候變遷，調適與減緩都是該做的事。

到今年的 4 月 12 日，這樣的警告又更明顯了，因為第三工作小組的氣候報告（每次 IPCC 工作小組的氣候報告分成好幾波）說明我們只剩下「15 年」，15 年內若我們沒有明顯的成就，大概就來不及了。這個報告中指出，如果依照現在的暖化程度，在 2100 年前氣溫會上升 4.8℃，造成嚴重的氣候災害，而最有效解決全球暖化的方式是改用再生能源，減少使用石油跟改變能源的生產方式，但頁岩油、頁岩氣現在變成大量生產的商品，所以目前要達到這目標是非常困難的。以後的變化有各種不同可能性，如圖 12。

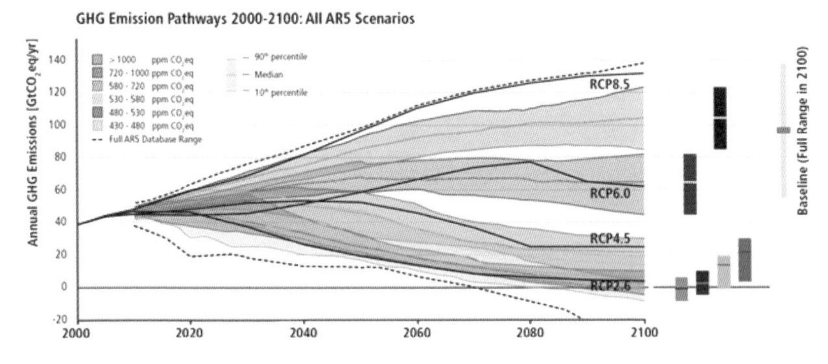


圖 12 每年溫室氣體排放當量
（資料來源：IPCC AR5, WG3, Summary for Policymakers, p.11. ）

這是 2000 到 2100 年，逐年溫室氣體排放的不同路徑，不同路徑相應到未來溫度可能的變化都不一樣，這牽涉到很多複雜的分析，我們希望未來是一個平坦或向下的發展。

## 氣候變遷教育

最後，我們需要怎樣的氣候變遷教育？如果氣候變遷是一個會毀滅人類文明存續的問題，對於這樣的問題，我們當然需要氣候變遷的教育，但其中最重要的，如前面提到的瞎子摸象，我們要有全貌的概念，如果我們對氣候變遷的了解直接指向節能減碳，對其他通通不關心或不了解，甚至連調適也沒有聽過，就可能把一隻大象想成了馬，或任何一隻用四隻腳站著的動物；或是只摸到鼻子，就認為象長得像水管。因此氣候變遷教育的重點是要涵蓋全貌，並要超越節能減碳教育。因此，氣候變遷教育應有的設定是：

1. 回應全貌

   必也正名乎，「氣候變遷」教育這名稱必須要維持住，最好不要簡稱它為「節能減碳」教育或「能源」教育，因為這都會限縮我們看待這件事的整體觀點。

2. 目標明確

   教育活動最後要達到的目標要說清楚，目的和手段也要界定清楚。我常在強調，節能是「手段」還是「目的」？節能是手段，目的是透過減碳以減緩氣候變遷，這要分清楚，不是節能本身變目的。世界上有些國家政府不稱節能，因為他們能量過剩，而且能量是從再生能源提供，所以每個國家情形不同。

3. 因材施教

   就是前面提到的小象、中象到大象，而不是頭、身、鼻、尾分開教。

4. 跨域平衡

   氣候變遷絕對不是只有自然科學教育，如前面提到了經濟學、政治學、及其他很多領域，它絕對不是自然科教師要關心的問題而已，還包含了社會科學、歷史人文及工程應用等，因此「世界觀」在氣候變遷教育中是非常重要的，當我們只關心國內的問題、在地的問題，及跟自己有直接相關的問題時，就會忽略掉這種全球性但會影響自己的問題。

因此，用國家的層級來看，可以從總目標開始，再訂定子目標、教育策略到教學資源發展和實施，這教育應該是有層次的。舉例而言，如國家氣候變遷教育總目標是讓國民及各權益相關者充分了解氣候變遷對人類社會造成的衝擊，與我們必須因應氣候變遷採取的各種措施相關的知識，培養面對氣候變遷的態度與相關的技能。教育裡講的不僅有知識，態度的建立才是重要關鍵，所以知識、態度、技能或行動是全方位的，而它的對象是全體國民，我們需要了解全貌才會知道要做什麼。

所以氣候變遷教育可以有很多目標，分別為對範疇與架構的了解、衝擊的了解、關鍵知識的了解、積極態度的建立及技能的培養。在不同階段要進行不同教育，比方說要讓小學生了解氣候變遷，應該要他們了解的是氣候變遷是怎麼回事、怎麼發生的、我們大概可以做些什麼，而不是去教小朋友做一些艱深的設計。我曾經當評審時看到有大學教授指導高工帶著小學生設計太陽能光電車，看誰設計好就拿第一名，我認為這是不對的， 小學生所學習跟氣候變遷有關的事應主要是整體架構，跟一些基本概念，雖然可以透過一些習作讓他加深印象，但不是以裡面的工程、應用技能為主。設計太陽能光電車雖然重要，但那是高工或大學的專業科系學生的事，而不是小學三年級學生該關心的事。

依 IPCC 報告書領域分類，氣候變遷教育的內涵包括原理、趨勢跟可能衝擊、為自然生態與人類社會帶來的脆弱度、調適與減緩；若依社會科學領域分類，則是經濟學原理、政治、地方策略、公民參與及決策與責任感，因為我們要為我們的未來盡到責任，所以現在要做出決策，這是在整個國際氣候變遷推廣教育行銷非常重要的元素。所以從自然科學與社會科學的觀點來看，我們都有很多要處理的。因此我們前幾年就做出氣候變遷素養的架構（如表 2）：

表 2 氣候變遷素養的架構

| 主構面 | 次 構 面 |
| --- | --- |
| 知識 | 1-1 氣候變遷背景知識<br>1-2 氣候變遷議題知識<br>1-3 面對氣候變遷之行動策略知識 |
| 態度 | 2-1 面對氣候變遷的覺知與敏感度<br>2-2 面對氣候變遷的價值觀<br>2-3 面對氣候變遷的關切與責任感 |
| 技能 | 3-1 對氣候變遷議題的分與決策的能力 |
| 行動 | 4-1 對氣候變遷議題採取的行動<br>4-2 對氣候變遷議題的參與<br>4-3 在氣候變遷議題的行動經驗 |

知識包括名詞解釋、定義、原理等等，態度主要是價值觀的建立，還要有多元的觀點，如目前還是有人不相信氣候變遷這件事。

聯合國過去幾年也做了很多跟氣候變遷教育相關的活動。在卡達會議時，一些重要聯合國的次級組織共同成立了氣候變遷教育訓練與公眾意識聯盟（UNITAR），因為大家發現，討論的半天，教育才是根本。

聯合國為了要在非洲 Namibia 向農夫解釋為什麼要做氣候變遷調適，最後就用一張圖來表示（圖 13），這張圖的主題是氣候變遷會影響導我們的全部，左邊是沒有任何調適作為，右邊是調適作為都做得很好，但這兩者的氣候挑戰性是一樣的，但如果有做調適，將是民生富庶，反之是民生凋蔽，有沒有做調適對未來的影響非常大。現在一些比較落後的國家會有聯合國去幫助他們，但以臺灣而言，我想我們有能力自己做好，並有餘力幫助其他國家。

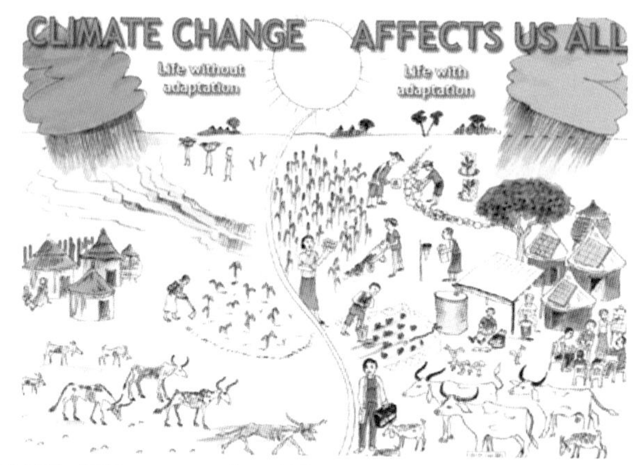


圖 13 聯合國為教育 Namibia 農民製作的氣候變遷調適圖
（資料來源：UNDP, Dealing with climate change, a community information toolkit on adaptation, a resource package developed for farmers in North-Central Regions, Namibia, 2010）

# 結語

氣候變遷和我們都息息相關，你我一樣，沒人不受它的影響。氣候變遷已確定是和人類活動相關，它的範疇大於節能減碳，我們應同時看待「減緩」與「調適」。大家如果對氣候變遷的議題有興趣，可至 http://db.tt/qprzQEwX 下載我的專文〈看見氣候變遷的全貌〉。

補充說明：

從 2014 年到現在已經將近 5 年了！在這 5 年之間，氣候變遷相關議題又有了明顯的變化。譬如，2015 年 11 月，英國氣象局宣布，地表升溫幅度已經達到攝氏 1℃。目前大氣層二氧化碳的平均濃度已經達到 412 ppm，並且持續增加中。許多智庫估計，大約再三十年左右，就有三分之二的機率全球升溫會超過攝氏 2℃。此外，2015 年 12 月，眾所企盼的巴黎協定（Paris Agreement）終於通過，且在美國、中國大陸、歐盟等主要排放者的共同努力下，2016 年 11 月初，巴黎協定就正式生效了。然而，緊接著發生的國際大事是川普當選美國總統，且表明美國要退出巴黎協定。在對抗氣候變遷的道路上，人類社會有許多國家、企業、科學家與倡議者、教育者持續努力中，但同時也有許多負面因素的出現，造成抵銷的效應。最近的報告顯示，2018 年全球碳排放又創新高！

臺灣在對抗氣候變遷方面，也持續努力著。2015 年 6 月，溫室氣體減量及管理法，終於通過！然而，過去這幾年我國的碳排放並未見下降，能源政策成為全國關切的議題，也在 2018 年 11 月公投通過對於核能發電的有條件支持、火力發電逐步降低、不再興建燃煤電廠等重要議案。客觀的事實是，我國用電中火力發電所佔的比例，從幾年前的 75-78%以經上升到 84%左右，空汙問題嚴重讓大家重視火力發電等議題，然而氣候變遷問題對於大部分國人而言，仍然不是平時關切的重點。我們還有很長的路要走！

# 第6章
# 海上來的大水災
# ——淺談海嘯

主講人：吳祚任（國立中央大學水文與海洋科學研究所副教授兼副國際長）

日本311大地震以及海嘯還歷歷在目，位於地震帶上的臺灣每年都會經歷大大小小的地震，然而對於海嘯我們似乎懵懵懂懂。

海嘯是什麼？為什麼海嘯會讓人驚恐？日本發生可怕的海嘯，那麼臺灣會不會也一樣發生海嘯事件呢？我們的核電廠會不會也有問題？到底我們遇到海嘯時該怎麼辦？以上是許多人聽到「海嘯」這兩個字後，隨即在腦海中所浮現的問題。所以本篇我們將以輕鬆簡單的方式，讓大家了解海嘯背後的科學，以及未來遭遇海嘯時，所需掌握的海嘯逃生方式。最後，我們將介紹臺灣歷史上有名的海嘯事件。

我在美國攻讀博士學位時主要的研究就是海嘯，現在任職於國立中央大學水文與海洋科學研究所，圖 1 是造波機推水的海嘯模擬，是上幾個月幫九二一地震園區所製作的，也歡迎大家加我的臉書好友。

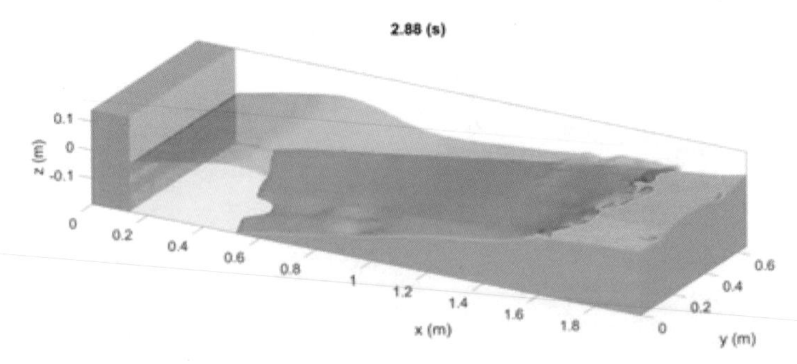


圖 1　三維流固耦合模擬造波機所製造之海嘯波（資料來源：921 地震園區）

我們談一下目前人類史上最大的三個海嘯：⑴第一個是 1960 年的智利海嘯，這是世界上人類所記錄的最大地震，地震規模高達 9.5，而九二一地震的規模是 7.4，地震規模每增加 1.0，能量增加 32 倍，所以智利大地震所釋放的能量約為九二一地震的 32×32~1000 倍。⑵第二個是 2004 年發生的南亞海嘯，地震規模為 9.3；⑶第三個是 2011 年發生的東日本海嘯，地震規模為 9.1。從這三個海嘯可以看出它們的地震規模都高達 9.0 以上，一般而言，當地震規模達到 8.5 以上，大概是我要跳起來準備海嘯模擬的關鍵時刻了。所以當你看到中央氣象局報導哪個地方發生海底地震規模是 7 開頭，你大概可以知道應該不會發生嚴重的海嘯。規模在 8.0 到 8.5 之間則大概會有不小的災情，而規模 8.5 到 9 就會有蠻嚴重的傷亡發生。當地震規模在 9.0 以上，就會產生毀滅型的海嘯，這是一個簡單劃分地震型海嘯的概念。

# 歷史海嘯回顧

我先大致簡介一下之前發生的幾個海嘯情況。圖 2 是 2004 年發生南亞海嘯的地區，西邊是印度，東邊是班達亞齊。地震沿著班達亞齊往北破裂，一路破了約 1200 公里，相當驚人！而海嘯主要朝西和朝東傳播，往西的海嘯主要傳到斯里蘭卡。

班達亞齊的皇宮周圍原先是漂亮的區域，但海嘯後周圍的房子整個被刷平，只剩下皇宮留存，但皇宮一樓也被海嘯淹進去。我們後來有去當地參觀，現在也已重建回復它原本漂亮的樣子。CNN 在班達亞齊也報導一艘船被沖到屋頂上。另外在泰國普吉島是首次有人類大量用攝影機拍下海嘯來臨時的情形，大家可以從影片中看到海嘯來臨時，其實像是一大片洪水在往前衝，所以海嘯上岸後比較像是大量列車同時往前行進。

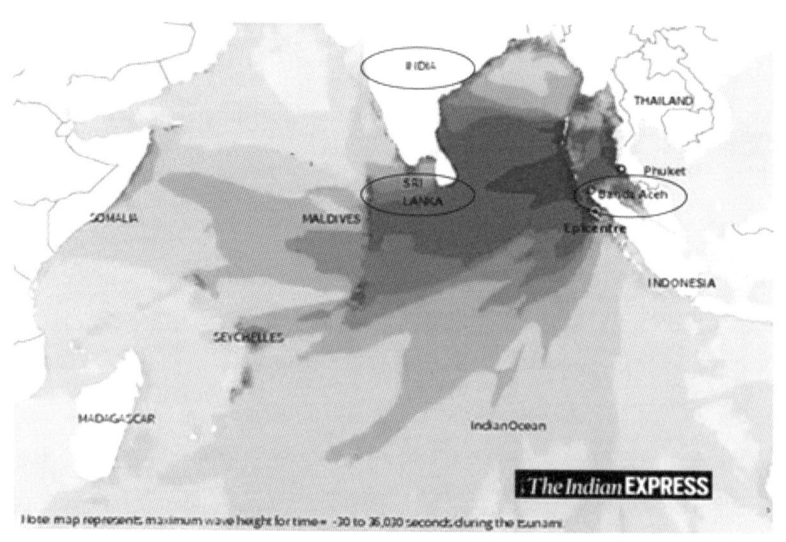


圖 2 南亞海嘯發生位置跟影響的區域
（資料來源：*The Indian Express*）

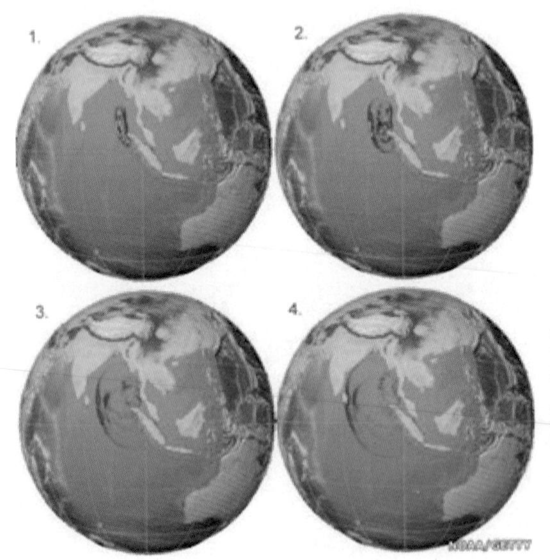


圖 3 2004 年印度洋海嘯傳播模擬，紅色部分表高於正常海水的海嘯，藍色部分表低於正常海水的海嘯。（資料來源：NOAA）

一般我們會用如圖 3 的繪圖來表示海嘯傳播方式。通常用紅色表示是高於正常海水的海嘯，藍色部分是低於正常海水的海嘯，所以在當時的海嘯一開始像是正負振幅的波，接著第二個如皮膚病一樣擴散，之後擴散越來越大有點像牛皮癬。

在泰國普吉島的海嘯相對來說是小的，因為它的位置在許多島嶼的背面，所以當時看到海嘯畫面的攝影機還能保留下來，如果在另一側就會留不下來了。因此普吉島雖然受災很嚴重，但相對來說它已經是海嘯的末端，我們才能從影像看到這樣的海嘯。以目測來看大概 3 至 5 公尺高。真正嚴重的是打到班達亞齊的海嘯，大約 15 公尺以上。這場災難導致 29 萬人罹難，29 萬人大約是我們全國三軍總人數加起來還有剩。事後我去了班達亞齊，那裡有一個景點叫做希望之舟，在當時海嘯漂來一艘船，在船下的居民幾乎都死亡了，只剩下一位居民勉強爬上這艘船獲救，事實上船漂來時，船上並沒有人，所以這艘船讓船下這家人的香火得以延續，因此他們保留了這艘船當時的樣貌，並稱之為「希望之舟」。

在希望之舟附近有一個聯合國設立的海嘯研究中心，這個研究中心刻意保留一些受海嘯破壞的建築物，那邊一層樓大概是我們一層半的高度，所以當你走過去時會感到很震撼，可以想像當時海嘯來臨時的海嘯洪流比屋頂還要高。圖 4 可以看到房子屋頂整個被海嘯掀掉，可見海嘯當時驚人的高度。但它其實還不是最高的，我在路上還看過更高樓層（約 5 層）的屋頂被掀掉的情形，而圖 4 裡的房子是 3 層樓。

當時我們有一個解說的導遊，這個導遊已經嫁給了澳洲人，她在導覽途中說她站的這塊土地下面，埋了 10 萬人，包括她的父親。10 萬人大概就是一個中型都市的人口數，當時無法清理只能就地掩埋，他們在掩埋處旁邊蓋了一棟建築物，就是他們的海嘯研究中心，前面放置了被海嘯摧毀的直升機。這個研究中心讓我們對海嘯的災防有深刻的概念：海嘯來的時候你大概沒有機會逃生，唯一的機會就是逃高一點，不要被水弄濕。研究中心外面右邊有一個漂亮的海嘯逃生塔（圖 5），這也是我在積極遊說政府在海邊多建立這種類型的海嘯

圖 4 海嘯中心所保存被海嘯侵襲的建築物

圖 5 海嘯中心旁的海嘯逃生塔，前面擺放的是被海嘯摧毀的直升機

逃生塔，這種逃生塔的特色是它的柱子很堅固但是很細，因此海嘯來的時候這種房子不會壞掉。在平常的時間車子可以停上去，甚至可以在上面設立市集，但海嘯來臨時，它就可以提供給人民一個避難的地方。它不但有避難的功能，站在上面也可以看到很漂亮的景色。

在 1960 年智利大海嘯和 2004 南亞大海嘯後（世界上大規模的海嘯大約每 50 年重現一次），人們自認為對海嘯有點了解。1960 年的智利大海嘯中，地震發生於在智利旁一條很長的海溝，後來在 2004 年印度洋的大地震也是發生在一條很長的海溝，所以科學家認為大地震會沿著海溝發生。而且 50 年過去剛剛好海嘯機會用完，應該不會有事了。我那時甚至以為我的海嘯研究大概到此為止，因為 50 年一次的大規模海嘯已經在 2004 年用掉，而我正好在 2004 年畢業。機會已經用掉了該怎麼辦？當時候很有趣，因為我剛畢業就發生了南亞大海嘯，那時候我要做博士後研究，由於簽證的因素，我必須要留在美國，所以當這個事件發生時，我的老師劉立方院士就帶領美國的科學團隊到印度跟斯里蘭卡考察，而我則必須留在美國境內，不能離開。美國人很喜歡科學，所以他們有很多問題想要問，可是在斯里蘭卡那電話不通，那時全美國沒幾個專門做海嘯研究的人可以問，而我是其中一個，所以我就這樣大量接受美國媒體的訪問。所以有時是一失一得。雖然我不能跟去，但也是有所收穫。結果沒想到在 2011 年（那時我已經回來臺灣了，我是 2006 年回來臺灣，本來想說大概要改研究題目，因為海嘯的機會用完了）又發生了一次大型海嘯事件，發生的地點還讓很多地球科學學者跌破眼鏡。之前兩次大海嘯的地震是發生在兩個大板塊撞在一起的地方，然而這次發生的板塊事實上相對很破碎，是四個板塊碰撞的地方——包括歐亞大陸板塊、太平洋海板塊、南邊的菲律賓海板塊及上方下來的北美板塊（如圖 6）——而且海溝還彎彎曲曲的，沒想到在這個地方發生這麼大的地震，還引發大規模的海嘯。

在這次事件中，日本的宮古市、宮城縣名取市、宮城縣仙臺市等受到海嘯嚴重侵襲，其中最大問題就是日本臨海的核電廠，福島第一核電廠發生爆炸，這個爆炸不是核電廠本身爆炸而是由於氫氣外洩後被引燃，所以爆炸。這和核能爆炸不一樣。然而外洩的輻射至今還在處理。除此之外，地震、海嘯導致車子被破壞，地表產生嚴重的斷層，同時海嘯在日本外海形成巨大的漩渦。

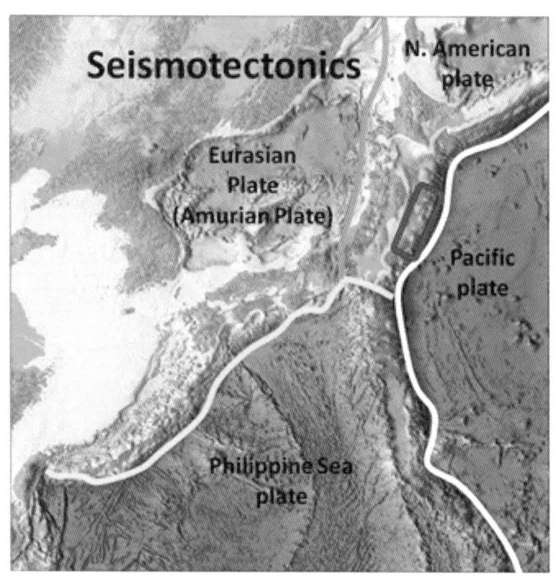


圖 6 日本 311 地震發生地點附近的板塊，包括歐亞大陸板塊、菲律賓海板塊、太平洋海板塊及北美大陸板塊。（資料來源：Newton）

# 臺灣是否會有海嘯？

日本會發生海嘯，這大家都相信；而印度洋會發生海嘯，其實當時大家都不太相信，因為已經有 200 多年沒發生，結果就發生了印度洋大海嘯。那到底臺灣會不會有海嘯？我們先從臺灣的地理跟地質來看，我當時發表的一篇重要的文章，引起南中國海周邊國家的緊張。

圖 7 中臺灣東邊像菱形的部分是菲律賓海板塊，這片海域有很多惡名昭彰的斷層，這些海溝、斷層包含在塗上黑色部分這幾段，USGS 在 2006 年的時候公布了這張圖，圖上面有很多顏色，代表了發生大地震的可能性，紅色代表極有可能發生。

大家可以看一下，在 2006 年後其實這張圖就提出警告說日本東北會發生大地震跟大海嘯，但沒有人相信，現在大家相信了；第二可怕的地點在日本的 Nankai Trough，翻譯成中文叫南海海槽，南海海槽為什麼可怕呢？因為它就在東京迪士尼旁邊，如果那邊發生問題，

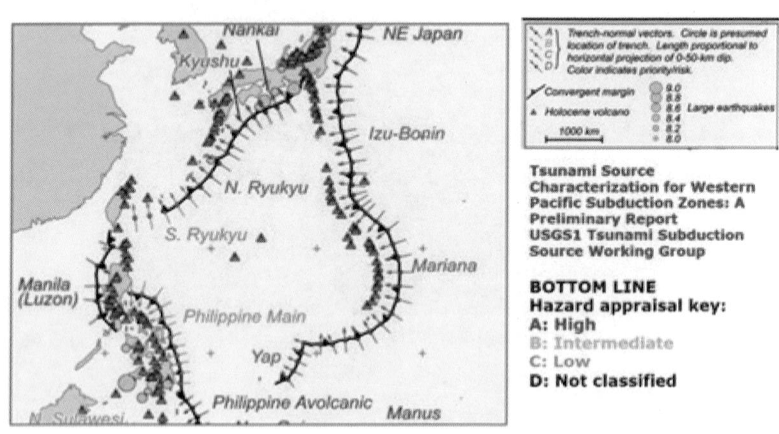


圖 7 美國 USGS 所公布南中國海附近可能發生海嘯的斷層海溝，及其可能性。（資料來源：USGS）

東京、日本大概就會不行了；再往下看圖上第三個海嘯紅色緊戒線段是在臺灣南邊，叫馬尼拉海溝，不過之前很少人注意到。所以我就跟一些地震學家合作來研究分析。地震學裡有一個定律（law），說定律是指它已經是個成熟的理論，這定律叫 Gutenberg–Richter Law（G-R Law），是把過去發生的地震找出來，地震中有很多小地震，規模4的大概一週會發生很多次，規模3的地震非常多只是你沒感覺，而規模 4 到 5 以上的地震就開始漸漸變少，5 以上到 6 就越來越少，把這些地震規模對地震發生頻率的對數作圖竟然會得到一條收斂的直線（圖 8）。

如果這條直線上面的點很散亂表示這個預測準確度會很差，但這條直線跟實際觀測數據很密合，這代表什麼？小地震發生的次數很多，大地震發生的次數很少，規模 8 以上的地震往往就是 200 年以上的週期，而規模 9 通常是 600、700、800 年甚至 1000 年才一次，這時你會發現人類的壽命不夠長到可以看這整件事，但 G-R Law 就能預測，從小地震發生的情況就能預測大規模地震的情況，所以這定律很重要。

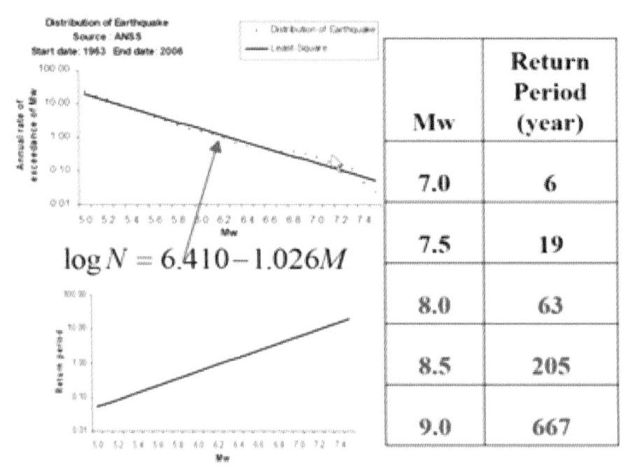


| Mw | Return Period (year) |
|---|---|
| 7.0 | 6 |
| 7.5 | 19 |
| 8.0 | 63 |
| 8.5 | 205 |
| 9.0 | 667 |

圖 8 每年發生地震次數對數與規模作圖，可得一條收斂直線（G-R Law），右邊是馬尼拉海溝發生地震規模的週期（return period）。
（資料來源：Anat Ruangrassamee, 2007）

沿著這條馬尼拉海溝來看，規模 8.0 的地震週期大概是 63 年，規模 8.5 的地震是 205 年，規模 9.0 約 700 年，圖 9 是呂宋島，當時呂宋島被西班牙殖民，西班牙人是開船來的，開船的人通常會有寫日記的習慣，這日記叫航海日誌。我經常閱讀荷蘭人寫的日記，他們連哪邊有狗叫、哪邊有火花、哪裡有地震都會記錄下來。

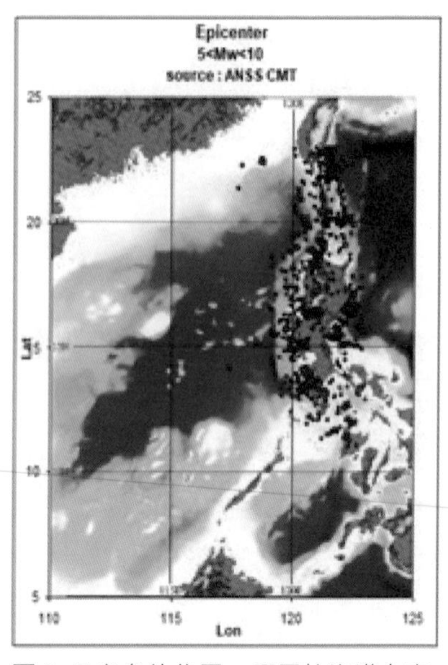

圖 9　呂宋島的位置，馬尼拉海溝在旁邊（資料來源：ANSS 1963-2006）

西班牙人從 1560 年就佔據了馬尼拉，但沒有記錄到非常大的地震，1560 年到現在大概有 450 年，450 年的地震週期已經落到地震規模 8.5 到 9 的範圍，幾乎是到了毀滅型的地震。此處地震的主要原因是兩個板塊彼此擠壓對抗，所以我們會從擠壓的程度來推估地震可能發生的程度，根據 G-R Law 的算法，在馬尼拉海溝裡板塊擠壓錯動的量從 GPS 來觀察是一年走 8 公分左右，目前已經累積到約 38 公尺，雖然 38 公尺聽起來好像還好，但比較其他的地震——例如前面提到世界上人類所記錄到的最大地震是 1960 年規模 9.5 的智利大地震，當時板塊的錯動量是 40 公尺；再來 2011 年的東日本大地震板塊錯動量是 20 公尺，這些數據都在顯示能量大量累積，所以讓人很緊張。

GPS 可以量測地殼慢慢變動的行為，所以我們根據 GPS 的量測結果來計算這裡可能會發生的海嘯。圖 10 是海嘯最大波高圖，今天大家要學幾個海嘯的概念，第一是多大規模的地震會發生海嘯，第二是如何看海嘯最大波高圖。

海嘯最大波高圖指海嘯來臨後這地區被淹到最高地方，海嘯最大波高圖表現的行為是海嘯能量分布的樣子。所以從圖可以看出海嘯沿著馬尼拉海溝生成，正對香港、澳門的方向打過去，而香港旁邊有大亞灣核電廠，裡面有 5 座反應爐，一旦受到海嘯攻擊會很嚴重。各位知道這計畫是誰出錢嗎？是新加坡政府，雖然他們遠在麻六甲海峽，但他們非常有遠見，馬尼拉海溝發生海嘯跟新加坡有關係嗎？他們說如果海嘯發生，這邊區域的經濟會有大動亂，而新加坡是靠經濟維生的，他們需要事先防範，真的很有遠見。

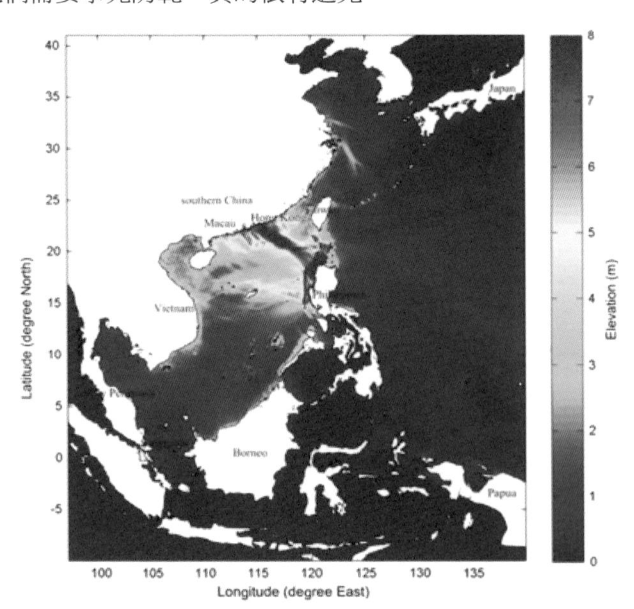


圖 10 模擬馬尼拉海溝地震引發海嘯的海嘯波高圖

我們進行臺灣高雄附近的海嘯模擬，可以看到海嘯一直推進和撤退，這樣的海嘯維持很久的時間（如圖 11）。

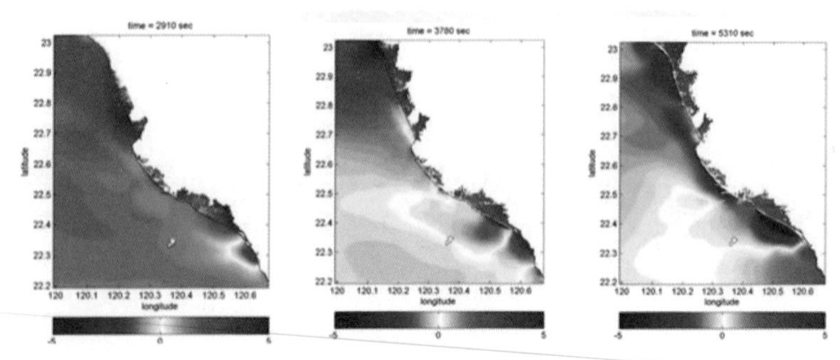


圖 11 馬尼拉海溝引起海嘯對臺灣南部影響的模擬

## 海嘯模擬模式：COMCOT

我們海嘯模擬利用的模式叫康乃爾巢狀網格海嘯模式（Cornell Multi-grid Coupled Tsunami Model, COMCOT）。海嘯很特殊，因為它在海嘯源的地方可能長達一千多公里，但是模擬到你家門口會變成幾公尺的大小，尺度相差非常大，必須用大網格套小網格，小網格再套小小網格以此類推來計算。這模式非常強大，除了可以掌握尺度差異極大的海嘯外，它還可以計算洪水會淹到哪裡。這一般是算不出來的。同時也可以算非線性、球座標等等。雖然它很厲害，但我使用它只有一個原因——作者是我老闆。當我把這模式引進臺灣時發現一個問題：這個模式是研究用的。什麼叫研究用的？一次的完整的模擬，往往要花一個下午大約八個小時的時間，這用在研究很 OK，但不能拿來預警。因此我回臺灣後跟中研院網格中心合作，把這套系統加速。我們當時用了一臺電腦，內含 32 核心，在當時一般電腦只能跑一、兩個核心，當這 32 個核心一同時執行時，監視畫面顯示每個核心都滿載起來了，接著整臺工作站所有風扇因為太熱就開始啟動，聽到那聲音感覺很痛快。當我們做好這模式後，很奇怪地，馬上就有機會可以用（311 東日本海嘯），而我最近也幫中央氣象局建好了風暴潮模式，希望不會用得上。

2011 年剛做完這模式就發生了東日本海嘯，我們花了 20 分鐘等待地震參數，但只花了 1 分鐘就算好海嘯模式，比海嘯跑得還要快。我記得那時候國家災防中心打電話給我，因為裡面有我的學弟，他們要負責總統怎麼部屬救災行動，甚至當時基隆還有女學生抱頭痛哭，大家都很緊張在等我答案。海嘯傳來要 3 個小時，我在第 30 分鐘就算出答案，他們打電話問我算出來的海嘯多高，我說：「各地都不一樣，你想要看哪裡？這樣好了，成功外海有一個浮標，我們就看看浮標會是多少，且浮標是面向日本。」我看了資料跟學弟說有 12，結果電話後面聽到 12 就很緊張，我一聽聲音不對，跟他說是 12「公分」，大家才都鬆了一口氣。那時候我們的運氣很好，算出來的答案都非常的準確。圖 12 是我們當時做的海嘯傳播，我還保留第一版算出來的答案當紀念。

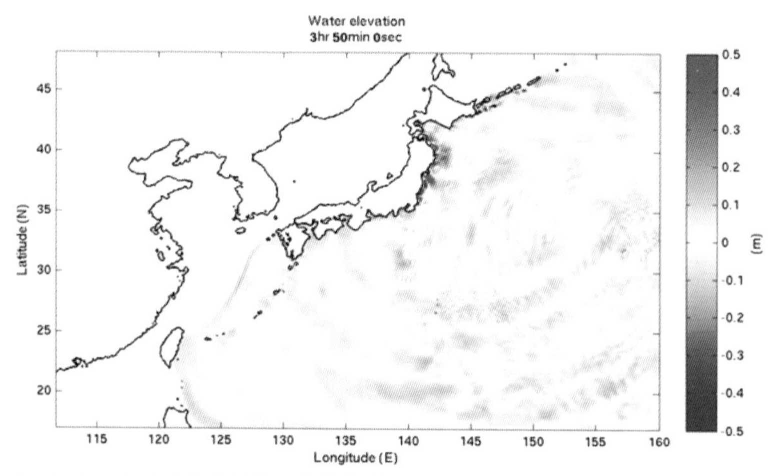


圖 12 311 海嘯我們做的第一版模擬結果

我們將模擬結果跟真實測量到的資料比較一下，圖 13 上圖是日本的潮位站 Hanasaki 的位置，圖 13 下圖中有兩條線，藍色代表我們算出來的理論預測值，黑色線代表該站實際記錄到的數據，可以看到我們的預測非常理想。

這張圖叫時序波高圖，橫軸代表時間，縱軸是海嘯高度，就是每個時間點海嘯發生有多高。在海嘯界裡預測海嘯，誤差在百分之百內都算小，我們的誤差僅有 10%；和美國 NOAA 的浮標資料來比較，模擬結果與實測比對幾乎吻合；再和俄羅斯 Rudnaya Pristan 潮位站

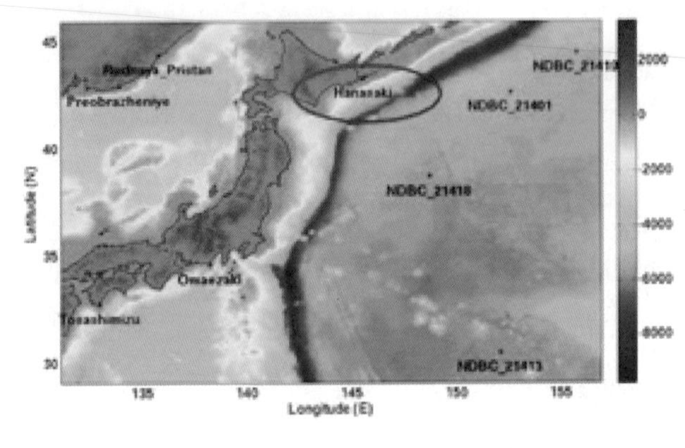


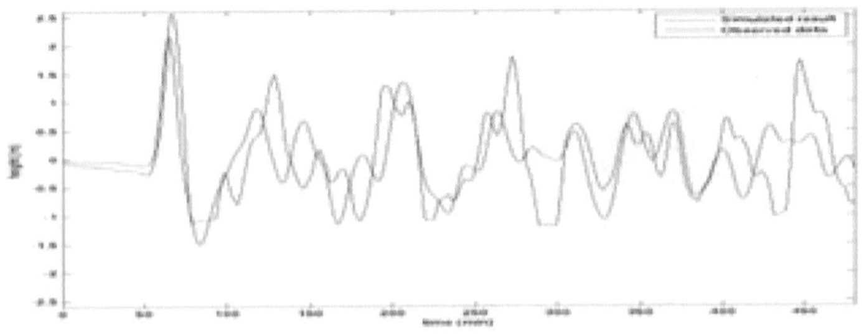

圖 13 模擬結果與 Hanasaki 潮位站比對。上圖為 Hanasaki 在日本的地理位置，下圖藍線為模擬結果，黑線為實測資料。該站位於斜坡部分，模擬結果與實測比對相當一致。

的實測比對（俄羅斯雖是在日本海嘯的另一側，但因為地震太大了，就連俄羅斯也有海嘯的訊號）也是非常吻合，就連我的老師都很驚訝這種準確度，他不敢相信自己的模式可以算到這麼準。而我們的模式到了臺灣更準，海嘯一路走到小琉球、沖繩都有很的預測結果。所以那一戰後我成名了，國科會主委把我找去，他說：「吳老師，在臺灣大家都對海嘯很擔心，你幫我們分析一下海嘯好不好？」我說：「好啊，那我就把那幾個案子分析一下。」主委說：「不行，你還要分析很多，連太平洋那邊過來的海嘯都要分析。」我心裡想，太平洋過來的海嘯好像不用太擔心？剛剛算出來並不怎麼大啊，才 12 公分！國科會的另一位長官說：「你看，從你的答案，海嘯從太平洋過來，打到臺灣東岸，接著一股往北，一股往南，結果海嘯在臺中會合。」（圖 14）當長官的果然想得不一樣，看的眼界不同，既然會有研究經費那我當然很樂意去做。有趣的是，這計畫還真的找到潛在對臺灣有威脅的海嘯源。

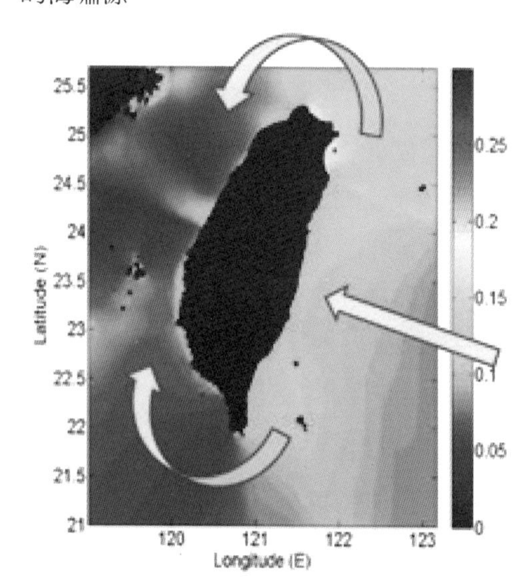


圖 14 從東邊來的海嘯分為南北兩股，最後在中部地區會合。

## 威脅臺灣的海嘯 18 劇本

所以我就幫行政院做了一套威脅臺灣的 18 套海嘯的劇本。圖 15 是臺灣附近最大可能發生地震的圖。

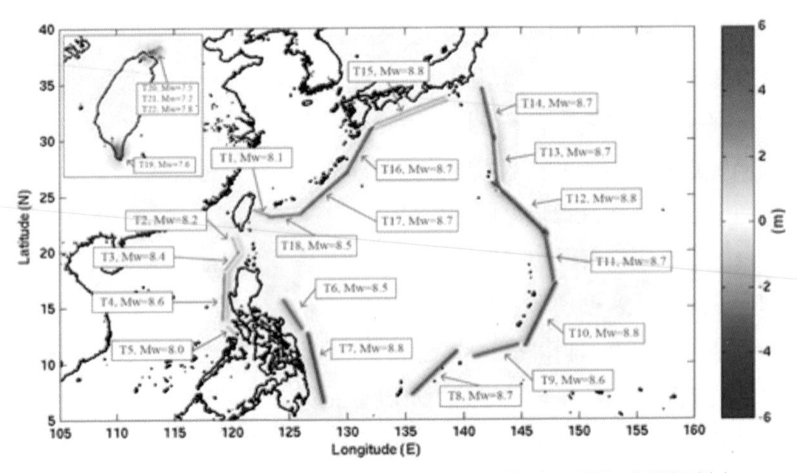


圖 15 臺灣附近可能發生海嘯的海溝與斷層，分別參與不同海嘯模擬劇本。（資料來源：吳祚任，2011）

從圖中馬尼拉海溝第一段是規模 8.2，第二段 8.4，接著 8.6 、8.0，這裡規模定的還算謹慎，沒有設定到 9.0 以上。那時候我們利用槽狀網格疊了好多層，更酷的是透過總統的國安會議，取得詳細的海底地形資料，讓我來算臺灣的海嘯，這簡直是我們海嘯人的夢：可以拿到這麼好的地形資料。我們資料來源包括中華民國海軍、內政部國土測繪中心還有臺電，臺電甚至還有港灣 1 公尺的地形資料。

建立這些情境之後，得到的海嘯模擬結果總共有 18 套劇本，分別以 T1、T2、T3……一直到 T18 作為區分。T1 是花蓮外海，圖 16 是模擬出來的最大波高圖。對於海上的最大波高，其實還不是需要擔

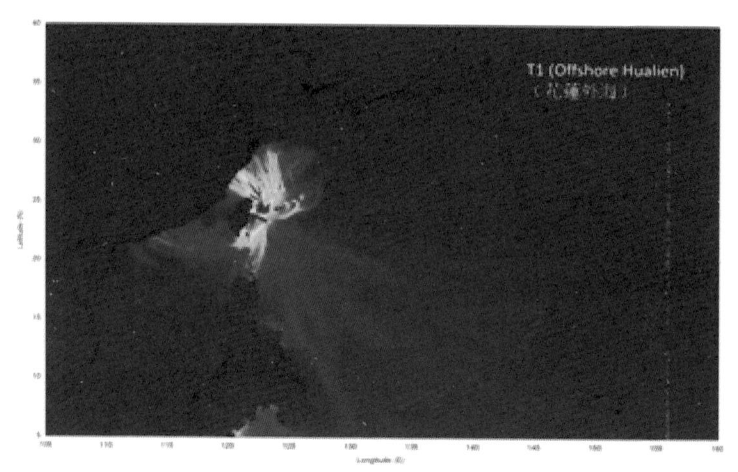


圖 16 花蓮外海海嘯的模擬結果（T1）

心的，我們要看的是陸上的最大波高。所以不是觀察海上那些紅通通的部分，而是要看岸邊有沒有亮起來，當然這個例子是發生在臺灣旁邊，災情會很嚴重。

T2 是馬尼拉海溝規模 8.2 的那一段，如前面圖 10 所見，直接影響地區包括香港、澳門、高雄，這還只是規模 8.2 的地震；T3 是馬尼拉海溝第二段，海嘯主要襲擊呂宋島與港澳；T4 是馬尼拉海溝第三段，海嘯主打呂宋島跟越南；T5 是馬尼拉海溝第四段，海嘯主要打馬尼拉市；T6 菲律賓海溝第一段是打日本；T7 菲律賓海溝第二段也是打日本；T8 是亞普海溝（Yap Trench），真的被主委說中了，真的有海嘯會打到臺灣！所以威脅臺灣的海嘯第一個來自花蓮外海、第二個馬尼拉海溝、第三個亞普海溝。T9 馬里亞納海溝第一段，打日本；T10 馬里亞納海溝第二段打日本；T11 馬里亞納海溝第三段，打菲律賓跟日本；T12 馬里亞納海溝第四段，打菲律賓跟日本；T13 伊豆小笠原第一段，打菲律賓一點，而日本全部；T14 伊豆小笠原第二段，打日本，T15 南海海槽第一段，打日本；T16 九州海溝，打日本；T17 琉球島弧第一段，打日本；T18 琉球島弧第二段，打臺灣和日本。所以從這些劇本分析出來（圖 17），日本發生海嘯機率最高，18 個模式結果大多影響到日本，臺灣只有 T1、T2、T3、T8 的情形會有影響。

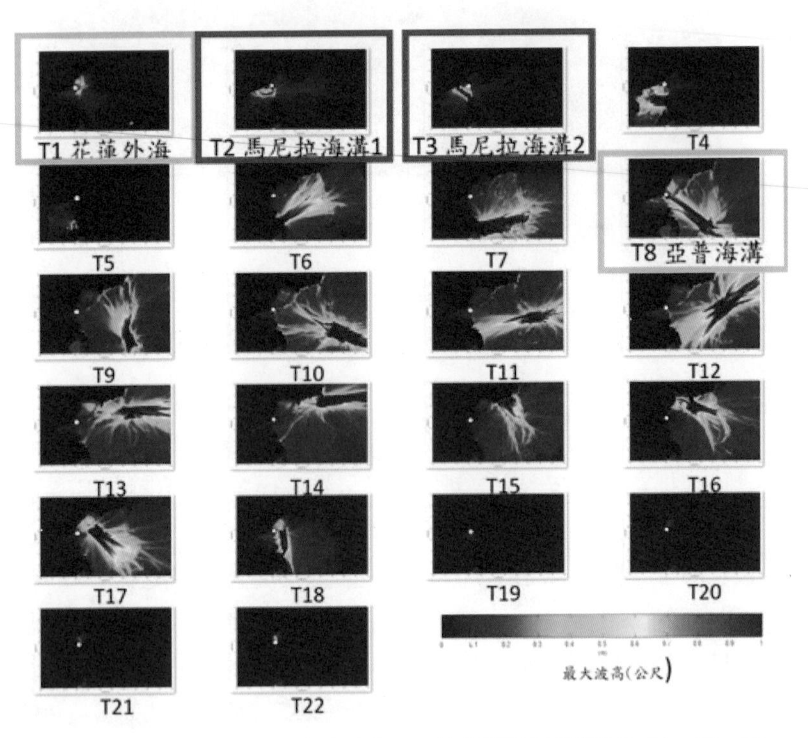


圖 17 是 18 個情境模式分析出來的結果，其中影響到臺灣的為 T1、T2、T3 及 T8。

T2 馬尼拉海溝第一段的案例是我特別強調要小心的，它的規模只有 8.2，代表發生的頻率比較高，當這規模 8.2 的地震發生時，它的嚴重程度可以從放大的臺灣來看，墾丁、屏東、高雄旁邊都是紅色的。圖 18 是 T2 海嘯模擬臺灣南灣附近的波高圖，說明如果海嘯真的發生，在南灣有 18 公尺，要特別留意。

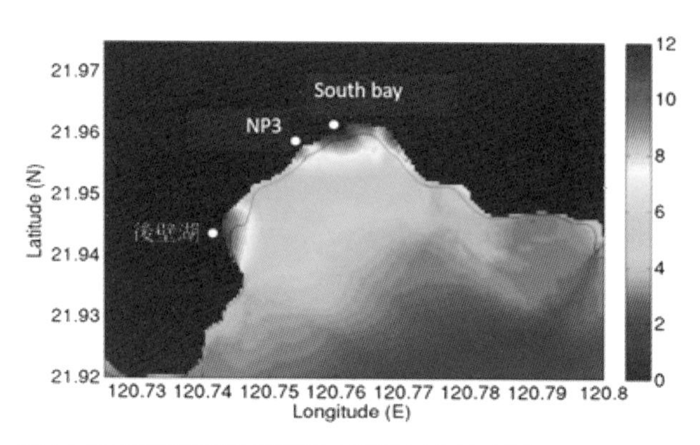


圖 18 T2 海嘯模擬結果臺灣南灣附近的波高圖

我整理了一下臺灣從 1661 年起 10 次的海嘯紀錄，資料密密麻麻的，所以有人問我臺灣有沒有海嘯，看起來來好像沒有很多，但其實是真的很多。大家想想看，日本的歷史有三千五百年左右，臺灣的歷史有三百五十年，而臺灣的國土是日本的 1/11 大，我們竟然可以列出這麼多出來！

所以我做了一個整合，如果大家要記的話，這是個關鍵——威脅臺灣的海嘯主要分成三個：T8 亞普海溝、T2 馬尼拉海溝跟 T1 花蓮外海。在這之後政府還蠻重視我們的模擬結果，我很多其他國家做海嘯的朋友都很羨慕，為什麼羨慕呢？我們終於在 2014 年 9 月 19 日舉辦了中華民國有史以來第一次的海嘯演習。因為沒有其他國家的海嘯學者受到他們國家政府的重視，我們國家政府對海嘯的重視值得鼓勵，臺電也計畫幫核一、核二、核三廠蓋防海嘯牆。

我們把這套做的還不錯的海嘯預警系統推廣到其他國家，特別是南海周邊一些比較弱勢的國家，這套系統稱為 iCOMCOT，是個雲端系統。我們做的其實蠻成功的，所以我在 2012 年與 2015 年受邀到聯合國的教科文組織演講我們這些成功的經驗，同時英國倫敦的媒體 isgtw 也為這件事做了專訪，國家地理雜誌也請我寫了一個專欄，叫做〈臺灣海嘯的過去與未來〉，國科會也請我寫了一個專欄。以上種種都只是對我們成果的肯定，但其實我更想做的是如何為大家的安全有些貢獻，所以我就幫中央氣象局做了一套海嘯速算系統。這套系統是是一鍵式的，也就是當海嘯來了按一個按鍵答案就出來了，我們可以在一分半鐘內算完臺灣的海嘯，這大概是全球最第一流的，而且這包含統計出來最適合的地震參數。前面提到我們要花 20 分鐘等地震參數，現在這一分半鐘就包含統計地震參數跟算完海嘯，所以未來如果碰到一些事情，我們的模式應該還算很準，另外我們也建了很多斷層資料庫來提升精度。

圖 19 是我們模式和完整地震參數算出來的結果，左欄是用我統計出來的地震參數，右欄是等 20 分鐘後出來的詳細地震參數，這是全球蒐集的資料算出來的結果，其中黑線是觀測數據，藍線是模擬後的數據，我們的結果看起來比右邊的好，實在很幸運。

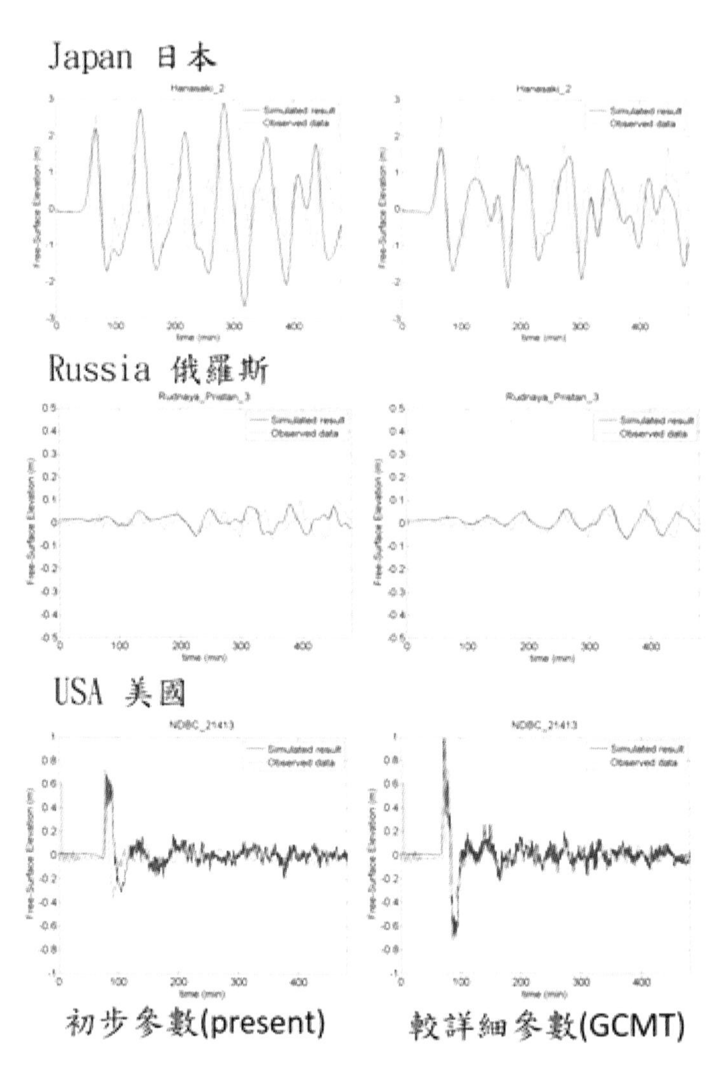


圖 19 使用兩種參數得到海嘯模擬的結果：（左）初步猜測參數；（右）等 20 分鐘後的詳細參數。

## 海嘯的特性

前面提到很多關於臺灣海嘯防範，接下來要講一些海嘯的基本概念。圖 20 是海嘯進入內陸的情形，是當時日本海嘯發生時所拍攝的，海嘯上有很多破碎懸浮物一起推向內陸 ，無堅不摧，因此船隻也能上內陸，甚至包括貨輪。

圖 20 311 海嘯現場新聞畫面擷圖。（資料來源：NHK World）

什麼是海嘯呢？是如圖 21 左圖日本畫家所繪的圖，還是如右圖爸爸帶著小孩驚慌失措的樣子？

圖21 日本藝術家葛飾北 Katsushika Hokusai 所繪 *The Great Wave off Kanagawa* (1829-1833)（左）；海邊一對父子逃離海浪的照片（右）。

圖 22 海嘯來臨時如一道水牆

其實海嘯比較像是上頁右圖這張爸爸抱小孩的照片，這是迷你海嘯，所以各位如果到海邊看到潮來潮往，你可以想像那是螞蟻等級的海嘯，把它放大後，就如同一面水牆衝過來（圖 22）。這水牆大概有多長呢？一般的浪都有波長（浪頭到下一浪頭之間的距離），最長大概 2、30 公尺，而海嘯的波長有 100 公里左右，所以你要抵擋這海嘯衝 100 公里的長度才不會在裡面被淹死。

拜科技的進步，日本 311 地震後，人類首次在海上拍到海嘯，在圖 23 中遠方有一條長長淡淡、一整排變高的海水，那就是海嘯，雖然看起來小小的沒什麼，大約變高 2、3 公尺而已，但這長度有多長？前面講到海嘯的波長有 100 公里，寬度大概有 500 公里，500 公里是臺北、基隆到高雄的距離，所以海嘯是整片掃過來，看不到邊。

圖 23 人類首次在船上拍的到海嘯影片（影片擷圖）
（資料來源：https://www.youtube.com/watch ？ v=OdhfV-8dbCE 由 Russia Today 發布。）

船上的日本海巡署很有經驗，他們知道波浪的特性。在波浪上放隻黃色小鴨，波浪不會把小鴨帶到另一頭，也就是波只傳遞能量不傳遞質量；而海嘯會因為地形的關係，從波浪開始漸漸地越來越陡，最後波頂翻過來如衝浪一樣，衝下去會往前衝，這叫海嘯湧潮，這段時間（如圖 20 所見）會把破碎物一路往前衝，因此海嘯既會傳能量也會傳質量。所以日本人知道海嘯要來了，他們必須搶在波破碎以前（波浪還沒轉換成海嘯湧潮）衝過去，這是一個很重要的概念。海嘯在日本被稱為津波（tsunami），tsu 是港口的意思，nami 是波浪，tsunami 的意思是浪最危險的地方不是在海裡，而是在港口！像日本海巡署就很聰明，在波浪還沒有轉換成海嘯湧潮之前就離港衝過去，所以沒事，如果沒有衝過去，可能船隻就會隨著海嘯爬到別人家屋頂。海嘯入侵內陸時為海嘯湧潮，它有點像錢塘潮，一路往前一直衝，在第一時間房子可能挺得住，但漸漸地房子也受不了，因為海嘯後面太長了，大概要衝 15 到 20 分鐘，所以房子開始一棟棟被沖走，海嘯第一次沖不完還會有第二波、第三波……等，像日本海嘯大概有 5 到 10 個波一直沖進來。海嘯的破壞力很大，大到 1 平方公尺上有 50 公噸的壓力，等於 1 平方公尺停 50 臺小轎車，如果你家地板可以承受 50 臺車的話，你的房子就安全了。

## 引發海嘯的方式

● 地震海嘯

我們用雙手來代表地殼上的兩個板塊，當兩個板塊撞在一起的時候，可能有幾種情況：一種是如喜馬拉雅山造山運動的隆起[1]；一種是兩個板塊同時凹下去，這種情況很少；最常見的是板塊隱沒到另一個板塊下。大家試著將一隻手隱沒到另一隻手下面，應該會感覺到手有點粗糙，如果動作緩慢一點，會感覺到摩擦力讓你的手滑下來停一下、滑下來停一下，有種「答、答、答」的感覺，這種感覺是地震重現的週期。如果把其中一隻手的關節彎折一下，你再擠擠看，是不是擠不動了？擠不動代表卡住了，下一步再動的時候就是發生大地震。前面提到南中國海已經 450 年沒發生大地震，這聽起來很可怕，因為兩個板塊已經卡了很久了。

圖 24 是我很喜歡的圖，看起來是兩塊板塊在擠壓，假設有海，請問大陸板塊在左邊還是右邊？

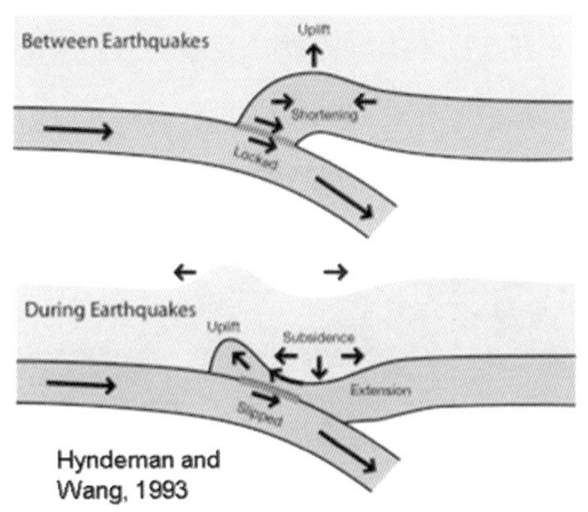


圖 24 兩個板塊擠壓造成海嘯的方式
（資料來源：Hyndeman and Wang, 1993）

---

1 關於喜馬拉雅山的造山運動，可參考第 15 屆第 10 場鍾孫霖院士的「從臺灣到西藏和峇里島：東南亞地質與亞洲造山研究」講座。

答案是右邊，因為它有山，就像是花蓮的清水斷崖跟太平洋，經過造山運動突起來。當兩個板塊擠壓太厲害的時候，接觸面就可能會滑動，如圖 24 下圖，大陸板塊邊緣前段會突出來，因為體積守恆，所以有部分就凹陷下去，凹下去這部分就產生負的海嘯波，負的海嘯波會往山的方向走，所以海嘯的時候你有很大的機會看到海水先退去，這就是原因，因為來的海嘯剛好是負波先到達；那另一向如果有住人，那邊的人會看到海水先升起，所以有人說海嘯要來的時候海水會先退就是這個原因。我們做了一些簡單的海嘯生成機制模擬，利用數值方法算出來，算的很準。

- 山崩海嘯

我們用一個實驗來演示山崩海嘯的情況。拿一個蘋果來當作山崩，從斜坡滑下來滑到水裡，可看到產生的海嘯波會湧得很高，若只考慮人居住地點，海嘯上來的高度很高，會造成災害。世界上最高的海嘯其實不是地震造成的，而是由山崩造成的，最高的海嘯甚至超過臺北 101。臺北 101 大約是 520 公尺，世界上最大的海嘯發生在阿拉斯加利圖亞灣（Lituya Bay），高度比 101 高一點，大家可以想像有一道比 101 還高的大水沖過來的感覺。

- 隕石海嘯

隕石撞地球可引發的海嘯可以用蘋果跟水槽模擬，蘋果落下來會呈現周圍會像皇冠一樣的海嘯（圖 25），但我們不太關心這個例子，因為它會造成物種滅絕。

圖 25 以蘋果代表隕石掩飾隕石撞地球產生海嘯的情形

## 海嘯與風浪的差別

我再給大家補充一個冷知識，到底我們看到颱風的大浪和海嘯有什麼不同？底下圖 26 中左圖是海嘯，右圖是大浪，

圖 26　311 日本海嘯（Courtesy: S. Tomizawa）（左）；麥德姆颱風造成在烏石港的大浪（右）（資料來源：聯合報，2014-07-23）

這兩張看起來有甚麼不同？海嘯後面還有 100 公里，而大浪來時只有圖中眼前這一幕。浪事實上就是一個空氣和海水交界的漩渦，因此浪多高它就多寬：如果浪有 10 公尺，就保持 10 公尺的距離不要接近它，20 公尺高的浪（機會很少），就保持 20 公尺距離，你站在 30 公尺外就保證不會被浪打到，但就怕有些人不知道而跑的太近，所以政府只好宣導民眾都不要去海邊觀浪。其實要去可以，只要保持 100 公尺的距離遠遠的看，就很安全。所以海邊的浪基本上影響範圍就是個圓圈，它有多寬就有多高。

海嘯和大浪不同，如圖 27，左邊是海嘯，右邊是一般的風浪，如果把它們想像有長長水草在海水中，海嘯經過的時候，水草會從上而下一同移來移去，但如果是風浪經過，水草就只會在頭部有點搖擺。所以海嘯又稱為淺水波，就是水深相對於波長很淺，只要一影響就周圍全部都受影響，就算在太平洋 4 公里的水深，相較於海嘯波長動輒 50 到 100 公里還只是很小的數字。因此，海嘯即使在深水區我

們都叫淺水波。相對地，風浪只能影響海表面約 30 公尺的範圍，因此風浪的影響程度就小很多。

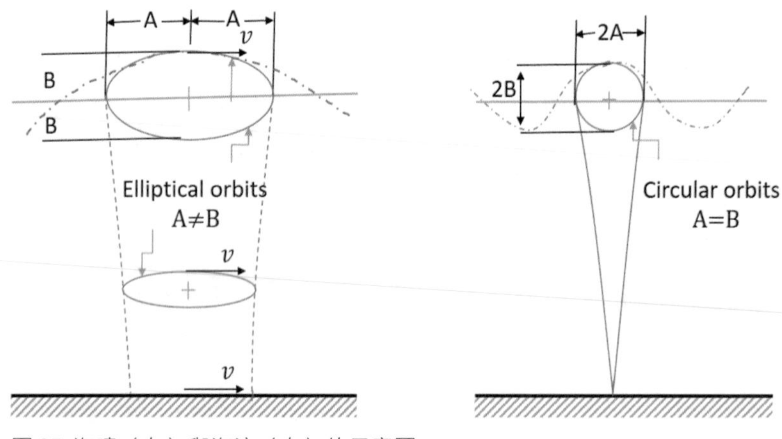


圖 27 海嘯（左）與海浪（右）的示意圖。

## 海嘯的速度

在上課的時候我們會去推導淺水波方程式，但在本文不會去推導這過程，因為即使是上課也是要推導一個月。這方程式很長，但已算是海嘯裡最簡單的方程式。這方程式出來只有一個簡單的答案，就是海嘯前進的速度 C 等於$\sqrt{gh}$，其中 g 為重力加速度≈ 10 m/s$^2$ 乘上水深 h(m) 的開根號，所以四公里水深的海嘯前進速度為 200 m/s 或 720 km/hr，大約為臺灣高鐵 3 倍速度或波因 787 的速度。接著有幾個問題：⑴海嘯是越高跑越快，還是越小跑越快？答案是都沒有影響，因為速度只跟水深有關。⑵海嘯是越長的跑越快，還是越短的跑越快？答案還是沒有關係，因為速度只跟水深有關。這公式裡沒有波高也沒有波長，只有水深而已，所以海嘯只跟水深有關。這告訴我們一件事，觀察 1960 年、2010 年的智利海嘯都打到日本，2011 年日本海嘯再打回智利，因為海嘯只跟水深有關，如果太平洋海底沒有變，海嘯方向就是打同樣一條路徑（如圖 28）。

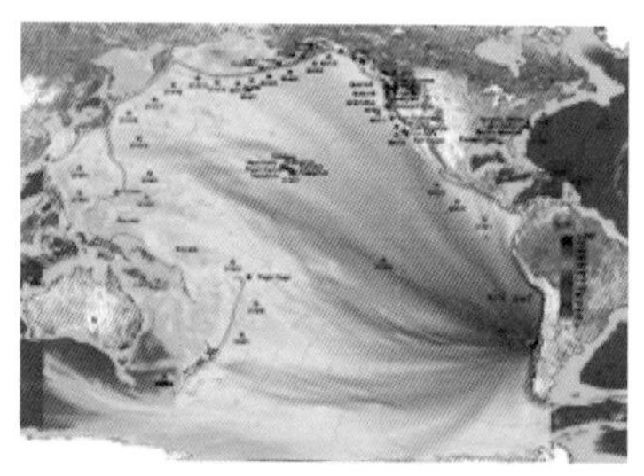

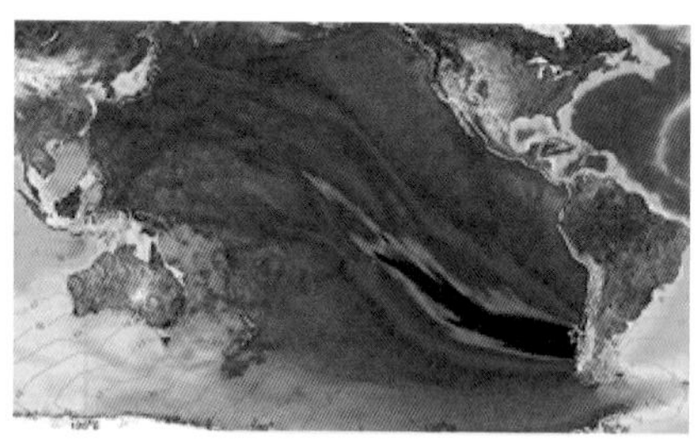

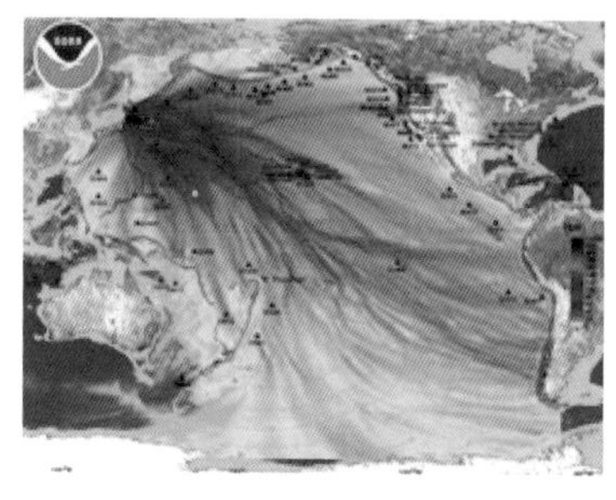

圖 28 左上為 2010 年智利海嘯；右上為 1960 年智利海嘯；左下為 2011 年東日本海嘯，可看出海嘯是沿相同的路徑。

## 海嘯抵達岸邊的波高放大效應

海嘯跑到越淺的地方跑越快還是越慢？根據公式海嘯會跑的越慢，因此海嘯從比較深的地方到淺的地方，比較淺的地方會越跑越慢，於是後面速度較快的水會爬上去。所以說「後浪追前浪，前浪死在沙灘上」是有物理意義的。另外海嘯碰到海灣的時候，會發生一邊比較淺，一邊比較深的狀況，較深的海水因速度較快會向淺水方向偏折，因此我們在海邊看到的波浪都是朝我們的方向來，這就叫做波浪的「折射」。

## 海嘯研究

有了這些海嘯理論後，科學家怎麼做海嘯的研究？

第一個，法國和俄國科學家過去就推導很多公式，如淺水波方程式、布式定理；再來美國比較有錢，所以他們就做實驗；而我們臺灣比較會做電腦，所以就用電腦模擬海嘯；日本人會潛去海裡觀察波浪。有次很好玩，在研討會上大家都表演自己拿手的海嘯東西，日本人就秀一段影片，自己穿潛水夫的服裝，然後躺在水裡面等待，等到很大的浪衝過來嘩啦一聲，就把它拍下來，所以日本人是做這種親身體驗的工作。

做實驗有個好處，圖 29 是我們跟奧瑞岡大學合作做的影片，在影片中我們用造波機把水一推一拉，製造正波、負波的海嘯運動，我們想說理論上這應該可以衝浪，所以來做實驗。所以鼓勵大家的親朋好友來研究海嘯，其實很好玩的。

圖 29 研究人員在奧瑞岡大學的海嘯實驗室示範衝浪

# 臺灣的海嘯歷史

回到臺灣，其實臺灣有很多海嘯的紀錄，北邊基隆就有很多個，臺南、高雄、東港也有很多，我們就來簡介其中一兩個比較具有代表性的海嘯。

## 屏東港西里海嘯

其中一個我很喜歡的案例是 1781 年（清朝乾隆 46 年）的海嘯，發生在 4、5 月間，這在《臺灣采訪冊》有紀錄。我第一個看到的感覺是「看吧！中國人，差不多先生。」4、5 月間到底是 4 月還是 5 月？書中記載：

> 乾隆四十六年四、五月間，時甚晴霽，忽海水暴吼如雷，巨浪排空，水漲數十丈（註：當時一丈約 3 公尺），近村人居被淹，皆攀援而上至尾（註：當時屋子還是茅草屋或磚樓，只有一層樓大概 2、3 公尺），自分必死，不數刻，水暴退，人在竹上搖曳呼救，有強力者一躍至地，兼救他人，互相引援而下。間有牧地甚廣及附近田園句壑，悉是魚蝦，撥刺跳躍，十里內村民提籃契筒，往爭取焉。聞只淹斃一婦，婦素悍，事姑不孝，餘皆得全活。

看到這裡，我覺得這只是中國民間傳奇故事之一，但是後來有一天我再看這本書時，看到接下來的這些句子：「嗣聞是日有漁人獲兩物，將歸，霎時間波濤暴起，二物竟趣，漁者乘筏從竹上過，遠望其家已成巨浸，至水汐時，茅屋數椽，已無有矣。」這裡竟然講到第二次海嘯來襲，這完全符合我們當時情境算出來的結果，非常漂亮——第一次海嘯來 3 公尺，第二次海嘯來 4 到 5 公尺，這發生在屏東的港西里。

另一個事件是用俄文寫的，我把文件保留下來請一位在俄羅斯大學留學的越南人好友翻譯成英文，這文件說：

1782 年 5 月 22 日（1682 年 12 月？）臺灣（臺南）發生強烈地震並造成嚴重災情，海嘯隨之而來，並以東西向方式攻擊海岸地區。『幾乎全島』超過 120 公里被海嘯所淹沒。地震和海嘯歷時 8 小時。該島的三大都市和二十多個村莊先是被地震破壞，隨後又為海嘯浸吞。海水退去後，原本是建築物的地方，只剩下一堆瓦礫。幾乎無人生還。40,000 多居民喪生。無數船沉沒或被毀。一些原本伸向大海的海角，已被沖刷，形成新的峭壁和海灣，並造成淹水。安平堡（即熱蘭遮）以及赤崁城堡（臺南市赤崁樓舊址）連同其坐落的山包均被沖跑了。

剛剛才說中國人是差不多先生，結果這裡被打臉了，這裡的紀載在時間上有 100 年的不確定性。這個紀載講到海嘯歷時 8 小時，海嘯來了又退好幾回，跟我算的很像。這裡面我比較難相信的是當時有 4 萬人喪生，日本人連 2 萬人死傷都清點很久，這只不過是一個外國人經過怎麼能看到 4 萬人？不過，如果這件事是真的，那它就會是全世界死傷最慘痛的海嘯之一。

## 1894 年東港海嘯

為了深入了解當時的情況，我讓我的學生去調查，結果所有文獻上的事情都沒有找到新的線索，但他們發現更嚴重的事情，在東港大鵬灣有四座宮廟（分別是東隆、鎮海、嘉蓮、南隆）都寫到了一件事情：東隆宮在光緒 20 年（西元 1894 年，這年同時發生甲午戰爭，中國正跟日本作戰）發生海嘯事件，浪濤翻天，淹沒了當時的太監府，所以太監府沉入了海底，距離現在所蓋的新廟大概一公里的地方；第二個，嘉蓮宮在牆壁的碑文同樣刻著海嘯事件，因為海嘯所以他們搬家搬到一公里外的地方；再來，鎮南宮在天花板寫道它被海嘯打到，所以才搬到現址；最厲害的是南隆宮，它除了在碑文刻了這件事，還多加解釋為什麼會發生海嘯 — 因為當時紅毛番（荷蘭人）路過把古松樹的大樹鬚（根）砍掉，結果不過三年，天災地變，接著就發生大海嘯。

而海嘯防災的首要工作是找出歷史海嘯與古海嘯的來源，包括基隆海嘯、臺南海嘯、綠島海嘯石、臺東鎮成功海嘯沉積物、九鵬海嘯石等等，其中基隆海嘯是政府認證確定有的，因為它發生在 1867 年，離現在很接近，而且有高達五種不同語言、不同國家（日本、荷蘭、英國、法國、西班牙）的人寫到這件事，自由時報也有刊登，是在基隆和平島發現了海嘯沉積物。為什麼這個海嘯事件很重要？圖 30 中紅點是基隆發現有海嘯的地方，旁邊是臺北市 260 萬人口，所以當這邊發生問題時，問題會很大。當時寫到基隆跟金山，基隆海嘯有 6 到 7 公尺高，後來發現有些地點的海嘯爬到高達 12 公尺的位置。

圖 30 發現 1867 年基隆海嘯的地方（紅點），及現今附近核電廠所在地。

關於這事件有很多文獻參考，我將它整理了一下。文獻上說基隆港附近有煙塵、海嘯沉積物，旁邊還有海床露出（圖31），而金山有很高的海嘯，旁邊就是核二廠，所以這個案子就很重要。

圖 31 基隆海嘯的遺跡、證據

學者研究大致認為該地震的規模約 6.2 到 7.2，但規模 7 的地震只會產生半公尺不到的海嘯，怎麼會有 6 至 7 公尺的海嘯在這裡發生呢？這其中就牽扯到一些複雜的因素，包括可能海裡有山崩或火山噴發，所以我們就發展了很多分析的方法，這是全球創新的。當時海嘯分析如果進行情境分析（考慮各方向來的海嘯），需要考慮太多因素，所以我們就發展一個新方法，看能不能快速且系統性的分析潛在海嘯源，這方法我們稱之為海嘯影響強度分析法（Method of Impact Intensity Analysis, IIA），這裡不強調它的細節，因為它是個很新的方法。過去的學者由於科技上的限制，在判斷臺灣會不會受海嘯威脅時，會說這海嘯距離臺灣很近，臺灣就會被影響；海嘯距離臺灣很遠，臺灣就不會受影響。但保守地說，這不一定，我這邊舉兩個例子（如圖 32）：

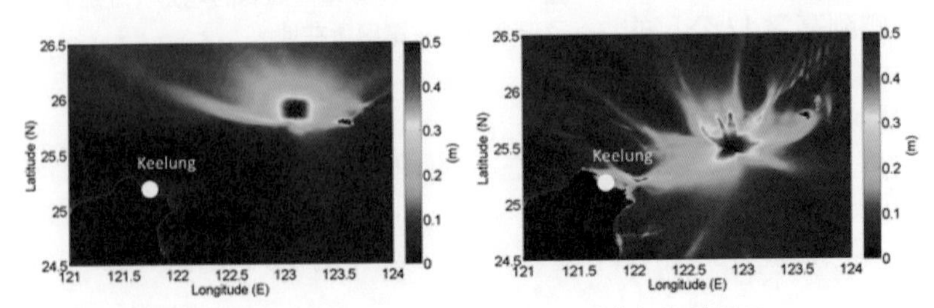


圖 32 跟基隆相距 100 公里的（左）海嘯源 A；（右）海嘯源 B。

圖 32 兩者都是距離基隆大約 100 公里處發生海嘯，前面提到海嘯波長大約 100 公里，所以 100 公里的距離其實很近，這兩個地方都會被歸納成非常靠近基隆的海嘯，但各位可以看到這兩個地方發生的海嘯很不一樣：一個能量往北邊走（左圖），一個能量打基隆（右圖）。所以從這裡我們可以抓到一些特性，透過 IIA 可以看出海嘯怎麼來（如圖 33）。

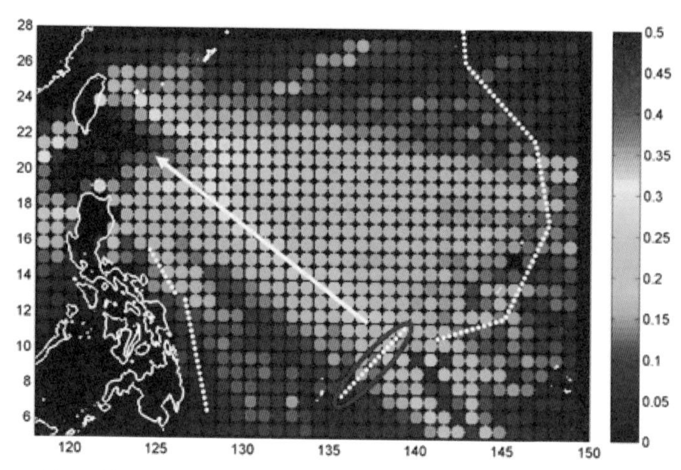


圖 33 使用 IIA 方法分析可能的海嘯源

圖中紅圈部分就是前面提到的亞普海溝，它產生的海嘯會有一個明顯趨勢打到臺灣，旁邊的斷層就不會，所以我們就用這案例來做一個簡單介紹。這個案例告訴我們亞普的海嘯會打臺灣，但旁邊那一塊（馬里亞納海溝）不會打到臺灣，海嘯會去日本，所以我們就用這個方法來分析基隆的海嘯，發現基隆的海嘯事實上還有兩種可能的原因，一個是海底山崩，另一個是海底火山。後來又在墾丁九鵬發現兩顆海嘯石，這都是海嘯的證據，證明當時有發生大海嘯，另外還有成功的海嘯沉積物，所以臺灣的海嘯真的很多。也值得國人對於海嘯的潛在威脅多加重視。

第7章

# 千呼萬喚始出來——福衛五號的故事

主講人：曾世平（國家太空中心正工程師）

你知道臺灣有個國家太空中心嗎？國家太空中心負責臺灣太空計畫的執行與技術研發，包含已發射的衛星計畫（福衛一、二、三、五、七號）等。

福衛五號是首顆由國人自主研發之遙測衛星，運行於距地表720公里高度之太陽同步圓形軌道。福衛五號之主要光學遙測酬載，將提供對地解析度黑白2米、彩色4米的光學遙測影像。除延續服務福衛二號使用者族群，滿足國計民生於環境監控及災害評估等需求外，更以建立完整的衛星本體，掌握核心元件設計與製造能量，並建立光學遙測酬載儀器自主發展能力及傳承設計，發展關鍵元件與技術為主要任務目標。

我來自新竹國家太空中心，今天主要是介紹我們國家自己發展的光學遙測衛星「福衛五號」，它是福爾摩沙衛星五號的簡稱。福衛五號與已發射的福衛二號有很大的相關性，福衛二號於 2004 年在美國加州范登堡空軍基地發射，福衛五號預計再過幾個月也會從同個地點發射[1]。在介紹福衛五號之前，我會先介紹它的誕生機構「國家太空中心」，畢竟很多人對我們國家的太空中心還蠻陌生的，在座對美國太空總署 NASA 可能比較耳熟能詳，但許多人卻不知道臺灣有一個太空中心，再來就是今天的主題——福衛五號整個計畫的介紹，特別福衛五號是光學遙測酬載衛星，它最重要的主體是光學遙測酬載，這也是福衛五號最困難的地方，所以我會特別介紹光學遙測酬載這部分。

# 國家太空中心

## 太空中心簡介

我們國家太空中心成立於民國 80 年，那時候科技部的前身國科會成立了「行政院國家太空計畫室籌備處」，後來在民國 92 年改隸於「財團法人國家實驗研究院」，民國 94 年更名為「國家太空中心」。它坐落的位置，也就是我上班的地方，在新竹科學園區裡面。我在民國 81 年加入這個中心，所以我個人的工作史和國家的太空發展史基本上是密切地結合在一起。

國家太空中心主要的定位和角色在於國家太空科技的執行機構，也是一個科技的研發機構，整合國內的產、官、學、研，以執行整個

1 福衛五號已於 2017 年 8 月 24 日發射成功。

國家的太空計畫。到目前為止，國家太空中心已成功執行了三個衛星計畫，包括福衛一號、二號及三號，福衛五號將會是我們執行的第四個計畫。當然要執行一個太空計畫，需要有一些基礎設施，所以我們建置了整測廠房，負責衛星的整合測試；還有任務操控中心，負責衛星上太空後的操控。當然太空計畫除了硬體外，人才的培養是最重要的，所以我們也做了一些人才培訓。

圖 1(a) 為我們的整測廠房，太空計畫在我們國內有一些獨一無二的設施，譬如在太空運轉是真空環境，所以我們有熱真空艙以進行熱真空的測試；圖 1(b) 是我們地面的衛星地面操控系統，現在福衛二號、三號還有好幾顆衛星在天上運轉，所以我們要同時操控好幾顆衛星。圖 1(c) 是我們衛星的接收站，除了新竹、中央大學、成功大學以外，在海外一些極區我們也租用幾個衛星通信站，因為要增加跟衛星通訊的次數。

福衛二號和福衛五號都是光學的遙測衛星，它會把對地掃描的影像下傳到我們的地面站，傳入我們新竹的國家太空中心，所以我們有個衛星影像處理系統，進行影像校正處理等等，以產出可用的衛星圖像資料。

圖 1 太空中心的 (a) 整測廠房；(b) 任務操控中心；(c) 衛星接收站。

## 太空中心過去的任務

圖 2 左起分別為福衛一號、福衛二號及福衛三號的示意圖，其中福衛三號是一個星系，由六顆微衛星在太空中組成的星系。

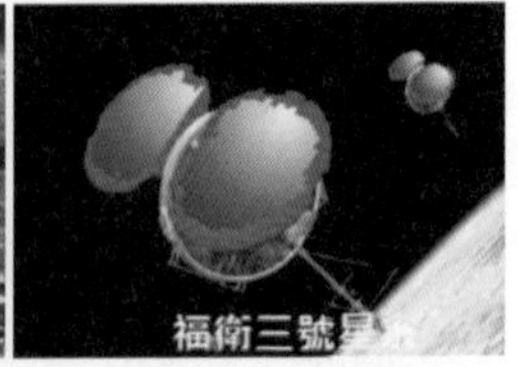


圖 2 太空中心福衛一號、二號、三號示意圖

福衛一號於民國 88 年發射，到民國 93 年除役，執行任務有五年多的時間，上方搭載了三個科學儀器。福衛二號和福衛五號一樣，在上方搭載了一個光學酬載儀器來對地照相，福衛二號除了光學酬載儀器外，還有一個科學酬載「高空大氣閃電影像儀」專門觀測高空短暫發光現象，包括紅色精靈與巨大噴流，是雲頂與電離層間出現的放電發光現象，而福衛二號的軌道距離地面 891 公里，要從這高度來看這個現象。福衛三號主要是氣象衛星，它會把我們需要的大氣觀測資料回傳地面，提供氣象局的天氣預測模式參數，增加天氣預報的準確度。

福衛二號在上空 891 公里處，約每 100 分鐘繞地球一圈，不管我們是白天或晚上睡覺，它就一直運行，經過臺灣時會照相。所以它有一個很重要的功能，就是天災發生時，可以執行照相的任務。因為有些東西在地面上很難去判斷，比如說莫拉克颱風的時候，我們可以拿歷史資料去比對，觀察災害的影響範圍，幫助我們救災，並了解災害的範圍和嚴重性。當然，除了臺灣，福衛二號還會經過全球大部分的角落，因此當全球有重大災害時，我們也投入人道救援的工作，包括南亞海嘯（2004）、南極冰架崩解（2008）[2]，我們也提供影像資料給世界各個單位做參考、研究，包括大陸的四川大地震（2008）、日本大地震（2011），圖 3 是日本 311 地震發生海嘯前後的影像對照，大家可以看看大地震引起的海嘯對日本的影響，這是屬於免費提供影像給國際人道救援組織作為救災使用的部分。

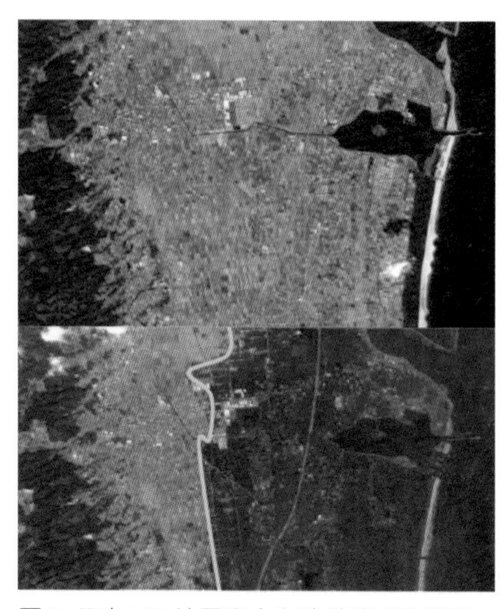

圖 3　日本 311 地震發生海嘯前後影像對照

福衛三號是六顆微衛星所構成的星系，以前氣象的觀測儀器要放在氣象氣球上，可是氣球要在有陸地的地方才能放，而地球大部分是海洋，沒辦法在海面上放很多氣球。福衛三號利用上面的 GPS 接收器，透過 GPS 訊號接收掩星的資料，去反推大氣層的溫度、濕度，作為氣象模式推導的重要參數，在很多知名期刊雜誌如 Nature 也有報告整個福衛三號的計畫，福衛三號也被譽為「太空中最準的溫度計」。

除了衛星計畫，太空中心也從事了一些「次軌道科學實驗計畫」，我們稱為「探空火箭」。到目前為止，從民國 87 到 103 年間，我們已經成功發射九次火箭，從事一些太空科學的研究。次軌道是指火箭

2　福衛二號觀測南極冰架相關報導可參考第 11 屆週日科學閱讀大師劉正千教授主講「看見地球的吶喊—遙測衛星所揭露全球暖化的警訊」。

只打到不超過 2、300 公里的高度，而後掉回地面，不會繞行地球運行。我們也積極參與一些國際間的太空計畫，例如丁肇中博士所領導的太空磁譜儀計畫（AMS-02），太空磁譜儀是置於國際太空上的一個實驗儀器，用來偵測太空中的反物質。

前面提到的福衛一號、二號、三號，都是過去成功執行的計畫，現在太空中心正緊鑼密鼓執行的計畫有兩個，一個就是福衛五號。因為福衛二號已經在空中運轉十來年，福衛五號未來就是要接續福衛二號的任務，再過幾個月，它會在大概明年的第二季發射；另一個是福衛七號。福衛七號是臺灣和美國最大的科技合作計畫，屆時我們會有兩組衛星的發射[3]，第一組有六顆衛星，也是在明年發射，而在 107 年會有第二組，七顆衛星的發射，最後共有 13 枚衛星在太空中運轉。福衛七號跟三號的原理很像，只是密度又再增高，另外福衛七號上面的酬載是改良式的，精密度會提高。福衛五號為遙測衛星，用於環境觀測、防災救災、國際營運（影像可以賣錢）；而福衛七號為掩星星系，作為氣象觀測、氣候觀測與太空天氣觀測的用途。

## 福衛五號的介紹

簡單介紹完國家太空計畫在過去和現在執行的計畫，回到今天的主角：福衛五號計畫。福衛五號的任務目標非常明確，就是要自己發展對地解析度 2 米的光學遙測衛星，執行對地觀測任務，同時藉著執行任務，建立衛星本體、光學遙測酬載儀器傳承設計及關鍵元件發展

3 福衛七號原規劃十二枚衛星，分兩組發射。因第二組經費議題，臺美雙方決定不執行第二組衛星。第一組六枚衛星仍依原規劃進行。(新聞出處：http://www.nspo.narl.org.tw/tw2015/projects/FORMOSAT-7/status.html)

能量，並且落實衛星遙測技術與應用，延續服務福衛二號國內外使用族群。一個衛星要被稱為是遙測衛星或氣象衛星，取決於衛星上所搭載的儀器特性，以衛星的專有名詞來說，衛星會有個本體，本體提供上面搭載儀器的各項資源，就像它的英文 bus（公車），公車上面載著人，如果是總統，我們稱它為總統專車；如果載行政院長，我們稱它為行政院長專車等等，所以當它上面載的是光學遙測酬載儀器，我們就稱它為光學遙測衛星。每個衛星本體基本上是大同小異，只有尺寸和複雜度的差異，功能性基本上類似，所以福衛五號中，它的困難度在於光學遙測酬載，因為需要高精密度的要求。

福衛五號是我國第一顆自主發展的光學遙測衛星，它的再訪週期 48 小時，指每 48 小時後，衛星的軌道會重複，也就是衛星經過臺灣的上空，48 小時後它會沿著同樣的軌跡再重複一遍，而福衛二號的再訪週期是 24 小時。軌道週期和它的高度有關係，這種低軌道衛星，大概 90-100 分鐘就會繞地球一圈，衛星高度越高，週期會越長。以地球同步軌道通訊衛星為例，它的高度大概接近三萬六千公里，週期是 24 小時一圈。衛星因為任務不同，會採取幾種特殊的軌道，一種是地球同步軌道（geostationary orbit），如通訊衛星在赤道上方大概三萬六千公里的地方，因為它轉一圈是 24 小時，跟著地球的自轉同步，所以相對於我們地表上的人，這個衛星好像是不動、固定在天上，這是地球同步軌道，也就是對地同步；另一種是對太陽同步（sun-synchronous orbit），遙測衛星如福衛二號、五號採用太陽同步軌道，你會一直重複看到遙測衛星，我們後面會說明為什麼遙測衛星需採用這種軌道。

光學遙測衛星可以提供的影像有兩種，第一種是全色態影像，全色態的可見光頻譜範圍較寬，所以我們視覺影像是黑白的，又稱黑白影像；另一種是多光譜影像，我們有四個不同頻段的光譜，包含紅光、綠光、藍光及近紅外光，所以可以將之合成彩色影像，我們稱為彩色影像。福衛五號全色態影像與多光譜影像分別對地的解析度為兩米和四米，指衛星上影像畫素對地投影是兩米平方或四米平方的正方形。如前面所述，我們要負責把遙測影像提供出來，這影像會有很多用途，包括國土安全、科技外交（和國外交換影像）、防災勘災、環境監控和一些科學研究。為什麼要使用多光譜影像呢？因為不同光譜中可能有些光譜可以看地面特殊農作物的成長狀況，這屬於科學研究範疇，雖然影像是影像，但研究人員可以從不同頻譜去解讀地面，看不同反應、用途，有其科學價值。

## 福衛二號 v.s. 福衛五號

因為福衛五號是接續福衛二號的任務，所以很多人會好奇這兩種有什麼差別，我特別列了一張表（如表 1）來說明：

表 1 福衛五號和福衛二號比較

| 項　　目 | 福衛五號特性 | 福衛二號特性 |
|---|---|---|
| 衛星自製率 | 78% | 委外製造 |
| 衛星任務 | 對地觀測 / 科學實驗 | 對地觀測 / 科學實驗 |
| 衛星重量 | 450 公斤 | 760 公斤 |
| 任務軌道 | 高度 720 公里<br>太陽同步軌道，全球涵蓋 | 高度 891 公里<br>太陽同步軌道，無全球涵蓋 |
| 影像下傳速率 | 150 百萬位元 / 秒 | 120 百萬位元 / 秒 |
| 對地解析度 | 黑白：2 米<br>彩色：4 米 | 黑白：2 米<br>彩色：8 米 |
| 任務壽命 | ≧ 5 | ≧ 5 |
| 影像資料儲存 | ≧ 80 G 位元 | ≧ 40 G 位元 |
| 科學儀器 | 先進電離層探測儀<br>（中央大學自製） | 高空大氣閃電影像儀<br>（成功大學、加州大學柏克萊分校、日本東北大學共同合作研製） |

福衛五號是第一顆我們國內自主發展的衛星，福衛二號事實上具有法國血統，主要的承包製造商是一家叫 Astrium 的法國航太公司。從表上可看到福衛五號自製率 78%，有人會說沒到 100%怎麼說是自主呢？我舉個例子，像 Toyota 的車子應該大家沒有異議它是 Toyota 做的，但 Toyota 車子的輪胎會是自己做的嗎？不見得，Toyota 只要掌握最重要的關鍵技術，例如第一個可能是引擎，引擎一定要「made in Toyota」，還有行車電腦等。所以重點是，關鍵元件要自己掌握，並不是所有的零件都要自己製造，就如同汽車公司不會自己去做輪胎，它可能會跟米其林或固特異去買，同樣地，我們也不需要自己發展所有外面市場普遍可以買到的衛星零件，但有些比較關鍵的零件，例如電力系統，因為要控制整個衛星的動力，還有衛星電腦、飛行操控軟體等，因為可能因應不同計畫需要做修改，我們必須掌控技術才有能力自己去修改，甚至在軌道上發現有些功能需要微調、需要改飛行軟體時，我們還能上傳去修改軟體，所以上面最重要的關鍵要自己掌握。福衛二號和五號執行任務很相似，重量方面，福衛五號 450 公斤，福衛二號因為鏡頭較大，整個重量較大，有 760 公斤。關於軌道高度，福衛五號是 720 公里，二號是 891 公里，比較高一點，兩者都是太陽同步軌道，但福衛五號還有個特性，就是「全球涵蓋」，而福衛二號軌跡沒辦法全球涵蓋，會有一些間隙（gap）。

另外，福衛五號解析度比福衛二號解析度高一點點，兩者對地解析度黑白影像一樣是兩米，但彩色影像福衛二號是八米，福衛五號精進到四米，所以福衛五號的資料量會大很多，因此影像下傳的速率要增加，才能把上面照的影像即時傳出來，再加上衛星跟地面站接觸的時間很有限，所以福衛五號的傳輸速度比二號來的快一點，同樣地，福衛五號在衛星上儲存影像資料的記憶體也比較大，我們的需求是要大於 80G 位元，而我們現在實際上硬體可達 128G 位元。兩個衛星上面都搭有一個科學酬載，福衛五號比較特殊，它的科學酬載「先進電離層探測儀」是完全由中央大學的團隊在學校自已研發的。

## 太陽同步軌道

其實一個衛星完整的系統不是只有專注在太空部分，衛星在執行任務時，軌道的選擇很重要。前面提到了太陽同步軌道跟地球同步軌道，地球同步軌道是地球轉一圈，衛星也繞一圈，所以衛星相對地球是固定、不會動的，而太陽同步軌道是什麼意思呢？圖 4 為太陽同步軌道的示意圖，從圖中你會發現衛星的軌道幾乎是繞極區，所以衛星的傾角都很高，接近 90 度，為什麼會這樣呢？因為地球不是一個質量分布均勻的圓球，而是橢圓球體，所以衛星環繞地球時，它的軌道面也會隨時間變動。科學家發現，在每個軌道高度搭配某一組特定傾角時，衛星軌道面和太陽的夾角在太空中將會保持一定。

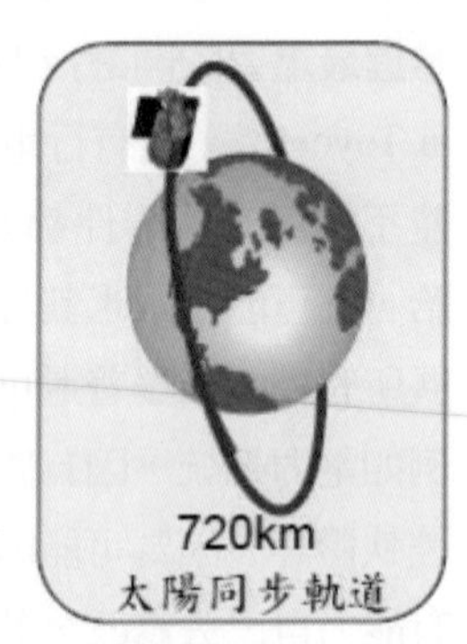

圖 4 福衛五號採用太陽同步軌道

這有什麼好處？第一個，衛星上太陽能板對太陽的角度不變，因此不需要隨時轉太陽能板去吸收太陽能，在設計上比較容易，同時可避免遙測衛星在照相的時候，因轉動的行為導致抖動（Jitter），如數位相機照相的時候，手一抖動，照出來的影像會糊掉，同樣的道理，我們希望在太空中，衛星照相時不要有抖動的現象；第二個，當衛星經過臺灣上空，如福衛二號是每天大約十點多接近十一點經過臺灣上空，每天經過的時間固定。所謂的時間，和我這個位置相對於太陽光的入射夾角有關，就像古代利用杆子的影子長短去判斷時間，同樣道理，當我們採用太陽同步軌道時，每天經過同一個地點的時間固定，太陽對地的入射角會相同，入射的光亮也一樣，這有什麼好處？衛星是藉由太陽光照射地球反射到衛星再取像，所以我今天照臺灣上空的影像跟一年後照臺灣上空的影像，入射光的角度會一樣，兩者容易比對，否則我們一張照片，在白天 10 點、中午 12 點、下午 2 點、或晚上去照，它的背景影像會不一樣，需要經過校正才能進行影像比對，因為基本的入光亮有差異。當採用太陽同步軌道時，時間固定、和太陽的夾角固定，也就是太陽對地的入射角是一樣的，在背景光亮相同，做影像比較的時候較容易，所以遙測衛星幾乎都會採取太陽同步軌道。

太陽同步軌道的傾角高，這也是為什麼我們要在極區租一些地面站。衛星繞一天，像福衛二號繞 14 圈，福衛五號繞 14.5 圈，但它一天只經過臺灣兩次，一次白天、一次晚上，所以我們一天只有兩次時間跟衛星聯絡，但在某些緊急狀況，需要一直跟衛星聯繫的時候，如果在極區，這種高傾角的衛星每一圈都會經過極區，每100分鐘一次，這就是為什麼除了臺灣的地面站，我們還需要去極區租用地面站，有必要時可以跟衛星緊急聯絡。如果你到極區去看，會看到當地一大堆衛星接收站。

## 福衛五號計畫特色

福衛五號計畫主要的特色是任務和研發並重，任務很明確，就是要自主，要達到任務所以會有研發的性質。再來是跨領域整合，國研院底下有很多中心，福衛五號是第一次將國研院太空中心、儀科中心（光學為其強項）、晶片中心整合的整合型計畫；除了國研院內部，還要整合產學研界超過 50 個機構共同發展光學遙測酬載，當然我們也運用了臺灣產業的優勢去執行這個計畫，我們後面會講到感測器的研發，捨棄了一般傳統用的 CCD，在國內自己研發了 CMOS 的感測器。

為了配合自主性的任務，我們採取如下圖（圖 5）的執行策略。太空中心負責整個計畫的計畫管理和地面系統，地面系統在福衛一、二、三號計畫後已經發展很成熟了，我們再做進一步升級，衛星本體也是由太空中心負責，還有整個計畫的系統工程。我個人的領域就是在系統工程部分，包括系統一開始的規格、訂定、設計、製造，然後去分析，最後最重要的是驗證，確認做出來的東西和原來系統的需求規格是符合的。科學酬載由中央大學負責，遙測酬載由太空中心和儀科中心一起負責，主要的關鍵元件由我們自己研發而有些市場上可以買的到的次要元件就外購。

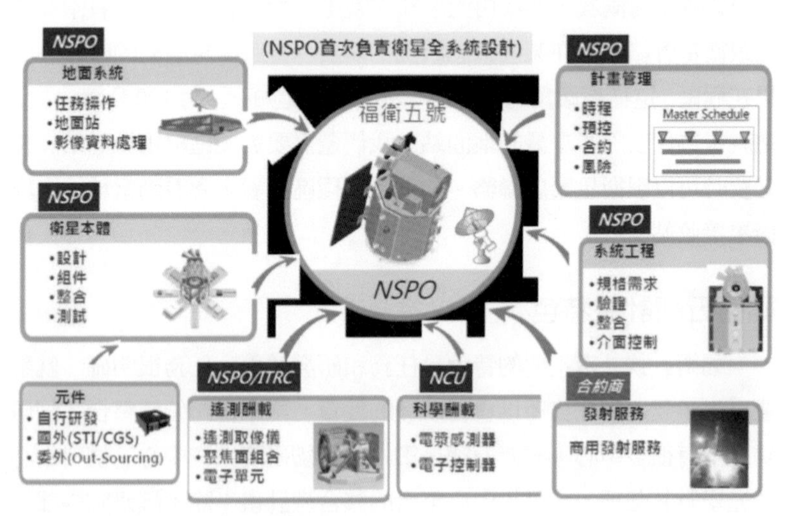


圖 5 福衛五號計畫的執行策略

## 福衛五號構造

圖 6 是福衛五號的外觀，它的遙測酬載（remote sensing instrument, RSI）像一個光學望遠鏡，旁邊有星象儀，下面是酬載本體，酬載都在上面，包括一個科學酬載。

它的外圍以一個圓來說，直徑大概一米六，而高度大概兩米四左右，前面提到重量包括燃料大概 450 公斤。其中比較特殊的，是上面這三個比較像望遠鏡的東西，叫星象儀。假設我在太空中要照 101，我怎麼知道衛星指到的是 101 呢？此時星象儀是個重要的感測器，因為衛星在地球上哪個位置和跟地面一樣是倚靠 GPS，所以衛星知道它軌道的位置，但重點在姿態，衛星在臺灣上空 720 公里的位置要怎麼對到 101，就得透過星象儀。太空中許多星星的位置資料，都已存入星象儀的電子資料庫裡面，所以只要比對這個角度所看到的星星，如同用北極星定位一樣，從比較所照到星星的相對位置，就能判斷目

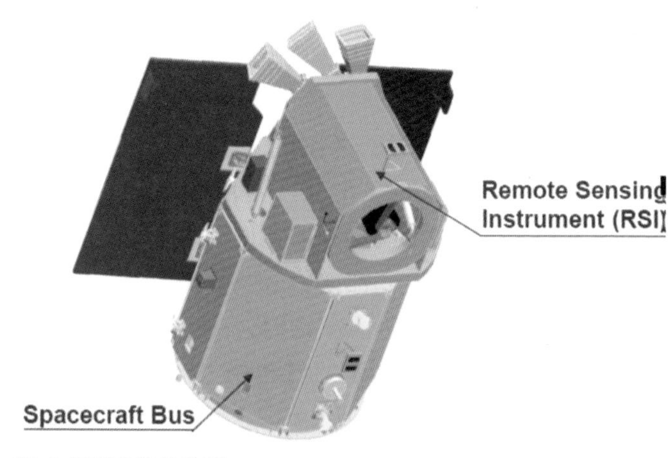


圖 6 福衛五號的外觀

前的姿態是在哪裡，這是非常準確的，所有遙測衛星最重要的姿態定位的來源，都是靠星象儀。這在地面很少用，因為地面上都是古代找北斗七星定位的方法，但它的概念基本是很類似的。

圖 7 是衛星在太陽能板背面真正的樣子，有些部分外面覆蓋著金黃色保護罩，是盡量不讓它暴露在外面的部分，但對地通訊的天線不得已一定得在外面，包括一些不同頻段的天線如 S 頻段，大概 2 點多 G Hz，主要是送指令上去，還有傳送一些科學資料和衛星狀態；X 頻段，大概 8 點多 GHz，頻寬較寬，因為要傳影像資料，需要的頻寬較寬，所以頻率較高。覆在衛星外的黃色保護罩看起來像金箔，但它不是黃金做的，它的目的是什麼呢？衛星在太空中不像地球有大氣層保護，所以面對太陽的地方如果沒有這些金黃色的東西保護著，會燙的不得了，反過來，在太陽的另一面，位在地球的陰影時，衛星會冷的不得了。這保護罩中文叫隔熱毯，英文叫 thermal blanket 或 multilayer insulation（MLI），它的成分有種類型叫 Kapton，特性是耐高溫。Kapton 是很薄的東西，我們買進來時是一卷，太空中心有專門的裁縫師，他會把 Kapton 這種薄膜一層一層大約 20 多層疊起來，所以你看好像所有太空衛星外面都亮晶晶好像金箔，其實不是，它們是隔熱用。這東西基本上內外是熱絕緣，我們在中小學有學過熱三種傳導方式：傳導、對流、輻射，在太空中因為沒有空氣，所以沒有熱對流，因此主要是靠傳導和輻射。要控制衛星的溫度，第一個，就是用 MLI 將它包起來，但衛星內部電子元件運轉也會產生熱，衛星不像 PC 有個風扇吹，所以熱經由傳導會導到一個散熱片，我們熱控人員會設計散熱片的位置，讓熱導入並輻射至太空中。整個熱靠 MLI 來內外隔熱，這是熱控元件的一種，所以並不是因為衛星貴重，故意包金箔。

圖 7 福衛五號真實的樣子

表 2 為福衛五號一些系統規格，其中最重要的是採用 CMOS 的光學遙測酬載，因為國內 IC 產業 CMOS 是強項，所以我們最後決定由國內製作 CMOS。關於攝像能力，目前福衛五號 100 分鐘可以拍攝八分鐘的影像，任務壽命設計在 5 年以上。

表 2 福衛五號的系統規格

| 規　格 | 參　數 |
|---|---|
| 重量 | 450 公斤（含酬載及燃料） |
| 形狀尺寸 | 八角拄形，高約 2.4 米，外徑約 1.6 米 |
| 軌道 | 720 公里高，太陽同步軌道，每二日通過臺灣上空一次 |
| 酬載儀器 | CMOS 光學遙測酬載；先進電離層探測儀 |
| 刈幅（掃描帶） | 24 公里 |
| 解析度 | 黑白 2 米，彩色 4 米 |
| 衛星機動性 | ±45° |
| 攝像能力 | 8 分鐘／軌道 |
| 任務壽命 | 5 年以上 |
| 發射載具 | 獵鷹 9 號（SpaceX Falcon 9） |

表 2 中的刈幅 24 公里代表什麼意思呢？圖 8 為福衛五號的任務軌道，以黑白影像來說，衛星上面的感測器是個一萬兩千個畫素的線性感測器，它是一維的，所以有點像掃描器，衛星要照相時，衛星一邊運動就一邊掃描。每個畫素的解析度是兩米，而兩米乘上一萬兩千剛好是 24 公里，也就是感測器對地的視野是 24 公里，刈幅指的是我們掃描的時候，一次掃描的範圍。衛星在照相時並不只有正對，也可以轉 45 度的範圍，圖 8 中紅色線是衛星運行奇數天的軌道中心，黃色是偶數天中心，衛星的涵蓋範圍再加上 45 度角的轉動的能力，在地球整個角落都是衛星可以取像的範圍，所以福衛五號是全球涵蓋取像的衛星。

關於衛星整個架構，一個衛星本體基本上大同小異，第一個它要提供電力，所謂的電力是白天靠太陽能板把太陽能電力儲存到電池裡面，所以這部分包括電池、電力控制配置的單元，這是福衛五號自主發展的重要關鍵元件之一；第二個，它要處理上傳的指令，還要把衛星的資料下傳到地面，所以基本上有指令之遙傳式系統，簡單來說它

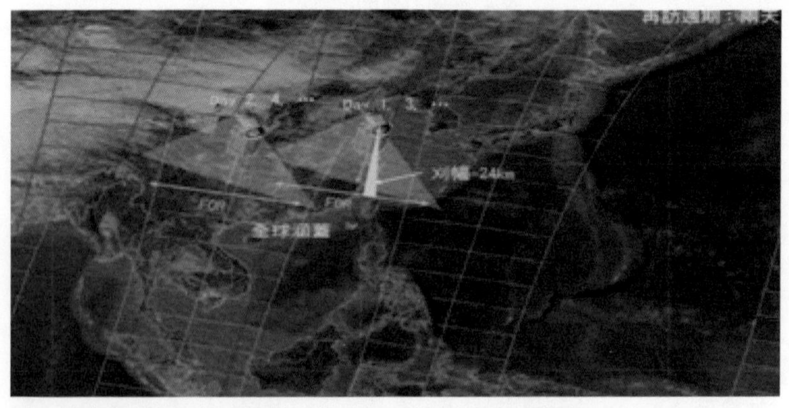


圖 8  福衛五號衛星任務軌道

就是一個衛星電腦，要達到這個目標必須要有衛星電腦和裡面的飛控軟體，這和電力系統是兩個最重要的關鍵元件。衛星上還有一些推進的系統來維持軌道，因為雖然在太空上近似真空，但還是有一些稀薄的空氣存在，所以軌道還是慢慢會掉下來，因此需要有一些推進系統，把它往上推；還有姿態控制系統，需要一些感測器、知道太陽的相對位置；還有一些讓衛星轉動的系統。在地面上的我們怎麼轉動衛星呢？通常轉動衛星有三種方式，一種是靠噴嘴，不過福衛五號的噴嘴不用在姿態控制，而是用在軌道維持；另一種比較粗略的方式是利用磁力棒，當衛星上通電時，就像一個磁力棒，藉由跟地磁產生的力矩去控制衛星的姿態，讓衛星轉動，但較精確的方法是靠反應輪，利用角動量守恆的原理，從轉動輪加減速來控制姿態。當然還有一些熱控的單元，冷的時候我們要加 Heater 電熱器，還有很多溫度的感測器。圖 9 是沒有保護罩的衛星本體，我們可以看到圖上的反應輪，還有帶一些推進器的燃料，當軌道慢慢下降，大約三個月或半年的時間讓會軌道往上跑以維持軌道。

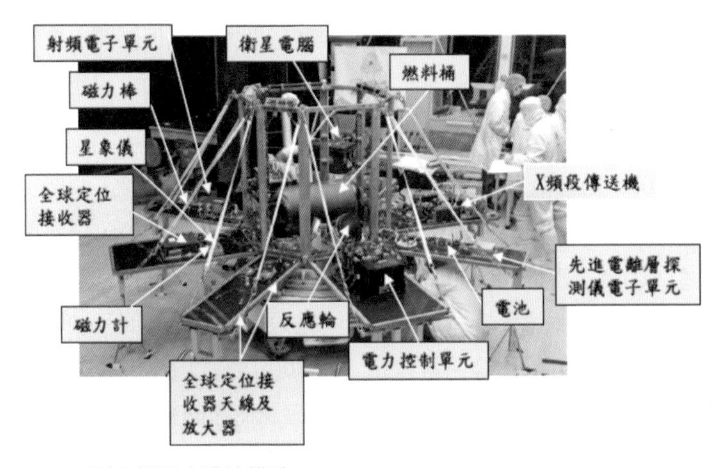


圖 9 衛星本體的構造

## 福衛五號的測試

到目前為止福衛五號已經把整個系統組裝起來，也幾乎完成所有的環境測試，現在衛星坐落在新竹的整測廠房內。

福衛五號的測試和一般地面系統測試比較不一樣，因為衛星送到太空要靠火箭，火箭發射時會產生很大的噪音，各位可能不曉得，像我們在做音震測試的時候，需要很多麥克風進行量測，以確定打進去的噪音符合我們的規格。我們的噪音量的測試規格會高到一百四十幾個分貝，所以真正測試是在一個隔音艙內進行，人不能在裡面。各位可能沒辦法想像一百四十幾分貝的音響大小，它不是用一般的電磁喇叭產生，而是靠液態氮控制噴出來的氣體去調控音震的大小。火箭在發射時，第一個面臨的問題便是音震，火箭會震動，所以會有震動測試，然後衛星在太空中運行，每 100 分鐘就有一個冷熱循環，所以需要熱真空循環的測試，確保衛星運轉符合我們的需求。另有太陽能板展開測試，測試時，大家會聽到六個聲音，因為太陽能板在本體上每片有三個固定點，我們要送指令給固定點讓它分離，所以測試時會聽到六個聲響。衛星和火箭分離後第一個動作就是把太陽能板展開，要吸收太陽能儲存電力，所以這個測試非常重要，需要在地面上以不同狀況不斷測試，確保它能展開。

圖 10(a) 為福衛五號的取像展示。我們有一個展示儀、一個工程體，我們把它拿到臺北距離 101 大樓十公里外的地方拍攝，這是黑白的相片，因為是線性的感測所以我們是橫向的掃描，圖片是還沒有校正過的，所以每個像素特性都不一樣，這只是功能性的展示，取像回來，還要經過地面的影像系統校正。圖 10(b) 是從儀科中心去拍攝距離 5 公里的工研院 52 館，這些展示是來確認衛星的拍照功能。

(a) 距離 101 大樓 10 公里處

(b) 距離工研院 52 館 5 公里處

圖 10 福衛五號的取像展示

## 計畫成效

這個計畫的成效可以從三方面來講，第一個是落實主太空科技政策，達成光學遙測衛星研製目標；第二個是應用臺灣優勢產業，提升我國太空科技國際競爭力，包括中大自己研發的先進電離層探測儀（AIP）科學酬載、臺灣半導體業研發的 CMOS 探測儀，還有我們自主的衛星元件，如衛星電腦、電力控制系統及飛行軟體；第三個，藉由這個計畫整合國內產學研團隊，建立衛星系統完整技術連結。

# 光學遙測酬載

再來我要介紹第三個主題，就是光學遙測酬載。光學遙測酬載主要特色是全部由國內相關單位製造而成，歷程耗時五年，它的需求在之前有提到，如表 3：

表 3 光學遙測酬載的規格需求

| 參　　數 | 需　　求 |
| --- | --- |
| 解析度 | 全色光 - 2 米<br>藍光、綠光、紅光、紅外光 - 4 米 |
| 刈幅 | 24 公里 |
| 波段 | 全色、藍、綠、紅、紅外 |
| 灰階 | 12 位元 |
| 影像儲存量 | ≥ 80 G 位元 |
| 照相時間 | 8 分鐘／軌道 |
| 對比傳遞函數（**CTF**） | ≥ 0.1 全色光<br>≥ 0.2 藍光、綠光、紅光<br>≥ 0.16 紅外光 |
| 訊躁比（**SNR**） | 全色光：≥ 0.83<br>B1（紅光）：≥ 95　　B2（綠光）：≥ 95<br>B3（藍光）：≥ 100　B4（紅外光）：≥ 100 |

整個光學遙測酬載（如圖 11）主要分成三個部分，分別是：

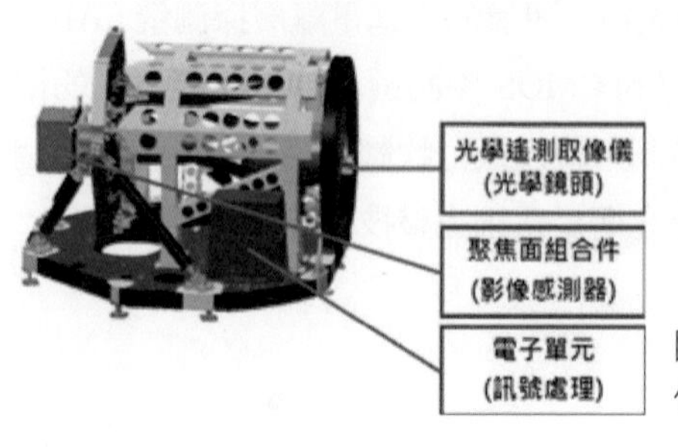


圖 11　福衛五號光學遙測酬載元件架構

1. **遙測取像儀**（Telescope Assembly）

遙測取像儀有點像望遠鏡，使用的光學架構為折反射式的卡賽格林式望遠鏡（Cassegrain telescope），由主鏡、次鏡及修正透鏡所組成，還有一些支撐鏡面的結構。比較特殊的是對結構的要求——整個主鏡、次鏡的距離在太空中不能有變化，允許的誤差只能在幾個微米（$\mu$m）範圍內。這主要考量在濕度的變化，需要濕度對距離、尺寸影響很低，因為儀器在地面上測試時有濕度，有些材料，如這是使用複合材料，因為要輕，結構強度要夠，在地面會吸濕氣，而在太空中濕度會跑掉，此時尺寸不能有變化，因此設計的時候選擇複合材料要考慮濕度的問題；另一個是溫度的變化，在太空中運行溫度會有變化，溫度變化的係數不能太大。綜合濕度和溫度的變化，這複合材料不是說在地面結構穩定就夠了，也要考慮在太空中整體環境的變化。光學遙測鏡頭的困難點在於我們需要在離地球表面 720 公里的高度，能看到 2 公尺的物體。我們採用主鏡口徑大概 45 公分，焦長 3600 mm，比一般單眼相機焦距約 800 mm 長很多。

2. **聚焦面組合件**（Focal Plane Assembly, FPA）（圖 12）

圖 12 聚焦面組合件（FPA），有五條感測線對應全可見光及彩色波段，圖最右側為 CMOS 晶圓，一片晶圓只能切割出五片晶片。

我們聚焦面組合件使用 CMOS 感測器，從取像儀來的光線要聚焦在這邊，這個組合件有五條感測線，中間是黑白的全可見光，旁邊各兩條是彩色部分。這 CMOS 是在八吋晶圓上切割出來的，上面每個畫素是 10 $\mu$m 大，多色是 20 $\mu$m，所以一萬兩千個畫素大小約 12 公分（多色是 6000 個畫素）。可能各位沒看過這麼大的 IC，一般傳統的 CCD 感測晶片（福衛二號所使用），如果要有五個頻段，需要 5 個 CCD 疊起來，而 CMOS 的好處是，在整個晶圓上就切成一塊，把五條感測器直接封裝成一塊 IC，它另一個好處是把周邊的電路，如類比轉數位電路全部整合在一起，通通做在 CMOS 上，這是 CCD 無法達到的，CCD 還需要周邊電路的配合，所以 CMOS 感測器的速度較快，整體耗電量也比較低。

圖 12 最右側是一片八吋晶圓，事實上是由四顆晶片在晶圓上縫合而來，它來自一個專利技術稱「Wafer Stitching」，由它的製造廠商所開發，利用這技術把四顆晶片在晶圓上縫合在一起，兜成一個一萬兩千黑百畫素及六千彩色畫素的 12 公分的感測晶片。一片八吋晶圓只能切割出五片感測晶片，且它的良率很低，因為裡面只要有一個畫素是壞點，這晶片就不能用了，所以我們在八吋晶圓下單製造很多片，最後只能切割出個位數能用的，再加上要測試、淘汰，最後千挑萬選選出性能最好飛上太空。所以用這種方式它的良率事實上是非常低，因為晶片裡每一個畫素都要能正常功用，且要通過我們的測試。

3. 電子元件（訊號處理）

晶片將類比訊號轉成數位訊號後，就會轉到電子單元。電子單元最主要的挑戰在於處理速度，因為訊號量太大沒辦法全部傳到地面，所以要做即時壓縮，又因為它講求速度，所以這壓縮必須要用硬體去做，可是太空上硬體資源有限，因此我們跟中科院合作，在壓縮硬體的發展上，過程也是吃盡了苦頭。最後硬體壓縮的品質要跟軟體壓縮去比對，性能要幾乎一致，也就是經過壓縮後，資訊的損失不能太多。最後我們影像壓縮比可以選擇，最高到 7.5 倍，硬體有 128GB 的儲存容量，可以儲存一個軌道的影像資料，並可以即時處理 925Mbps 這麼高速的影像資料，所以只能靠硬體不能靠軟體去壓縮。

## 從地面到太空的挑戰

但這麼精密的東西，它真正的挑戰在哪裡？一般地面的望遠鏡只要裝的可以就可以了，但對於衛星上的望遠鏡，地面上測試 ok 不代表在上面是 ok，因為在發射過程中，火箭會有劇烈震動，前面提到音震會有 140 多分貝的音量，事實上音震是空氣的振動，我們的衛星是一個八角形、八角面的物體，裡面有密密麻麻的電子元件鎖在板子上，RSI 暴露在外面，整個音震會直接打在上面，還有火箭的震動會傳輸到 RSI。另外衛星在軌道上 100 分鐘就會經過一次冷熱循環，在這極端溫度變化下，在地面經過測試的東西在上面不能有太大變化，因為有變化造成焦距跑掉，影像就模糊掉了，這也是為什麼我們要在地面有這麼多的測試，所有的測試是要驗證，因為儀器組裝起來必須品質要 ok，才能進到下一步。所以為了確保它在軌道上運轉時照相的品質和地面組裝起來量測的品質差不多，要經過一連串的測試驗證，包括發射過程的劇烈，音震、振動、還有跟火箭分離時短暫的衝擊波（shock），像我們把東西摔在地面上那種震動之類的，再加上溫度循環的變化，這是為什麼我們在地面上花了將近一年的時間做這些測試。

先不提測試，光組裝的工藝就花了很多同仁的努力去達成。在火箭發射的時候會有一些加速度，在發射過程中它的瞬間加速度可能高達 25G，是地面重力加速度的 25 倍，所以重量大概 140 公斤的光學遙測酬載在 25G 加速度的情況下，重量相當於 3.5 公噸。就像人跑到月球上，他的重量差不多是地球表面的 1/6，或跑到其他星球，星球表面重力是地球 25 倍，量出來的重量是 3.5 公噸。因此整個結構的強度不能只能夠承受 140 公斤重的東西，必須考慮到火箭發射過程產生的 25G 加速度，且它的瞬間強度要很高。光學遙測酬載光是主鏡的鏡頭就 10 公斤重，雖然我們已經做了一些減重，但再加上火箭的衝力，支撐結構仍然要能承受主鏡相當於 250 公斤重的重量，需要特別的技術讓主鏡膠合到結構上。

圖 13 為支撐主鏡的結構及所用之膠合技術。在主鏡上沒辦法鎖螺絲，所以它是利用膠將之膠合上，這裡需要用特殊的膠，才可承受這麼大力量的強度，所以我們是試了很多種膠和方法，最後才完成。

另外還有個重要的技術叫 Isostatic mount，希望這個結構受一些力或溫度的變形時，變形量不會傳到主鏡，主鏡的尺寸大概是 45 公

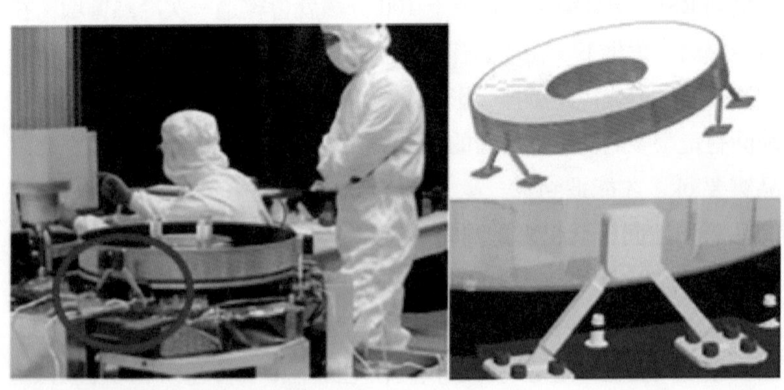

圖 13　光學酬載主鏡結構及膠合技術

分，根據我們規格的要求，主鏡的變形量要小於 10 奈米。這個結構的設計很有意思，它不是只支撐它的結構，還要能吸收結構的變形量。我們有三個點，靠這個結構去支撐主鏡，當結構有微量變形的時候，若是一般設計，這結構的變形會影響到主鏡，形變量會傳到主鏡裡，所以我們要設計結構的形變量和主鏡基本上是隔離的，這特殊的設計我們也是試了很久，包括膠合，它叫 Isostatic mount。

福衛五號大概 99 分鐘繞地球一圈，在太陽照射的時候，它表面溫度很高，在地球陰影的地方，它的熱散很快，這就是為什麼需要絕熱毯包覆的原因。我們要讓感測器恆溫，因為溫度不一樣，感測器產生的雜訊也不一樣，有溫度就有熱雜訊，我們所有的熱控在感測器的地方要想辦法控制溫度在 20±2℃，過多的熱要靠傳導去導出來，靠輻射片把它散掉，太冷的話要加熱，所以我們在整個光學遙測酬載裡，加了 51 顆溫度計，以了解它每個部位的溫度，還有 39 片加熱片，當溫度太低超過我們想要控制的範圍時，啟動加熱片，就像冬天很多人要開暖氣一樣。

還有一個困難是，地面是有重力的環境，而太空上重力基本趨近於零，我們在地球上量到的東西，怎麼知道在太空無重力狀態時會不會改變？所以工程師想辦法在 +1G 時去測量它的性能，倒過來，用 -1G 的環境去做測量，以這兩種環境下測量值去反推到沒有重力情況下的形能，確認有沒有符合我們的規格（圖 14）。

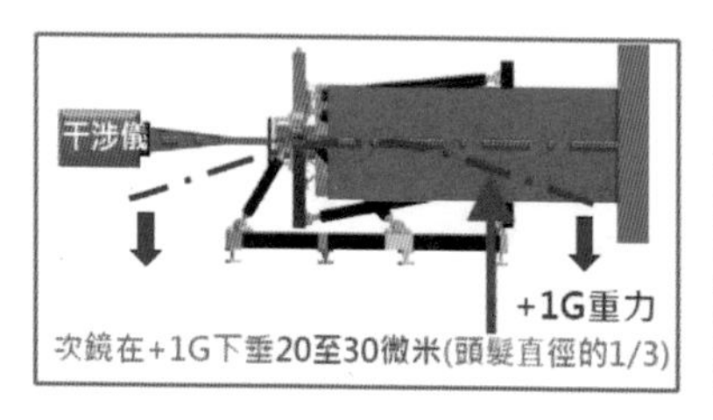


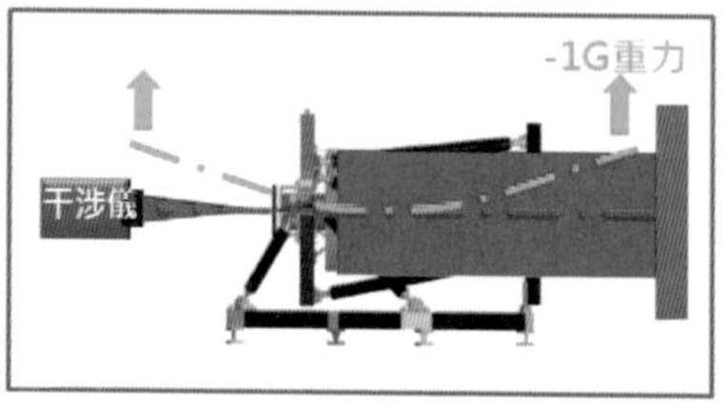


圖 14 光學系統在重力 +1G 與 -1G 環境下測試

所以地面上一些環境的因素，我們要想辦法去克服它。光學工程師告訴我，校準後，主鏡和次鏡的誤差量，角度偏差只有到 0.00096 度，差不多是從臺北看墾丁一間透天厝的視角，而距離的誤差是 0.0007 mm，大概是一根頭髮直徑的 1/10。在地面上組裝的誤差量不超過這個，更何況要經過嚴苛的環境，上太空以後它的變形量也不能太大，不然整個影像品質會受到影響。

光學遙測酬載在檢測時，研究人員會用手電筒照，這是因為鏡片不能有霧，只要是上面有光學的儀器，包括星象儀，對污染的要求都很高。汙染不是只有眼睛看到的，事實上很多材料在地面上你不覺得它有汙染，可是在太空中，當環境變成真空、沒壓力時，有些材料會有一些揮發性物質跑出來，這種污染在我們地面上是看不到的，所以整個衛星材料的選擇上都很重要，我們在源頭的材料篩選要非常小心，避免這些揮發性的汙染物質在真空中會跑出來。在整個過程他們不斷用手電筒去照，除此之外，還有一些措施可以防止汙染，像是遙測酬載在做測試時，會有一些蓋子保護；在組裝中，組裝人員必須要穿著無塵衣，在潔淨室進行組裝，有點像是在半導體製程的廠房裡。

我們在今年完成遙測酬載所有測試，從一開始設計發展，經歷了 5 年的時間，在 2015 年 3 月 24 日那天，正式把遙測酬載裝在衛星本體上，兜成完整的衛星（如圖 15），開始做衛星系統測試。

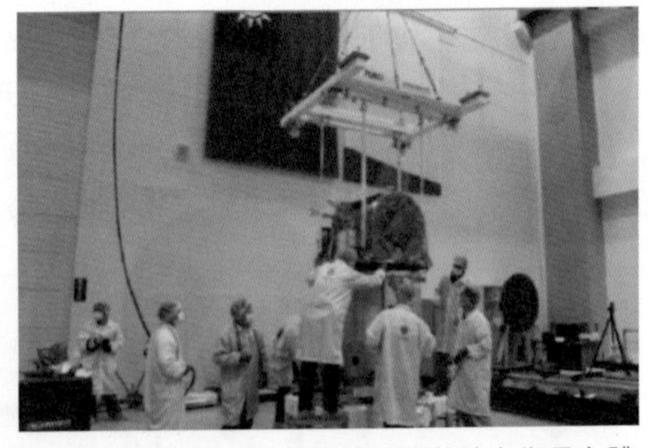
圖 15 經過測試後的光學遙測酬載放上衛星主體

## 福衛五號的地面測試

衛星在地面的整測，包含全功能測試、熱真空測試、火箭與衛星分離測試、衛星音震測試、衛星震動測試、及衛星電磁相容測試等。圖 16 左上圖為衛星全功能測試，這裡有一個特別部分，我們稱為積分球，因為平常的光源不怎麼均勻，光源經過積分球後，光源所到範圍會是均勻光，這是光學測試中很重要的光源測試源。圖 16 右下圖是我們國內很特殊的設備，叫熱真空艙，基本上衛星要整個放在艙體內，關起來後裡面的空氣抽到幾近真空，艙體的外壁會灌上液態氮（-196℃）來模擬外太空的環境，然後還有一些測試的加熱器去加熱衛星，來模擬衛星 100 分鐘冷熱循環的狀況，以確保衛星在這環境下能夠承受、能夠正常工作，這是國內獨一無二的設備。

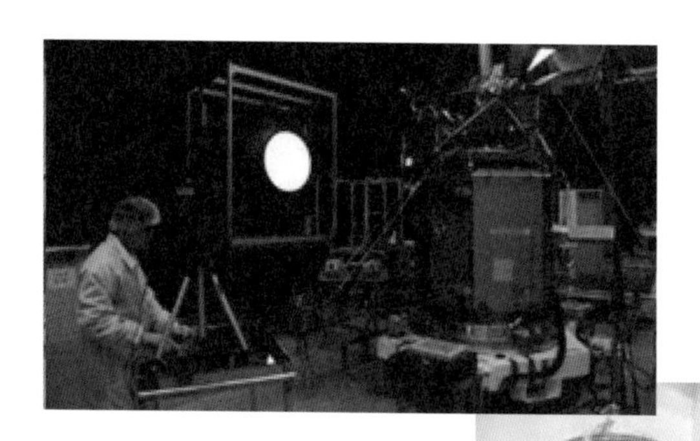

圖 16 利用積分球光源進行衛星全功能測試 (上)；衛星熱真空測試 (下)

圖 17 左圖為衛星和火箭的分離測試。在整個衛星發射展開的過程中，有兩個很重要的測試，一個就是衛星和火箭的分離測試，因為火箭到達軌道時要確保火箭跟衛星能順利分離，另一個是分離後衛星太陽能板的展開測試。火箭分離測試怎麼做呢？火箭商會把和衛星結合那部分併到我們太空中心，從火箭那邊下指令，確保它可以分離。這部分很重要，因為一旦沒有分離成功，整個任務就失敗了，而太陽能板沒展開也會有問題。圖 17 右圖為衛星音震測試，可以看到八隻麥克風在旁邊，通常我們要在大型記者會才會看到很多支麥克風，但這不是衛星要唱歌，而是當關艙灌音源的時候，我們要從麥克風知道所灌音源是不是符合我們要的 140 分貝，國內可能也只有太空中心有這設備。最後，衛星電磁相容測試，是要確保密密麻麻的元件不會互相干擾。

圖 17 衛星和火箭的分離測試（左）；衛星音震測試（右）

# 結語

自 98 年執行這計畫，首次做成自主研發衛星之決策，宣示我國執行自主太空計畫之決心與勇氣，對本計畫團隊而言是挑戰亦是機會，六年來，上下一心發揮團隊精神，克服了許多技術困難完成多項衛星關鍵元件，向國人證明我國自主研發衛星之能力，福衛五號衛星預計於 105 年第二季發射升空。

第 *8* 章

# 核能的美麗與哀愁

主講人：王伯輝（龍門電廠前廠長）

近年來核四廠的存廢一直是臺灣在能源上的重大議題，甚至，有時也是政治問題。但有多少人真的了解核能？知道臺灣使用的能源結構？

1953 年美國艾森豪總統在聯合國大會上發表「原子能和平用途」宣言，開啟了世界各國使用核能來發電的企圖；尤其第一次石油危機時，核能的穩定及低廉，使得核能發電變成了時代的潮流；在那段期間，核能是最亮麗的春天。1979 年，美國發生三哩島事件，1986 年蘇聯車諾比核災，2011 年日本福島一廠又遭遇海嘯及地震的複合性災害；三個嚴重的核能事故，將核能推到寒冷的極冬。但在每次事件，核能界都認真且坦然的面對，反而使核能在技術及管理上更精進。目前世界各國仍有 440 座機組在運轉，60 多座機組正在興建。我們如何看待核能？

# 前言

大家知道核四廠在哪裡嗎？龍門電廠（即核四廠）在臺灣東北角非常漂亮的福隆海灘旁邊，一個位於臺灣東北角的電廠。我個人出生於當時的臺南縣柳營鄉，而後因家庭因素，在臺北完成了初、高中；大學及研究所是畢業於清華大學核子工程系，因為這個原因，我很自然的步入核能發電的領域！

我生於南部鄉下，長在臺北，我對臺灣這塊土地有很深厚的感情，我一直沒有忘記我必須為臺灣做一些事情，基於這個因素，我堅持的在龍門電廠服務，總算在不被看好的情況下，龍門電廠一號機已經成功的完成測試工作！

我今天的講題是「核能的美麗與哀愁」，我不是來做核能宣導，而是把真實的狀況說給各位聽。核能它有它的美麗，也有它的哀愁，但不是全世界都在哀愁，也不是全世界都在美麗，它有它美麗的地方，它有哀愁的地方，所以我今天會以很誠實的心態來跟大家分享。

# 核能的歷史

圖 1 是核能發展的歷史時間軸，我從這個時間軸來說明核能從剛開始到現在發生的事情。

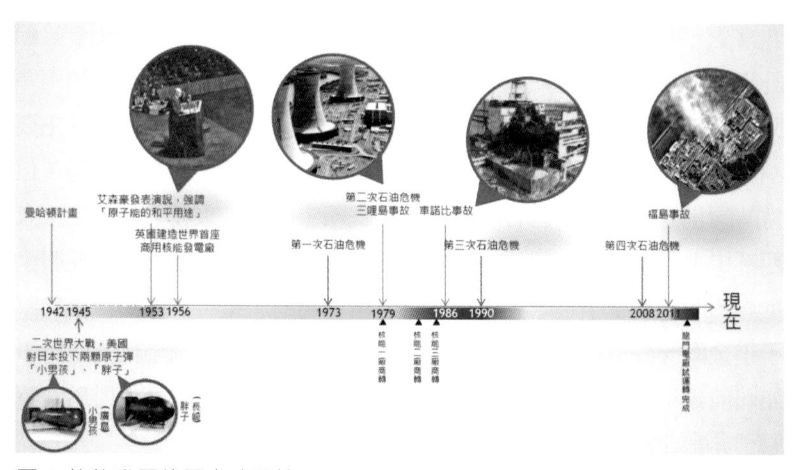


圖 1 核能發展的歷史時間軸（資料來源：王伯輝提供）

## 曼哈頓計畫

1942 年物理學家費米（E. Fermi）在芝加哥大學發現核分裂連鎖反應可以受到控制，那時大家都非常興奮，1942 到 1945 年這段期間（淺藍色背景標示），它代表了一個驚世計畫——曼哈頓計畫。曼哈頓計畫完完全全將核能用在軍事上，它是個極機密的計畫，這個軍事計畫在 1946 年於日本廣島投下了第一顆名叫「小男孩」的原子彈，於長崎投下另一顆叫「胖子」的原子彈。各位如果沒有去日本廣島、長崎看過他們的紀念館，我建議各位，不管是自助旅行也好或跟團也好，一定要去看廣島的平和紀念館，你會有很深的印象——一顆原子彈改變了全世界的命運，而日本人把當時被炸毀的地方留下來。我個人在廣島待過兩個月，也曾經被邀請到那裡演講，我有回跟我太太講（她是讀物理的），她讀物理的一定要去廣島看一下。各位去廣島看一看就知道原子彈的威力有多大，它把一個紀念館炸到只剩鋼樑而已，但其實這都是原子彈爆炸後熱的威力而不是輻射，輻射事實上非常少。而長崎的紀念館比較新。各位可以看到在這個階段（曼哈頓計畫）裡面，大家都把核能用在軍事上，這是新發現的能源，用兩顆原子彈結束了世界大戰，所以當時大家都認為原子將會是世界的主要潮流。各位看到我手上帶的這支原子筆，它是原子做的嗎？不是，但當時的世界潮流裡，若有新的產物，就叫「原子」來吸引人，什麼東西都掛上「原子」的稱呼：例如當時卡通影片中最有能力、要征服全世界的叫「原子小金剛」，現在在跳蚤市場裡，還可買得到當年的原子小金剛。我目前手中的原子筆、原子小金剛都是那個年代的產物！如同前幾年奈米很風行，甚至有婦人跑到米店說要買奈米，所以當時原子非常非常風行！

## 核能電廠興起

到了 1953 年，美國艾森豪總統在聯合國發表演說，強調了「原子能的和平用途」。原子能的和平用途有很多種，發展最大的就是核能發電。另外原子能的和平用途還包括在農業上的基因改造，或是用低劑量的輻射除掉馬鈴薯上的細菌，讓馬鈴薯可以保存久一點。艾森豪總統發表了原子能和平用途這個演說，是希望美國、蘇聯兩邊的冷戰能停止，於是原子能的用途開始導向核能發電。所以這時代以後（綠色表示核能欣欣向榮的年代）核電開始發展。1956 年英國有了第一座核能電廠。當然蘇聯也是有，大家知道自由世界與共產世界兩邊是對立的，自由世界有的東西，共產世界也要有，但蘇聯的設計不一樣。這時大家都瘋著原子，對原子有非常美麗的憧憬，一直到了 1973 年第一次石油危機，那個年代核能紅得不得了，很難描述當時有多紅。我 1972 年清華大學核工系畢業，1974 年核工所畢業，1976 年到美國讀書，那所學校裡 32 個研究生中，就我一個外國人，其他同學都來自於 MIT、Caltech 或密西根大學等名校，可見核能在當時有多紅，甚至我們只要核工系一畢業，美國政府就會問你要不要綠卡，所以很多物理系的學生都轉去念核工，核能在那個年代是非常美麗、非常令人羨慕的。我當時為什麼去念清華核工系？因為我聯考填志願時爸爸幫我填那志願，他說核子將來一定比電子發達，因為我爸爸是受日本時代教育的，他說：「那個原子彈把戰爭停掉了，往後是原子的時代，所以你一定要去清大念核子工程系！」如果當時我讀的是電子工程，我現在就不會在這邊演講，我現在可能是電子公司的大老闆，不用在核四廠每天帶頂安全帽，穿個工安鞋走來走去，弄得全身髒兮兮，所以這是「一字之差」。核子和電子，一字之差，兩個命運差很多，但我也沒怨嘆，我覺得如果我把核四廠弄好，我對這個國家、對臺灣都有貢獻。

## 核電廠事故

1973 年石油危機後，核能變得很紅，美國本土蓋了很多核電廠，可惜到了 1979 年（那時臺灣核一廠已經開始運轉了）美國發生三哩島事件，三哩島事件後大家發現核電廠並不是百分之百的安全，核電廠還是會發生事故的。此時大家心裡都開始打問號，為什麼會發生事故呢？到底是什麼原因？經深入調查後發現三哩島事件是由於運轉員的疏忽、受訓不夠，導致核心半融毀，但這事故對環境並沒有任何影響，不過核能發電就漸漸蕭條了。1979 年以前，那時約有 100 個核電廠的訂單被取消，核能發展也因此停頓，到 1986 年又發生了車諾比事件。車諾比事件是一個蘇聯獨裁下的產物，肇因為不遵守運轉規則。車諾比事件給我們一個很大的省思是：核能假如發生問題，不是只有你自己有事，也不是只有你的國家有事，而是全世界的問題！因為車諾比發生事故之後，當時的蘇聯政府並未公布，是當自由世界在瑞典偵測到異常的輻射時，大家才知道原來車諾比發生了重大核電廠爆炸事件，蘇聯掩蓋不住這個事實。當時我還在臺電服務，我們很好奇到底車諾比發生什麼事？車諾比現在長得什麼樣子？但得不到半點資訊，不過一想到車諾比和西方的核能電廠不太一樣，我們就安心下來。此時車諾比事件對全世界的打擊還不大，因為大家也都認為獨裁的蘇聯和我們不一樣，他們的電廠設計跟我們不同，我們的比較安全，我們對自己的電廠仍然非常有信心。到 1990 年發生第三次石油危機（大家知道只要有石油危機，核能就開始紅），於是這邊我換了顏色（藍到綠），代表訂單又要過來了。到 2008 年發生第四次石油危機，我們現在石油一桶美金五十多塊，那時石油漲到美金約一百二，要衝到一百五左右，非常貴，而且我們都仰賴進口，所以日本、韓國、臺灣都認為核能是可以用的能源，又開始熱中核能。那個階段我一直在龍門電廠做事，龍門電廠也很積極在蓋，當時民間雖然有反核聲浪存在，但聲音比較微弱，社會仍然認為核四廠蓋了之後對臺灣的能源貢獻很大。很不幸的是 2011 年日本發生了福島事件。福島事件發生當天，那時我在龍門電廠，看到日本巨大的海嘯，把福島房子物品全部打垮。

各位如果去過福隆，就會知道，在那時從臺北到福隆必須經過濱海公路，順著海邊走！當天我們當時不敢放行交通車，因為福島事件發生的時候在下午三、四點，我們的交通車本來五點要開，交通車依著海岸走，若是來個像福島一樣的大海嘯，交通車會被捲進大海裡，所以當時交通車不敢開，要回去的人只能走山路，要多走 2、30 分鐘，但為了同仁的安全，海邊絕對不能走。一直等到七點看到沒事發生，我們開始問氣象局海嘯到底來了沒？氣象局表示好像也沒什麼改變，所以我們七點才開交通車。這是我的親身經歷，這也印證了一件事，常常有人說海嘯在日本這麼大，臺灣怎麼沒有？這是件弔詭的事情，我們很幸運，臺灣在東海岸有個很深的海溝，各位如果學過流體力學就會知道，當大海嘯經過海溝時，會衝進海溝裡，海嘯的能量也因此被吸收掉，所以海嘯對臺灣的影響非常非常小，幾乎是沒有。但全世界，對福島事故最緊張的是什麼國家？是臺灣。美國不怎麼在乎，歐盟也差不多，大陸可能稍微改變一下，但也不在乎，韓國根本不理它，就是臺灣最在乎。因為那個海嘯，把核四廠封存了，核一核二廠也斷手斷腳，但是，我們可以這樣做嗎？我們應該這樣做嗎？

圖 2 是艾森豪總統在聯合國大會發表「原子能的和平用途」（Atoms for Peace）的演說，這演說開啟了世人使用核能的大門，也結束了美蘇冷戰。當時我正在清華大學核工系唸書，一個老教授跟我講：「你們好好的思考一下，原子能可能是化石能源與將來非常好的能源中間的一個間隙（gap），在化石能源用完後，未來能源還沒找到以前，核能可以填充這中間的空隙。」坦白說，我個人非常相信這句話，原子能應該是填充這空隙一個很可靠的能源。

圖 2 美國艾森豪總統於 1953 年 12 月 8 日在聯合國發表演說，強調「原子能的和平用途」。

# 核能的介紹

我很快跟大家解釋一下什麼是核能？什麼是連鎖反應、核能發電？介紹我們常用的沸水式反應器、核能發電的優點和缺點、還有世界核能發展的狀況。

## 什麼是核能？

核分裂原理大家都知道，如圖 3 這是個連鎖反應：一個中子打進原子核，有兩個中子放出來，這兩個中子再繼續跟其他原子核反應，放出更多中子來參與更多核反應，過程最後變成如炮竹般一發不可收拾。當時物理學家費米（E. Fermi）就在思考要如何去控制它，要能夠控制，連鎖反應才會有用。他 1942 年在芝加哥大學足球場做實驗發現核分裂的連鎖反應可以控制，他利用我們核工所謂的緩衝劑——石墨、水或硼做的控制棒——來控制核分裂的連鎖反應，核分裂的連鎖反應能控制後，我們就能取它的能量來發電，稱之為核能發電！

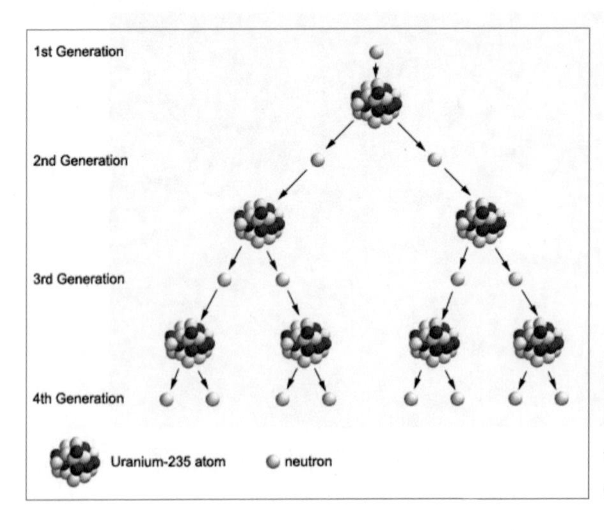


圖 3　核分裂反應
（資料來源：http://www.atomicarchive.com/Fission2.shwml）

我們平常用的能源來源來自火力發電，火力發電是利用煤或天然氣去燃燒鍋爐，把水變成水蒸氣，水蒸氣推動渦輪發電機來發電（如圖 4(a)）。

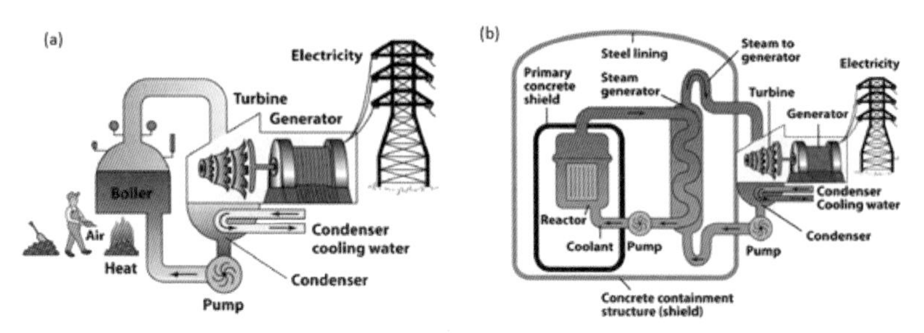

圖 4 (a) 火力發電；(b) 核能發電示意圖

而核能就是把 (a) 圖燃燒鍋爐的部分，變成原子爐讓核子反應在原子爐內進行，如此而已很簡單，其他部分一模一樣。但是環保團體一定會說，核能發電跟火力發電不一樣，為什麼？核能發電會產生輻射線。可是火力發電會產生 $CO_2$，影響空氣品質及全球暖化，最近大家逐漸發現到 $CO_2$ 排放是個重要的議題，但核能發電並沒有排放 $CO_2$，只要好好管理核能發電，把放射性物質管制在混凝土圍阻體（Concrete Containment ）之內，核能會是安全的好東西。所以各位如果有機會去參觀離這邊很近的核三廠，或石門的核一廠、金山的核二廠，甚至去參觀龍門電廠，你會發現火力與核能兩者之間最大的不同在於火力廠廠房看起來灰灰的，沒這麼乾淨，但核電廠非常乾淨。你們若到龍門電廠，我可以發一個手套給你們，進入廠房後你摸所有管線，幾乎都沒有灰塵。為什麼要這樣做？因為只要核能電廠髒的話，髒污有可能會變成一個輻射源，而地區的輻射背景就會增高。我們都了解輻射對人體有妨害，所以核電廠要非常乾淨，這是核能電廠非常大的一個特色。

## 沸水式反應器與壓水式反應器

接著我來介紹兩個最重要的反應器：沸水式反應器和壓水式反應器（圖 5）。

沸水式反應器是美國奇異公司的產品，原理是原子爐直接把蒸氣送出去發電；壓水式反應器是高壓的水經過熱交換，再把蒸氣帶出去，我們核三廠就是壓水式反應器。這兩種各有優缺點：沸水式反應器的效率較高，因為原子爐內的水變成水蒸氣後直接推動汽輪機，而壓水式反應器是核反應產生的能量經高壓的水帶出，而高壓的水在蒸氣產生器裡低壓的水執行熱交換後把水變成水蒸氣，再去推動汽輪機。如果是沸水式反應器，若水帶有一點輻射性，輻射性的水會直接跑到汽輪裡；而壓水式反應器，它的蒸氣是經過熱交換器產生的，原子爐裡的水會一直保留在原子爐內，圍阻體外面跟火力發電廠一模一樣。法國百分之百都是採用壓水式反應器，美國兩者皆有使用；中國大陸有三十幾個機組在發電，也都是採用壓水式反應器，日本為一半一半，我們核一、核二和龍門電廠採用沸水式，核三廠是壓水式。

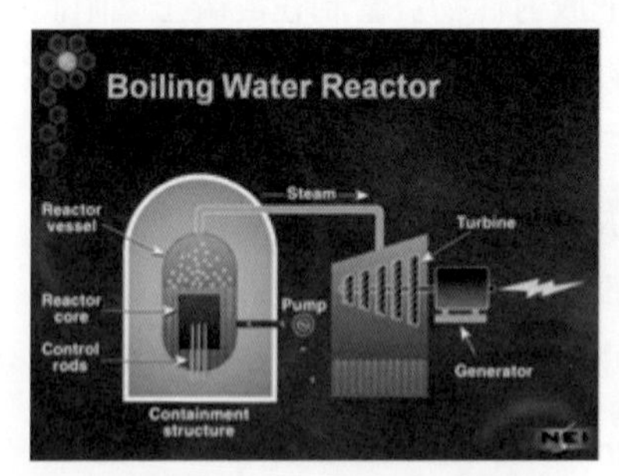


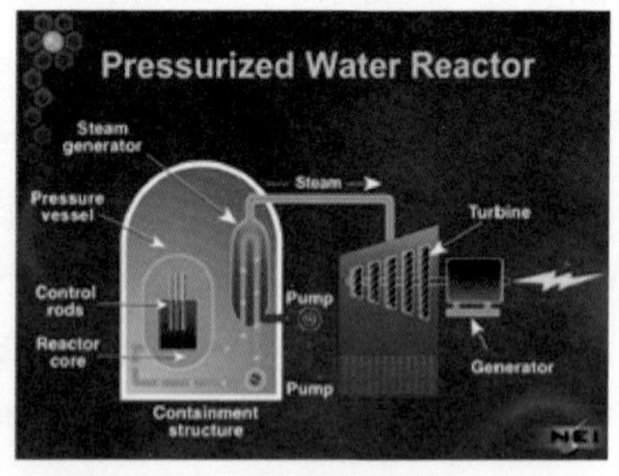


圖 5 左邊為沸水式反應器（BWR）；右邊是壓水式反應器（PWR）

## 核能的兩面

核能的兩面，我很忠實地跟各位講，核能是個低碳的能源，它的優點包括價格低廉、燃料來源穩定、小體積可產生大能量且發電可靠度高，但缺點是：1. 核廢料的處理。各位都知道，核廢料要放哪裡，那裡的人就會吵，所以找不到一個核廢料處理場；2. 核災風險。像是車諾比、311 福島事件；3. 恐怖攻擊。所以有個國家一直不敢蓋核能電廠，就是以色列，以色列的周圍全是阿拉伯國家，它就怕這些國家的恐怖攻擊，去損害它的核能電廠；4. 高建廠成本。

關於優點中燃料來源穩定和小體積產生大能量，我舉一個例子來說明：我在龍門電廠，如果龍門電廠發電的話，一部機就可以產生臺灣 1/20 的發電量，相當於臺灣全島每 20 個日光燈就有一個日光燈的電來自龍門電廠，假如有兩部機發電的話，每 10 個日光燈就有一個電是從龍門電廠來。它的發電量大，一部機有 872 束的燃料棒，僅需要一個半小時就可以把所有燃料棒從基隆港運到電廠。那些燃料棒從美國北卡羅萊納州用火車運到舊金山，再由舊金山船運到高雄，高雄再轉到基隆。為什麼要先到高雄再轉到基隆？因為這是核燃料，貨櫃要放在船的中間，到高雄再把燃料貨櫃換到較小的船，轉到基隆去，半夜 12 點再運到龍門電廠。這過程運多久？僅僅一個半小時。幾個貨櫃？20 個貨櫃，中途路全部封起來，將 20 個貨櫃運進來。1 年半後，當我們要換燃料棒時，只需換三分之一的燃料就可以了！三分之一的燃料，只有 8 個貨櫃而已，所以這是小體積產生大能量的例子。

## 世界核能發展的現況

歷史上第一座商轉核電廠在 1950 年代的時候啟用，現在世界上有超過 440 個核電廠在 31 個國家中運轉，更有超過 60 個核能機組在建造中，這 60 個核能機組大部分都在亞洲的中國和韓國，另外，全世界有超過 11%電力來自於核能。各位應該覺得奇怪，核能既然這麼哀愁，還有發生事故，但我們還是在使用核能，假如核能是完完全全不能用的東西，老早就應該停掉了啊！除了電廠，還有超過 180 艘的航空母艦和潛艇是使用核能來驅動，為什麼他們要用核能？為什麼他們避開了石油燃料？舉個例子來說，潛艇潛在水底下，可能要執行任務一個月到兩個月，此時最穩定的能源便是核能，而且在水底下要燃燒石油時需要空氣，如果使用核能就不需要空氣，大家無法追蹤潛艇的位置和走向，也因此軍事上還是需要使用核能，甚至廣泛地使用。現在幾個有潛艇的國家，如中國大陸，他們發展核子潛艇，甚至印度也有，所以核能並不是這麼恐怖，只要你對核能了解，就會知道它並不恐怖。

# 三哩島核子事故

前面提到 1979 年不幸在美國賓州發生的三哩島核子事故，它是和核三廠一樣的核能電廠，圖 6 是美國三哩島核電廠，中間這兩個大的建築物，不是原子爐，而是冷卻塔。導致事故的主因是釋壓閥，釋壓閥就像家裡壓力鍋上釋放過大壓力的噴

圖 6 美國三哩島核電廠

嘴，壓力鍋壓力大的時候會有個閥跳開把過多的壓力洩掉。在這事件中這個閥卡住了（釋壓閥釋壓後應該要壓回去，結果卡住），卡住後運轉員卻不知道，他的誤判讓原子爐裡面的水，不斷地經過釋壓閥流失，當他發現時，已經來不及了，此時冷卻系統失效，使得反應爐心半熔毀。

圖 7 是較複雜的圖，圖上可以看到釋壓閥的位置，因為釋壓閥把過多的壓力釋放後，沒有再自動關回去，爐內的水就一直由釋壓閥流失了，運轉員發現時為時已晚，造成原子爐一半熔毀。

三哩島的後續清理工作從 1979 到 1993 年，共花費九億七千五百萬美金。但是我不得不佩服美國人，當時的卡特總統下令成立凱曼尼調查小組，調查事故真相，目的在於人民有知的權利，人民有了解到底為什麼會這樣的權利，並建議如何避免再發生。最後發現是運轉員

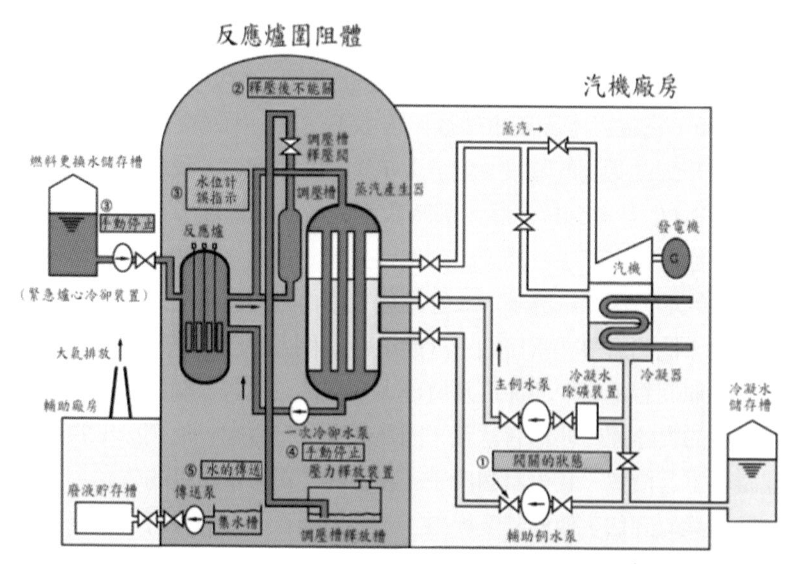

圖 7 三哩島核電廠構造

的疏忽、誤判，所以他們成立了美洲核能運轉協會（Institute of Nuclear Power Operations, INPO）。這個運轉協會有什麼功能呢？他們要同業、專家來評估，交換彼此的優缺點，互相學習改正，進而提升電廠的安全性，這是一個最重要的觀念。

## 同業評估

同業之間都是競爭的，所以同業之間的評估也是最殘酷的，因為是內行及專家，他們最了解該如何做才是正確的！我在龍門電廠廠長任內，甚至後來兼龍門電廠施工處時，坦白來說，我最不擔心的是大學教授來訪，因為他們非常客氣，他們對實際工作並沒這麼清楚；但我最擔心的是同業之間來看。所以當時歐盟派專家來看的時候，我最怕。他們來看我們一整天，到第二天時他們跟我講你們這裡錯、那裡錯，這就是同業之間的審查！同業之間的審查是最嚴厲、最挑剔的。當時凱曼尼小組建議要成立這個組織，由各電廠派專家過來組成評估小組，再到各電廠去把好的地方取出來，讓同業間去學習，把缺點指出來要求改善，不改善就會被停止運轉，所以美國就是因為這個 INPO，它在日本福島事件後，根本不在乎，因為美國已經把核能運轉提升到非常高的階段。關於 INPO 的同業評估，我舉一個簡單的例子：INPO 曾經到核二廠，那時我正好當品質經理，在我還沒上班以前，他們就來了，一群人跑到現場去看，指出這邊錯、那邊錯，他們把好的地方用綠紙寫下，不好的地方用白紙寫，寫出來後在中午時刻交換。他們看得非常仔細，就連電廠工程人員已經下班，他們還不離開，他們看電廠如何加班及值班人員交接。這對一個電廠的文化及對電廠的實際運作非常有意義，因為都是內行專家，他們提出的改善建議非常有價值。我再舉個例子，我在龍門電廠當廠長的時候，也來一個同業的評估，他們甚至提出：「你們同仁上下樓梯時，沒有握扶手。」連這個都提出來！大家在學校可能沒有被規定上下樓梯要握扶手，他當時要求我們上下樓梯一定要握扶手，所以各位如果到龍門電廠參觀，我們一定會要求所有人上下樓梯要握扶手。握扶手有什麼好處？不握扶手又會如何呢？為什麼要這麼挑剔？各位可能知道或不知道，我們核三廠一個廠長，他是我非常好的朋友，在幾年前就是上下樓梯沒有握扶手，跌倒了，腦幹以下頸椎 3、4、5 截斷掉，到現在還在復健中。你看，同業評估連這麼小的事情都提出來，所以同業評估是我們在乎的一件事，但也是我們最希望的一件事，因為可以促進進步。所以我常在說，核能除了發電外，還能讓人家學到什麼東西呢？我個人覺得，就是同業之間互相的評估。高雄是鋼鐵業的重鎮，鋼鐵同業有互相評估嗎？我個人不太知道，應該是沒有，但同業評估是促進進步、改善問題最重要的一環。

## 車諾比事件

三哩島事件後，大家對核能有點猶豫了，原來核能也會發生事情。此時美國成立了 INPO、同業評估，到了 1986 年蘇聯發生了車諾比爆炸事件，當時西方國家認為核能廠是不會爆炸的，大家都覺得很奇怪。車諾比事件的原因在哪裡？

車諾比有四部機，這是第四部機組爆炸，爆炸後其他三個機組還是在運轉，一直到前一陣子才停止，因為它在烏克蘭所佔的發電量太大了，大約 20%。我曾經在東京開會時遇到一位烏克蘭的官員，他跟我說沒辦法，他們必須這樣做。車諾比事件的原因是機組設計缺陷，再加上當時急於完成測試而採取不當措施及人為的運轉錯誤。假如當時他們完完全全按照操作規範，就不會有問題，但蘇聯當時是個極權國家，在極權之下，上級指示怎麼做就得按著上級的指示操作，雖然已經違背了運轉規範。這是極權之下的事故！

車諾比核電廠的反應器機組和西方國家的不一樣，它缺少了圍阻體，它是水經過石墨就直接去發電，因為當時蘇聯和西方國家是兩個制度，觀念也不一樣。其實當年蘇聯的反應器有點軍事用途，每一根燃料棒可以一面運轉，一面被抽出來，這是一個非常奇特的設計，但坦白來說，在當時這是個非常好的設計，因為可以一面運轉一面把燃料棒抽出來，好像中秋節烤肉，一面烤還可以一面把木炭拿出來用。當時蘇聯很驕傲向全世界發表這種設計，沒想到這種設計因為沒有圍阻體再加上使用石墨而出事，石墨是易燃的，只要溫度高就會燃燒。

圖 8 是車諾比事件時序的示意圖，正常來說，測試是規定在反應爐功率降到 70%時進行，結果運轉員到了低於紅色區塊做測試，之後發生爆炸。

Discovery 有拍攝關於車諾比事件的紀錄片，一名運轉員告知不可以這樣做，但他上司告訴他非要這樣做不可，請他離開換另一人操作。車諾比爆炸事件後釋放出超過 190 噸輻射物質，最後美國和歐盟

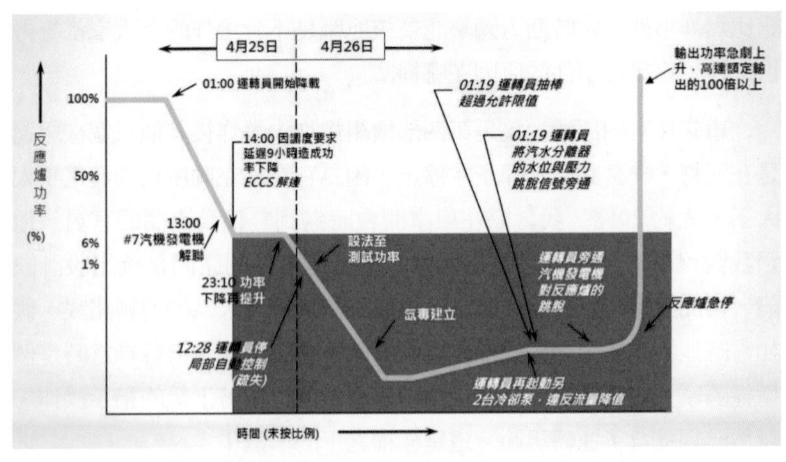


圖 8 車諾比事件時序示意圖

建立一個石棺把第四號機組蓋起來，到現在土壤、空氣及地表仍受到影響。車諾比事件最終主因是機組設計缺陷，在低功率時不易控制，沒有堅固的圍阻體，再加上獨裁，強制運轉員執行違反安全運轉規範的測試。如果他們有遵守規範，我保證絕對不會發生問題。說個題外話，現今有多少航空器在天上飛，如果有按照規則好好保養，好好修繕，應該都沒問題，我們華航一架波音 747 飛機在 2002 年於澎湖外海發生解體，這架飛機在 20 多年前降落的時候發生尾翼觸地，造成尾翼一條刮痕，維修人員卻用自己的方式沒按照波音的維修程序去處理，最後飛機到某個階段，維修處開始裂開，最終造成解體。其實你只要照規定來，不會有事的。

## 世界核能運轉協會（WANO）成立

車諾比事件對全世界造成很大的影響，最大的影響是讓世界了解，核能事故是全球性的事，而非單一國家能負荷的。所以三年後，成立了世界核能運轉協會（World Association of Nuclear Operatiors, WANO），WANO 這個組織對世界影響非常大，另外，國際原子能總署（IAEA）發表了「核能安全文化」宣言。為什麼叫核能安全文化宣言呢？在所有工作裡面，一個廠要有一個安全文化，工作人員的想法就會變成他的工作態度，逐漸變成了習慣，習慣久了就形成了文化，進而變成廠的文化，所以當時國際原子能總署推動「核能安全文化」，要求所有的核能電廠必須建立一個以「安全為第一」的文化。

世界核能運轉協會（WANO）於 1989 年創立，把莫斯科也包含進去，莫斯科代表著當時的鐵幕國家。WANO 總部設在倫敦，並有四個區域中心，包括莫斯科中心、亞特蘭大中心、巴黎中心及東京中心，我們臺灣、韓國、印度、巴基斯坦等都是參加東京中心，我個人也常到東京中心去開會。WANO 的宗旨是透過會員之間的運轉經驗交流、同業評估、專業技術發展的研討會及課程還有技術支援及交換等方式，增進各核能電廠營運的安全性及可靠度。

### 安全文化

「安全文化」是組織和個人所結合的一種特性和態度。這特性和態度很重要，如果各位擔任單位的主管，你的態度會逐漸地變成單位的文化！譬如一個學校的校長，他如何帶領這個學校，久而久之，外界對學校的感覺就是不一樣，就是一個文化的形成！當我任職龍門電廠，負責大工程時，不管之前如何，我會跟我的員工講，我們要做一個表率。各位可以看到，龍門電廠是一個沒有菸蒂的工廠，我們要讓別人認為改變勞工文化要從龍門電廠做起，工人做事時絕對不抽菸、不嚼檳榔、不喝酒精性飲料，甚至連進廠房都要洗鞋底。我們造成這樣的文化，漸漸地大家也非常驕傲，前幾天還有一個從高雄上來的勞工朋友在臉書上跟我講：「廠長，我有把你這個想法都帶到各工地去了，不管別人怎樣，我就是做好我自己。」這就是一個文化跟特性。在核能電廠各項作業中，安全是超乎一切，沒有安全什麼都不用講。

## 福島事件

福島事件是個複合性災害，肇因是個規模 9 的地震，在 2011 年 3 月 11 號下午發生並引起海嘯，造成福島一廠緊急柴油發電機及緊要循環冷卻水失去作用，喪失廠內外電源，無法將反應器餘熱移除，導致福島第一核電廠一到四號機陸續發生爐心融損而後更在用過燃料儲存槽上方產生氫氣爆炸。

圖 9 為福島核電廠的位置，震央在紅色星星處，比較靠近震央的電廠是女川原子力發電廠，福島第一第二發電廠反而比較遠，南邊是

東海第二發電所。地震當時，女川發電廠沒有任何事故，但福島發電廠一號機發生重大事故，福島核電廠二號機卻沒有任何嚴重的事故。這個事實證明，適時的反應，以核電廠的設計，應該可以避開強烈地震及海嘯的侵襲。

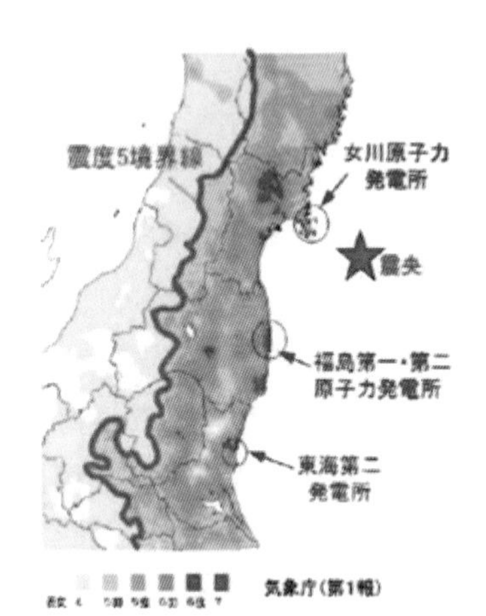

圖 9 311 地震震央附近電廠位置

當年在一個簡單的場合，有一個人問我：「為什麼更接近震央的女川核電廠沒事故，反而福島產生這麼重大的事故？」女川接納好多幾百個人來避難，而福島的人全部外移跑光光，這是個值得探討的地方。

圖 10 是福島一廠，5、6 號機組沒事，但 1-4 機組有事，而且事情鬧很大！大家可以看看它們距離海邊有多近，近到什麼程度呢？近到比我在講臺離最後一排的距離還近。日本人當初建造時為了省錢，把很多電廠往海邊移，甚至於填海，所以一個地震發生海嘯，1-4 機組全被打掉；另外他們的發電機放在海邊，變成海嘯來後把發電機也打掉。離海邊太近是造成福島事件原因之一，另一個是機組位於海平面高度才 10 米左右，但海嘯高度高達 14 米。

圖 10 福島一廠機組位置

圖 11 是福島一廠設備受地震、海嘯影響損害的地方，其中我用了兩種顏色（黃色、紅色）表示：黃色指遭受地震損害的地方，包括水壩及外電來源；紅色部分指海嘯損害，包含緊急柴油發電機及海水泵室。外電來源損害代表沒有外電進來，廠房停電，一般普通大樓設計裡都有柴油發電機，確保停電後還有電可使用，結果地震後柴油發電機也被海嘯給淹了。我家在汐止，汐止附近有一些大樓，各位都知道大樓法規裡規定一定要設柴油發電機，結果柴油發電機是放在地下室，當汐止一淹水，柴油機也淹掉了，無法發電，結果住在 14 層樓的人得天天爬樓梯到 14 樓，一直等到電來。福島的柴油發電機也是同樣的狀況，當時有人要求他們要改，要把柴油發電機往上移，但東京電力沒有改，這是他們不敢講的事實。

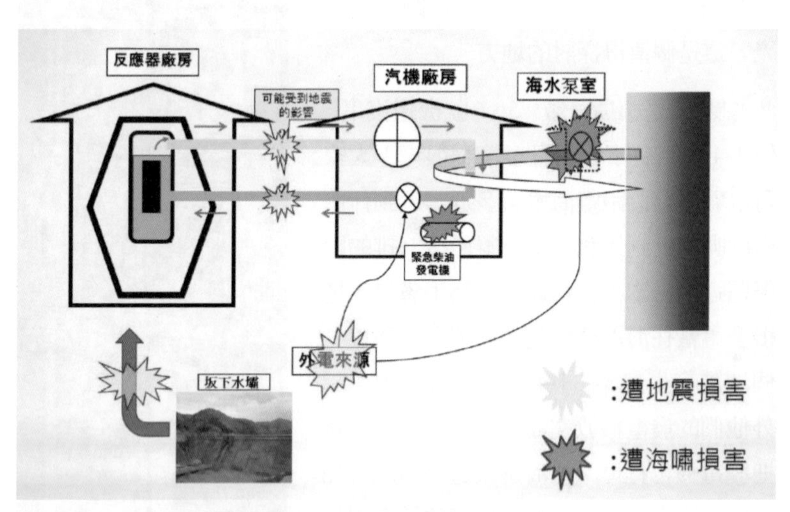


圖 11 福島一廠設備受地震、海嘯影響損害的地方

## 千萬不要知識的傲慢

關於福島事件有幾項事實：第一，福島一廠並不符合耐震標準。福島一廠於 1960 年代所設計，1971 年開始商轉，它符合 1981 年的耐震標準但不符合 2006 年新的耐震標準，以致它的外電（從高壓鐵塔）因地震而斷掉，而女川電廠因有較高的耐震設計，所以在 311 地震之後，仍然保有一條外線，未受到地震的損害！第二，福島一廠並沒有好的防海嘯設計。東京電力公司並沒有針對可能的海嘯修改原始設計，結果所有緊急柴油發電機都位在較低樓層；第三，東京電力和日本政府不願意馬上注入海水。當時有一位華裔的核能緊急應變專家建議他們趕快打入海水，他們不願意，因為他們對冷卻系統的恢復還抱著渺茫的希望，而且怕注入海水後導致反應爐廢爐。各位，我今天很忠誠地講了發生於美國的三哩島事件、蘇聯的車諾比事件及日本的福島事件，這三個國家的科技有比我們落後嗎？印度、巴基斯坦、波蘭、捷克、匈牙利等等許多國家也有核能電廠啊！為什麼不會發生大的事故，反之，為什麼這三大核能事故卻發生在三個科技大國？福島事件應證了一個案例：目前全球，除了法國電力公司（EDF），東京電力是全世界最大的電力公司之一，當年我參加亞洲地區的核能電廠廠長會議時，東京電力都不派廠長去，只派一個小經理去而已，為什麼？因為知識的傲慢。各位學科學的人一定要記住一件事：謙卑，不要有知識的傲慢。福島事件發生的原因，就是知識的傲慢！東京電力公司認為他們可以處理，太有自信，也太好面子了，最後導致福島事件。

我個人參觀過福島，我的同仁問我：「廠長，你從福島參觀回來有什麼感觸？」我說：「天佑臺灣！」「好在我們乖乖地做、乖乖地用，做到好，天佑臺灣！」所以各位要記住一件事情：科技的事情要交給科技人做決定，若科技的事交給政治人做決定，那必然會出大事。如臺幣匯率要不要升值應該是由中央銀行做決定，而不是行政院長或總統做決定。當時福島找了首相菅直人做決定、找了東京電力公司社長做決定——要不要灌入海水——但救災的時候誰比救災人員更了解現場？應該由第一線的人做決定，而不是遠在天邊的首長、長官，他們只能給大方向而已。所以科技的事要交給科技人來決定，這才是對的，科技的事交給政治人做決定必然會出大錯。龍門電廠蓋了 20 年，結果政治人一個決定，兩天之內就把電廠關了。關掉當天我還在電廠守著，因為 318 學運的關係，我們被要求一定要在電廠守著，外面有三百多名保全，怕 318 學運的人進來，我當時說：「不會啦，他們應該不會搞我們核能電廠。」但當時的執政黨很怕。在那一個星期天的下午，我太太打電話給我說：「回家啦！」我說：「我還在電廠守著，幹嘛回家？」太太說：「你們已經被封存了，還在那裏幹什麼？」當時封存這二個字對我來說是沒有意義的，我們教學生怎麼蓋電廠、怎麼弄好設備但不會教他們做完設備後不能用、封存起來。當時我對封存無感，我的同學，那時的清大副校長，跑來找我說：「你很不錯，全世界核電廠不會做的事你居然碰到了！」是什麼事？封存！

既然政府已經決定要龍門電廠封存，我鼓勵我們的工程師，封存是我們目前無法改變的事實，但，我們可以努力把封存做到全世界的楷模。目前，我們用乾燥空氣來封存電廠管線及設備，用全世界最好及最經濟的方法來封存龍門電廠。那真是一個核電廠封存的楷模！

回到福島的結果，就是氫爆（不是原子彈爆炸），它甚至帶了一些輻射線出來。最後總結福島事件，就是：1. 福島不符合較新的安全標準。2. 對地震及海嘯的防禦能力不如預期。3. 福島周遭必要設施（如變壓站及來自水壩的管線）的耐震度不佳。其實當時東京電力有被要求把附近耐震能力提高，但他們認為福島一廠已經接近除役年線，對提升耐震能力及調整緊急柴油發電機的位置等並不積極，東京電力公司一直認為他們的運轉能力超過別人，也因此，他們好多年未曾進行緊急疏散的演練，這就是「知識的傲慢」，也是發生事故後，無法及時處理，導致事故一直擴大。4. 福島一廠的主管和運轉員對嚴重事故的處理準備並不完善。這部分就是日本人和臺灣及每個國家不一樣的地方，日本福島核電廠靠著外包廠商幫他們做維護，內部的人只負責運轉，所以他們遇到危機時，有些亂！

事實上女川核電廠比福島一廠更靠近震央，但女川電廠並無嚴重事故，地震當天 5 條外線只壞了 4 條，因為女川電廠屬於不同的電力公司（東北電力公司），所以高壓電鐵塔耐震標準較高，同時女川電廠廠址高程在 13.8 公尺，海嘯來時沒入侵建築物，保有直流電源及柴油發電機。東北電力公司只有女川這一家核能電廠，所以海嘯發生時，女川電廠跟東北電力公司一直保持聯絡，最後福島電廠附近的民眾疏散，而女川電廠接納附近災民。

這裡我引用日本資深科技記者東嶋和子的敘述，她曾經到龍門電廠訪問過我。她說道：「我非常驚訝臺灣有許多人不知道日本核電廠撐過規模 9.0 的地震及海嘯侵襲。」311 地震後，很多人把福島當作日本全部，事實上不是，日本很多核電廠撐過去了。「我非常自信與驕傲說：『許多人視女川電廠的成功是一個奇蹟，但我不同意。經過親身造訪了該廠，我相信是因為當下做好了充分的準備讓反應爐安全的停機。』」這兩個電廠我拜訪過，尤其女川我拜訪過兩次，他們非常謙虛，我一個小小龍電廠廠長去的時候，好多人給我做簡報，從廠長、副廠長等全部都出來，他們對如何去應變、如何去防範、怎麼做到的、然後現在怎麼做講得頭頭是道， 所以我再一次強調，千萬不要傲慢，尤其是知識的傲慢、權力的傲慢，東京電力就是一個很好的例子。

## 龍門電廠 v.s. 福島電廠

龍門電廠跟福島電廠有什麼不一樣呢？既然我來自龍門電廠，就要講些龍門的情況。龍門的基盤防震設計值 0.4G，而福島的基盤防震設計值為 0.3G；龍門廠址高程 12 公尺，福島為 10.2 公尺；龍門所在地板塊與海岸線垂直，福島是平行（如圖 12）。

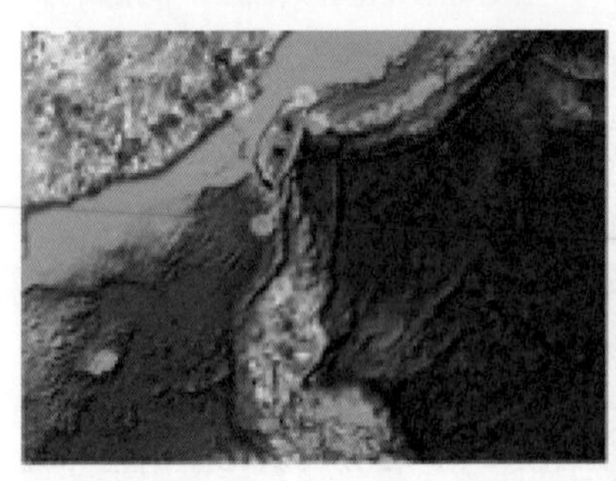

圖 12 龍門所在地板塊、海溝與海岸線垂直，日本福島與海岸線平行，海溝及斷層是形成大海嘯的條件。

我們的抽水機有建築物保護，福島沒有保護；還有我們有生水池，生水池是高程 117 公尺的水池，設計理念類似住家的水塔（圖 13）。臺灣的核能電廠都有生水池、這個儲水設備，日本都沒有。從圖中你看龍門電廠 1、2 號機離海岸多遠。

圖 13 龍門電廠的生水池設備位置（黃圈部分）

我們的核電廠都有一個生水池，不是我們比別人厲害，也不是比別人預知危險！而是在核二廠興建時，美國貝泰公司的工程師，觀察到臺灣家家戶戶在頂樓都有一個不鏽鋼的儲水槽，他們想「水」對一個核能電廠是何等的重要，因此建議我們要做一個生水池來儲水，而且臺灣夏天會有枯水期，不要去跟民間搶水。所以核二廠（國聖電廠）在興建後半期時就設了生水池，覺得好用，後來核三建了，龍門在一開始也建了生水池。黃圈內的建築物為低放射性廢料的儲存倉庫，在山凹裡面，是個設計為自動搬運的地下倉庫，包含地面一層樓、地下兩層樓，裡面可以放 2 萬桶低階的輻射廢料桶，而我們一年半會產 120 桶，放射性廢料放在這邊不影響環境。核燃料是放在原子爐旁的核廢料儲存槽，先儲存 15 年，然後再移到旁邊還有個輔助燃料廠，這個廠房可以讓二部機的用過核燃料儲存 25 年，這是我為什麼大聲疾呼說，燃料進來，電就出去了，對環境完全沒有影響！

## 福島之後

福島事件之後，大家應該是對核能非常緊張，但是實際狀況是中國目前運轉 30 座機組，24 座機組興建中，核能的美麗與哀愁對中國來說是美麗的，韓國也是一樣，有 25 部機組在運轉，3 座機組在興建中，還有 4 座機組外銷到阿拉伯，預計還要興建 8 個機組；日本仍未放棄核能，當時日本 45 座機組停下來的時候，是日本經濟最艱難的階段，日幣一直貶值，但日本還是撐過來了，從日本南部開始一部部核能機組恢復運轉，因為日本首相安倍體會到，核能才是島國真正的能源；德國打算 2023 年廢核而法國核能發電仍佔 80%左右；美國核能的舊機組仍繼續延役中。看到德國，我們的國家也說 2025 廢核，但 2025 這數據從哪裡來？從何而來？我一直打個問號，我們有做好努力去關核電廠嗎？如果我們沒努力到時候核電廠一關該用何種能源來取代呢？怎麼辦？

## 中國鄰近臺灣的核電廠

圖 14 是中國鄰近臺灣核電廠的分布，圖片來自原子能源委員會，圖上標示運轉中跟興建中的機組，離臺灣最近的是位於福建的福清核電廠，距臺灣只有 162 公里，大概就是臺北到臺中的距離。

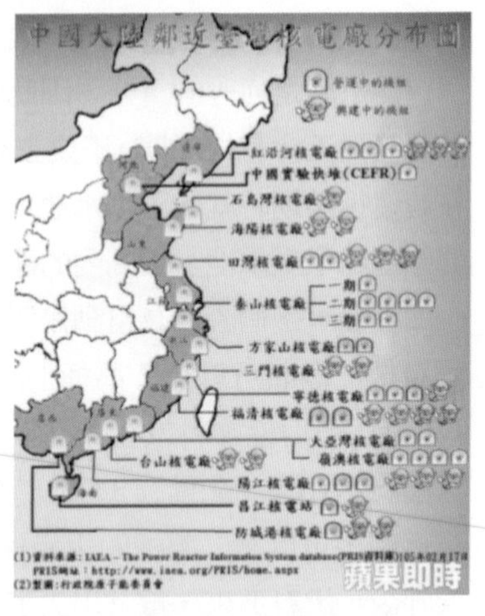

圖 14 中國鄰近臺灣核電廠的分布
（資料來源：原子能源委員會）

這裡任一個電廠發生問題，臺灣都會遭殃，因為核能是個世界性的問題，不是一個單一國家的問題，此時安全文化是最重要的。我一直沒去過中國大陸，一直到今年七月才申請臺胞證進入中國大陸，最近有人跟我講：「廠長，你把你推動安全文化的經驗到中國大陸去宣導一下好不好？」我一口答應，因為中國大陸電廠的安全，就是我們的安全。我告訴各位一個事實，我有個同仁到福清電廠去，福清電廠比我們建得晚，但已經放燃料了，放燃料前三個月，他們需要一個同業評估，結果我的同仁過去時，他們說：「你來自龍門，不要拿我們跟龍門比！」「你不要拿我們的清潔度跟龍門比！」因為他們來參觀過龍門，知道龍門電廠對環境，安全的要求極為嚴苛！我提個在龍門安全文化的案例來供大家思考一下，在龍門電廠如果發現地板上面在積水，任何一個人，必須馬上通知控制室找適當的人來處理。每個人都把廠的事當作自己的事，這就是安全上的態度。所以我個人是蠻擔心，中國沿岸這麼多核能電廠，該怎麼辦？當然中國發展很快、發展非常好、他們也有自己設計上的理念，但核電廠的安全文化不是一朝一夕可以養成的。

# 結論

最後我做個總結：世界各國並非是全盤廢核，核能不是單一國家的問題，核能是一個乾淨的能源，只要把核廢料處理好，它並不排放$CO_2$。最後，基於以下的因素，核能才能穩定發展：政治支持、技術精進還有核能安全文化落實。我演講最後結論的是，千萬不要有知識的傲慢。

另外，不管你是反核或擁核，希望大家都能充分了解再做決定，不要因為不了解就框住你的立場，沒有充分的了解，就決定立場，對這個社會國家的進步是不公平的。

第 *9* 章

# 龍貓森林裡的臺灣石虎

主講人：余建勳（林務局新竹林區管理處技正）

石虎是老一輩臺灣人所習慣稱的山貓，是僅次於雲豹，臺灣最美麗、最威風的原生貓科動物。發現石虎的存在，對臺灣生態系來說無非是一件重要大事，因為有石虎出沒的地方，代表當地的土地與生態系是自然且健康的。在臺灣雲豹消失的今天，更顯出僅存 500 隻石虎的珍貴；宣導與保育石虎的工作也更具時代性與在地性的意義。

# 龍貓與石虎

龍貓是我們這年代很有名的卡通，也是我個人非常喜歡的一部，相信很多人看過這部動畫都會覺得龍貓的故事背景是個非常棒的世界，因為它代表著人與自然的和諧。加上裡面又有龍貓這樣可愛的生物存在，讓很多人看過這部動畫後，對這樣的環境、人生有許多憧憬，有些人就開始懷抱著龍貓世界的夢想，慢慢的想要去實現。那，龍貓夢想跟石虎到底有什麼關係？

接下來我想和大家分享一些故事，關於石虎與龍貓的故事。在動畫龍貓裡有一幕很著名的場景：兩個姊妹在公車站亭旁，等待她們的父親回家，那天晚上下了一場大雨，等著等著，兩姐妹的身旁出現了一隻長像奇異的大貓，相信在這一幕的當下，劇裡劇外的人都會感到內心非常澎湃，即緊張又害怕，卻又很歡喜！

2014 年，在臺灣也發生了類似的場景，我用一句話來解釋它的概念：「大雨中，公車站牌旁遇見怪貓。」這是怎麼發生的呢？

## 三小虎的奇幻漂流

2014 年 6 月的一個午後下了一場大雨，一群來自新竹的大學生約 3、4 人騎著摩托車到苗栗玩，因為大雨，他們找到了一處公車亭來躲雨，躲著躲著，他們發現後面排水溝出現「喵、喵」的聲音，從遠而近，從排水溝遠處慢慢飄了過來。學生們好奇看了一下水溝，發現一隻小貓在排水溝裡漂流，他們看了很緊張，趕快把小貓救上來，否則小貓就要一路漂到大海去了。過了不久，又一陣喵喵聲再度出現，他們撿到了另一隻，接著沒多久又再來一隻！於是這群大學生就這樣救起了三隻小貓。正想將牠們帶回收養，剛好遇上一位在地的阿伯，阿伯跟大學生們說，這些不是貓，不能帶回去養，牠們是石虎！

「石虎！」你有想像過在路邊等雨停會撿到石虎嗎？知道是石虎後，他們趕快把小石虎送到附近的獸醫院，並通報縣政府。縣政府的保育人員聽到也是愣了一下：「三隻？你確定真的是石虎嗎？」因為根據我們過去的經驗，石虎一胎大概會生兩隻，也有紀錄是牠可以生到三隻，但大部分情形是一、二隻，所以保育人員一聽到三隻，又是在路旁水溝撿到，直覺應該不會是石虎。實際後來經過確認，還真的是石虎！

圖 1 是三隻小石虎可愛的樣貌，發現的過程就像一開始提到的龍貓場景：在大雨中遇見怪貓。

在三個小虎的奇幻漂流小故事後，我要來說個長一點的石虎故事：這故事要從這片鐵杉林（圖 2）開始說起。

圖 1 大雨中遇見的三隻小石虎（資料來源：苗栗縣政府提供）

圖 2 臺灣鐵杉林（資料來源：余建勳攝）

# 消失的雲豹迷樣之石虎

## 滅絕的雲豹

臺灣鐵杉林是我很喜歡的一種森林樣貌。鐵杉的樹幹很白，樹幹的生長彎曲多變，加上生長的海拔位於霧林帶，像極了大陸黃山上的奇松美景。位於南部大武山區的鐵杉森林幾乎沒有人煙，非常神秘！過去的學者曾經認為這裡極可能還有雲豹。大武山區是排灣族與魯凱族傳統領域，在他們過往的部落文化中有許多雲豹的元素存在，早期頭目還會有雲豹相關的服飾，對這兩個族來說，雲豹是「聖獸」。十多年前開始有學者想要調查臺灣的雲豹還存不存在，因為已經很久沒有雲豹的消息、也沒有任何調查資料，所以當年姜博仁博士便決心要去研究雲豹[1]。當時他進到了公認應該還會有雲豹的大武山區進行調查，有一次我也跟著雲豹團隊上山幫忙，那時我還只是個碩士班小毛頭，我本身是做植物的，那次就去大武山區協助調查植物生態。這片森林中是沒有路的，也不會有舒適的住宿環境，我們每到達一個調查區域就要先找一個較平的地搭起營帳，基本上就是上面蓋著一片大雨布，下面再鋪另一張雨布隔絕地表的水氣及寒氣，是相當辛苦克難的研究工作。在多年的研究調查後，姜博士 2013 年時在國際期刊發表他最後的結果：臺灣已經沒有雲豹了！他在全臺灣被認為可能有雲豹出沒的地方都放了自動相機，經過了很多年調查，仍找不到任何雲豹的蹤跡。臺灣雲豹的消失意味著臺灣土地上消失了一種原生的貓科動物。臺灣的原生貓科動物有兩種，一種是雲豹，另一種是石虎，前者的消失讓大家更擔憂石虎是否安好？臺灣的石虎在日治時期，甚至更早英國人斯文豪氏來臺探險採集時就有文字與標本的記載，可是在最近這 4、50 年間完全卻都沒有石虎的消息。

1 姜博士研究雲豹的相關議題亦可參考週日閱讀科學大師第 12 屆陳一銘先生演講「當藝術遇上生物學」。

現在我們要看雲豹，只能到臺灣博物館，館內存有早期日本時代留下來的臺灣雲豹標本，也許有人會問：臺北動物園不是有隻雲豹？那隻雲豹其實是從東南亞來的，不是臺灣雲豹；除了看看標本，我們也能從圖畫中遙想雲豹的長相與生活的棲地：陳一銘老師是國內非常有名的生態畫家，圖 3 畫的便是過去臺灣中低海拔的生態復育圖，裡面所繪的元素都是臺灣過去有的動、植物的樣貌，圖裡最主要的主角，即是右邊樹上這隻臺灣雲豹，看起來非常大隻，屬於中型的貓科動物。

生態繪畫跟一般繪畫不同，你可從樹皮的縱裂看出雲豹站的位置是樟樹，為什麼作者畫的是樟樹而不是松樹或其他的樹？臺灣過去是個多樟樹的島嶼，有樟樹王國之稱，從早期明代、清代、日據時期到國民政府，樟樹的開發是臺灣很重要的經濟來源，以這麼久的開發歷史來看，可推知臺灣已有多少樟樹被砍伐掉。樟樹可以長到非常大，樹皮又有縱裂，很適合樹棲型的雲豹活動，當樟樹大量消失，雲豹的棲息環境便減少，直接影響了牠的生存。

圖 3 陳一銘繪《重返莽原》

## 石虎在哪裡？

雲豹消失了，那石虎在哪裡？在 10 年前我們對石虎的了解主要來自早期 1870 年英國人斯文豪氏（Swinhoe）或是 1929 年日治時代的鹿野忠雄，他們都是臺灣過去非常重要的博物學家，他們在臺灣蒐集了非常多動、植物的標本，並進行鑑定及命名。基礎研究中很重要的一環是蒐集標本，我們在做基礎調查時，標本的採集與鑑定是非常重要的，早期有這些英國人跟日本人在臺灣做了相當多的基礎調查研究，讓我們得以認識各種臺灣生物，而關於石虎的早期資料也是從這些記載而來。

## 石虎是什麼動物？

- 名稱：石虎並不是只有臺灣才有的生物，但只有臺灣人稱牠為石虎，臺灣鄉下老一輩的人會稱牠為山貓，中國大陸喜歡叫牠華南豹貓或金錢貓，國際上稱石虎為亞洲豹貓（Leopard Cat）。石虎屬於食肉目貓科，因此牠是吃肉的。
- 分布：圖 4 為石虎（亞洲豹貓）在世界上的分布，牠不是區域性狹隘的生物，可從圖中看到牠從東北、蘇俄東部、韓國、華中、

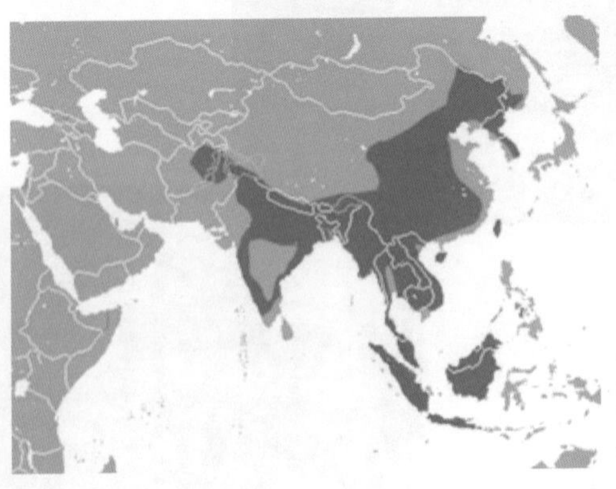

圖 4 石虎在世界上的分布（資料來源：wikipedia）

華南一直到中南半島，甚至到印度、婆羅洲到東南亞都有，其實分布是非常廣的。亞洲豹貓總共有 12 個亞種，12 個亞種中，臺灣的石虎是比較靠近中國大陸東南邊的亞種。

- **型態**：石虎的型態是什麼樣子？大家都會以為石虎像老虎這麼大，其實沒有，石虎的頭體長 55-65 公分、尾長 27-30 公分、體重 3-6 公斤，一般而言，公石虎比母石虎大，因此重 5-6 公斤的石虎大概都是公的，母的約在 3 公斤左右。石虎其實跟我們家裡養的貓差不多大，那牠跟一般的貓有什麼不同之處？圖 5 中左圖是我們最常見的虎斑貓，牠身上的條紋跟老虎一樣，因此得名；右圖是石虎，石虎為什麼又稱豹貓？是因為牠身上的斑點跟豹類似。

其實過去大家都不認識石虎，5 年前我開始做石虎保育時，全臺灣大概 99%的人沒聽過石虎這個生物，當大家都不知道石虎是什麼時，就會有很多想像。這幾年大家慢慢認識到臺灣石虎，知道牠跟貓差不多大小，就有人打電話給我說他最近在山上撿了一隻貓，很兇，好像是石虎，要我去看一下。我看了一下，明明是隻虎斑貓。虎斑貓其實蠻像野生的貓科動物，有些人在山上撿到小貓帶回去養，發現貓

圖5 (左)虎斑貓(余建勳攝)；(右)石虎(資料來源：特有生物研究保育中心提供)

很兇，可能還會攻擊家裡養的雞、鴨，於是他們常常認為在山上跑的就是石虎，但我們去看後，發現其實都是虎斑貓。石虎和虎斑貓常常被人們誤解，牠們到底有什麼差別？

從圖 5 右可看到這隻石虎的斑點是一點一點，有些地方比較大塊、不規則，而且石虎的尾巴其實很長，很多野生貓科動物尾巴比身體還長，如獵豹或雲豹等，因為牠們特別需要平衡，所以尾巴通常是又粗又長。左圖虎斑貓的條紋是條狀，尾巴較短。比較兩種生物的腳掌，一般家貓的腳掌較小，但石虎的腳掌很大，可以知道腳掌對牠的獵食很重要。

再觀察石虎的細部特徵，石虎的斑點是非常明顯的，一塊塊沒有相連，在身體兩側會有比較大型的斑塊，牠的腹部也是呈斑點狀，若再大一點就有點像雲豹，因此牠的皮毛算是相當漂亮。另外，牠的腳掌比一般家貓大，肉墊呈黑褐色，非常 Q 彈、厚實，石虎其實是個很可愛的生物。石虎還有一個很重要的特徵，就是牠的耳後（圖 6），牠的耳後是黑色底白色斑紋，這白色斑紋是很重要的鑑別特徵，當你看到一隻貓，並懷疑牠是石虎時，只要觀察到牠耳後是否為黑底白斑，有這特徵的話就是石虎。

圖 6 石虎耳後的黑底白斑
（苗栗三小虎之一）
（資料來源：余建勳攝）

耳後白斑是許多野生貓科動物的一項重要的特徵，不僅是石虎，如果你有機會看到野生的貓科動物，例如在動物園看到老虎、獅子或豹，可以注意牠們的耳朵，是否耳後有黑底白斑。研究人員認為，在野外牠們的耳後白斑是種夜間警示，在夜間牠們的白斑特別明顯，如果晚上看到前面有耳後白斑，可以知道前有貓科動物，要離牠們遠一點；或是牠們的幼獸也可以藉此知道媽媽在哪裡。

## 追貓的女人

臺灣石虎的研究要從幾位特別的人物介紹起，她們的故事都非常精彩，在整個石虎研究中做了非常多貢獻，因為都是女性，所以我稱她們為「追貓的女人」。臺灣目前做石虎研究的主要就兩個人，分別為屏科大博士，有「石虎媽媽」稱號的陳美汀以及特有生物研究保育中心的林育秀研究員。

陳美汀是臺灣最早想要研究石虎的人，她本身是位愛貓人士，大學就讀成大歷史系，當時因緣際會跑去屏科大的野生動物收容中心打工，後來愛上了動物，開始做野生動物的調查。因為喜歡貓，所以她選擇了一個困難的研究題目——臺灣石虎。當年要研究石虎是相當困難的，因為沒有任何資料，只有前面提到早期英國人、日本人留下的紀錄，對一個動物研究人員來說，要找一個幾十年來從沒人發現、紀錄、調查的生物，要去哪裡找？你會去深山裡找，還是鄉下找？大家一定會往深山找，所以陳美汀就在深山裡找了好幾年，結果徒勞無功，她曾一度想要放棄，轉去東南亞做石虎研究，但後來她還是堅持下來，想辦法去了解臺灣石虎的狀況，從 10 年前開始，真正投入臺灣石虎的野地研究，常常隻身一人往山裡跑、做調查。她的故事被收錄在翰林版的六年級國語課本內[2]，讓更多人知道她這幾年到底做了

2 〈尋找石虎的女孩〉，王德愷著。

多少努力。我認為這是很重要的事，因為科學和科普其實中間需要一座橋梁，很多人專注在基礎研究上，但大部分的人都不知道這些人在做什麼，做的研究有什麼用，所以，慢慢有人開始想要做科普，把科學家做的研究，用簡單的語言告訴大眾，國小課文就是很好的方式。

林育秀畢業於成大生物系，研究的是昆蟲及分子生物學，考上公務員後，進入臺灣最主要的自然保育單位——南投的特有生物研究保育中心，進去時正好承接之前學長的業務（學長去美國留學，現任教於嘉義大學），就是臺灣石虎的研究，於是投入進去。這幾年她做了非常多事情，超脫一般公務員的職責，除了研究之外，也參與很多科普方面的工作。南投特生中心主要是從他們圈養或收留的石虎做相關研究，包括行為、生殖等等問題，它一個重要的使命及功能就是野生動物的急救、收留跟訓練（訓練動物可以回歸野地）。從 1992 年南投特生中心成立開始，就陸陸續續接到零星的石虎受傷案例，或是民眾拾到小石虎的案例，因此他們累積了不少資料與經驗。前陣子新聞有報導特生中心繁殖出的兩隻小石虎「集利」、「集寶」[3] 兩兄妹進行野放。林育秀在研究過程中發現，要研究石虎，不能單純只做基礎研究，還需要走出去告訴大眾，石虎現在面臨什麼樣的問題，於是她到處演講、接受媒體訪問，還創出了名為「阿虎」的人形石虎布偶，她也騎腳踏車環島，到處演講宣導石虎保育的重要性。

另外要特別介紹的是苗栗縣政府野生動物保育的承辦人員柯雅青，她在這幾年是石虎保育中的關鍵人物。大家對之前苗栗縣政府的作為可能時有所聞，因此在整個縣政府的體系下，她算是政府真正第一線做石虎保育的人員，所承擔的壓力非常大。她很有熱情，想做好石虎保育，但也同時承受上面長官的壓力，所以我覺得她很厲害，也非常難得。

---

2 石虎集寶之死——野外，回不去的家鄉（上）（下）
參考網址：https://www.zeczec.com/projects/wuowuo/updates/3083
參考網址：https://www.zeczec.com/projects/wuowuo/updates/3089

## 我與石虎——緣起

其實我跟石虎保育結緣，要從這張照片講起（圖 7）：

圖 7 林務局利用紅外線自動相機拍到的石虎（苗栗火炎山）
（資料來源：林務局提供）

這張照片是林務局在民國 96 年底拍的，地點在苗栗火炎山。其實林務局有個重要業務是保育，它是全臺保育業務的主管機關。林務局很早（約民國 90 年）就買了一批紅外線自動相機，在當時可能是全臺擁有最多紅外線自動相機的單位。買了紅外線自動相機後，我們到處放，於民國 96 年底，在苗栗我們的轄區中拍到這張石虎，我當時看到非常驚訝，沒想到我們轄管的區域會有石虎！但當時的承辦拍得這張照片，並沒有後續的動作，也不會有人去關心怎麼會拍到石虎。所以在民國 99 年有一天，我忍不住想要去關心一下，便對我的長官說我們的轄區內有石虎分布，這生物已經快絕跡了，是不是該去關心牠？我的主任很好，他是位原住民，同意我的想法，便賦予我這項工作任務。

林務局要怎麼關心石虎呢？剛好當時苗栗縣要開闢一條全新的道路——苗 50 線，需要通過我們的林務局的土地，這條路會穿越一大片保存完好的自然森林，而苗栗縣政府要開這條路並沒有事先通知林務局，直到林育秀與陳美汀跟我說政府要開這條路，會經過石虎的棲地，我才得以知道。後來我們聯合了在地的保育團體，設法去關心這個案子，促成了苗 50 線的抗爭活動，最後成功把道路工程喊停。這場抗爭的成功具有非常重大意義，因為這是第一次因為有石虎分布而將不必要的工程阻擋下來。

之後我開始跟林育秀合作，因為她屬於研究單位，我是行政業務單位，研究人員有自己的資料，而業務單位有行政資源，包括做調查、給經費等。經費對研究人員是非常重要的，再加上林務局有全臺最大的調查動能——巡山員，這些巡山員如果好好訓練，可以成為很好用的調查人員，以彌補研究人力的不足。我們一開始的合作是自動相機的調查，林務局在 90 年有購入一批自動照相機，到 99 年我開始要做調查時只剩下一臺勘用，當時我想知道從 96 年拍到第一張石虎之後到現在，火炎山還有沒有石虎存在？我請育秀幫我架相機，就架設在火炎山頂。圖 8 中這張照片就是在火炎山拍到的。

圖 8　苗栗火炎山拍到的石虎（資料來源：特有生物研究保育中心提供）

我們真的拍到石虎了！拿到照片第一件事就是寫新聞稿，發出去後，隔天各大報、媒體都刊登出來，就連對岸媒體都報了這則新聞。這張照片是重要的里程碑，過去幾十年來臺灣人已經遺忘臺灣土地上有「石虎」這種生物存在，這張照片的出現讓大家重新認識臺灣土地上有一種野生貓科動物「石虎」。這張照片拍得相當好也相當特別，特殊之處在於它是彩色照片，代表這隻石虎在白天出沒，一般來說石虎是夜行動物，我們通常拍到的會是黑白照。從這張照片開始，臺灣人知道了臺灣有石虎，但是石虎的生存正面臨許多的威脅。

## 里山失樂園

陳美汀 10 年前開始找尋石虎，在深山中找了多年都找不到，那石虎到底在哪裡？她後來從特生中心的資料去尋找，發現其實 1994 年開始在苗栗跟南投就有一些零星的救傷紀錄，尤其在苗栗地區發現很多筆紀錄，於是她認為苗栗可能是目前石虎棲息之地，於是她開始到苗栗去進行研究。

陳美汀在 1994 年跟我服務的單位新竹林區管理處申請了計畫，這計畫結果也成為後續石虎保育重要的基礎資料。我們過去做調查、研究通常是針對原始或自然樣貌完好的森林，這計畫特別之處則是針對低海拔山區進行調查。低海拔的山區大部分為私有林地，受到的破壞較大，陳美汀針對新竹與苗栗地區，認為當地應該還有石虎，最後在她的研究結果發現，新竹已經找不到石虎，即使從訪談中，老一輩的人都說新竹有石虎，但在她調查的幾年間，都沒在新竹發現石虎的蹤跡；而在苗栗，則調查到非常多的石虎蹤跡。圖 9 顯示竹苗地區石虎可能出沒的地區，斜線部分代表有拍攝到石虎，顏色越深的地區代表發現次數越高，右邊是新竹縣的部分，顏色部分來自於訪談資料。

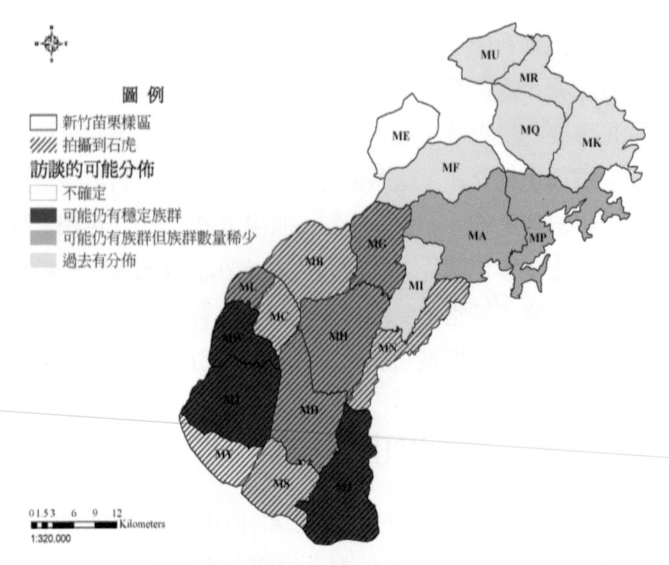


圖 9 石虎在竹苗地區可能分布情形（資料來源：陳美汀提供）

在野生動物的研究中，除了文獻回顧，還有一個是在地的訪談，因此需要到各處拜訪一些老人家。我們曾一同去找一位老獵人，老獵人承認在過去打了很多石虎，那時還沒成立野生動物保育法，他告訴我們哪裡可以找到石虎，當時獵石虎時是怎樣的情形。我們從老獵人的訪談慢慢拼湊出過去苗栗地區石虎的分布是如何，這是很重要的資料。另外的重點調查方法就是使用紅外線自動相機，這是做野生動物研究非常重要的工具，因為它可在無人的情況下運作至少 1-2 個月，只要有動物經過，就會觸發自動拍照或攝影，透過這種紅外線自動相機的架設可以調查到很多野生動物的資訊。

紅外線自動相機的原理其實很簡單，利用紅外線感應器，如同晚上經過別人家騎樓，會有燈光會自動亮的感應燈，感應啟動的原理是一樣的。這設備早期來自歐美國家，原先不是用來做動物調查，而是利用來打獵，以前這種設備非常貴，這幾年開始慢慢普及並且數位化，我們現在的新式相機可以放在野外半年左右，也可以錄影，儲存空間也很大，讓我們陸續收集到很多精彩的資料。再來，石虎的痕跡也是調查的重點，特別是石虎的糞便！做野生動物研究的人都很喜歡動物糞便，尤其是新鮮、有光澤的糞便，上面會有動物新鮮的皮屑，可做 DNA 鑑定，知道公母或是身體的狀況。圖 10 是石虎的糞便，左圖裡頭有一根草，其實很多肉食性動物會吃草來幫助排便，如同我們人缺乏膳食纖維要多吃菜的道理。糞便中有很多訊息是我們平常沒辦法調查到的，最主要的是能知道石虎的食性。右圖中一根根是老鼠的毛，我們稱它剛毛(剛硬的毛)，石虎沒辦法消化，隨著糞便排出來。

圖 10 石虎的糞便樣本（資料來源：余建勳攝）

林育秀和張美汀只要看到石虎糞便就會衝向前，聞一聞新不新鮮，新鮮的最好。石虎跟一般的貓不同，牠不會去掩埋牠的糞便，因此可以在野外看到石虎的糞便，糞便乾掉後，會呈現白色。從觀察石虎的糞便，便可以知道牠吃了什麼，如鳥類、臺灣刺鼠[4]等等。刺鼠為臺灣中低海拔森林中最豐富的老鼠，也是石虎的主要食物來源，我們在大部分石虎的排遺中，都會看到刺鼠的毛。

---

4 余建勳先生為此發新聞稿，華視新聞報導：保育好消息！石虎捕刺鼠意外入鏡。報導網址：https://www.youtube.com/watch ？ v=LYPV9H_iZi8

## 無線電追蹤

無線電追蹤是她們做研究時一個很重要的工具，她們把無線電發報器掛在石虎身上，這是野生動物學者很常用的監測方式，可以提供動物位置，並可從無線電的訊號強弱也可以知道石虎是在活動、休息或死亡。但無線電很不好使用，無線電波發出去後必須要有兩組人馬，同時接收兩個方位角的訊號，才能以三角定位法的方式知道石虎的位置。她們接受訊號的時候通常是晚上，山區沒什麼路，晚上又視線不良，又得要到處跟著訊號跑，所以很辛苦。也許大家有疑問，現在不是有 GPS，為什麼不使用 GPS 來追蹤石虎？GPS 在野生動物監測上是有應用的，但還不普遍，因此價格很高，一個 GPS 的發報器可能要幾十萬，而且裝在動物身上可能就一去不回，所以目前還是以一個幾千至幾萬的無線電發報器為主。

從無線電波偵測，我們可以知道石虎怎麼活動、什麼時間活動、在那裡活動以及活動範圍。圖 11 是石虎個體之活動範圍及核心領域，不同顏色的圈圈代表不同個體的活動範圍，中間區塊為核心區，

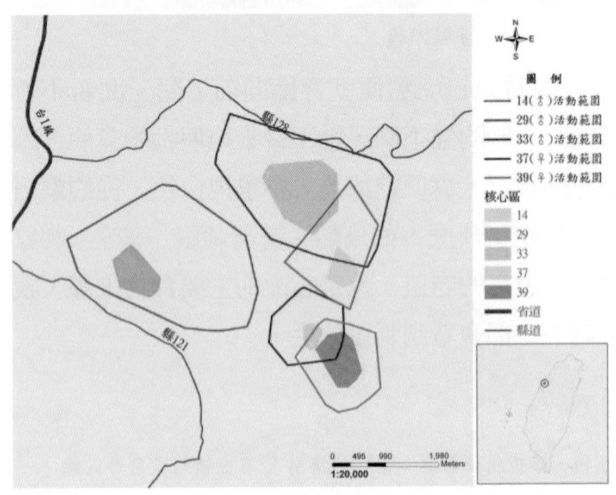


圖 11 無線電追蹤石虎個體之活動範圍及核心區（資料來源：陳美汀提供）

石虎大部分時間都會在核心區塊內。一個野生動物的活動區（或領域）跟核心區不同，活動區很大核心區很小，而公石虎的領域較母石虎大，可以高達 400 公頃以上。

另外也可從無線電波的監測得知石虎活動的時間點，如圖 12，可以看到牠在凌晨 4 點與晚上 6-8 點這段時間是活動高峰期，白天也是有活動，但不多，所以基本上石虎白天都是在休息的，因此石虎算是標準的夜行性動物。

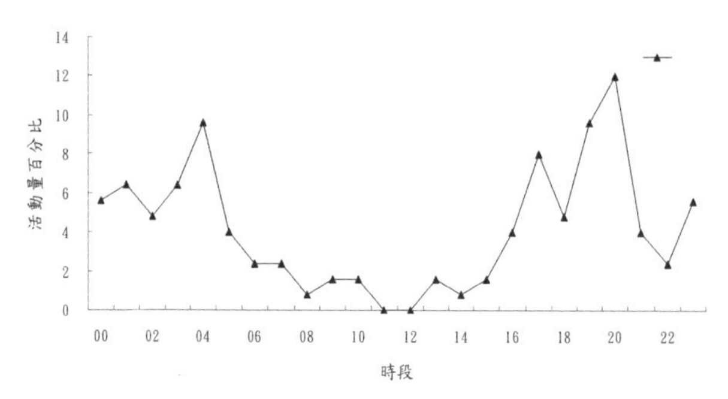


圖 12 石虎的日活動模式（資料來源：陳美汀提供）

最後研究結果顯示：竹苗地區苗栗石虎最多，新竹沒發現石虎。這研究也是國內第一個做低海拔森林野生動物的基礎研究，結果告訴我們：石虎並沒有住在深山裡，而是在低海拔（海拔 <1000 公尺）的區域，也是所謂的淺山（圖 13），這區域最大的問題便是：石虎活動範圍跟人類生活環境高度重疊。

圖 13 石虎多居住於淺山地區（苗栗苑裡、通霄）（資料來源：余建勳攝）

淺山地區，山與山之間會有形成山谷，中間有河流及及沖積的平原，人們會在平的沖積平地耕作、開闢道路、挖水池、興建房舍等，因此可知這樣的地景、地貌是很多樣的，會有非常豐富的地景單元所組成，包括房子、農舍、農田、道路、池塘、森林、山及平原，就像是一塊大地上的大拼布，而這也就是石虎棲息的環境，跟我們想像中稀有的貓科動物應該棲息的地方很不一樣。回想一下，這樣的環境是不是跟龍貓場景一樣？龍貓住的地方即是淺山，山不高，山谷之間有田，有池塘、河流、農舍等等，所以一位生態界的好朋友就說：「臺灣石虎就是我們臺灣的龍貓。」我覺得這句話講得實在貼切！

其實日本人非常重視這樣的淺山環境，如果有機會去日本旅遊到他們的鄉間，就會看到很多與龍貓場景類似的梯田、山坡、農舍，日本以「里山」一詞稱呼這樣的環境。日本人 2010 年更進一步在生物多樣性公約（全世界最多國家簽署的保育公約）的大會上，提出「里山倡議」的概念，這概念已慢慢地在很多國家發酵。過去大家比較專注在深山或比較原始的自然環境的保育，里山倡議則是強調重視有人居住的自然環境，人跟大自然其實是可以和平共處的，人需要土地來進行生產，而自然界也需要被友善對待，在利用土地的過程中兼顧自然萬物的生存。里山的概念這幾年同樣也在臺灣發酵中。

## 石虎危機

早期日本人和英國人的記載顯示石虎在全臺都有，為什麼現在臺灣只有苗栗、臺中、南投可以看到石虎，而目前以苗栗最多？這問題可以分為幾個原因：

1. **棲地開發破壞**：石虎所棲息的環境大部分是私有地，會面對很多人類的土地開發與利用。

2. **人為的獵殺**：人為的獵殺一直都存在，只是現在比較少。獵殺的原因可能是故意的或非故意的。
3. **農用藥物**：農用藥物或老鼠藥是造成臺灣石虎大量減少的主要原因。
4. **路死**：棲地內開發的道路，往往對石虎或其他野生動物造成棲地的分割，並且進一步形成死亡的陷阱，我們常可發現石虎因穿越馬路而遭車輛撞死。
5. **犬貓**：在山區有非常多流浪貓狗，我們自動相機都會拍到這些貓狗，真的非常多，當這些貓狗到山上時會變成一場浩劫，因為牠們原始的本能即為獵食者，牠們會跟石虎競爭，也會殺害很多小動物。 更嚴重的是：這些野貓野狗身上常帶有疾病，容易傳染給山區的野生動物們，造成大量的死亡。

### ● 棲地開發破壞

石虎面對的開發壓力相當大，尤其是在苗栗地區，那是石虎生存的最後一塊淨土，極需保護下來。全臺最早因為石虎保育而抗爭開發的案子其實是在臺中縣大肚鄉，那時要新闢一條華南路，由於特生中心之前在那附近有拍攝到石虎的影像，因此當地保育團體便以此為理由發起抗爭活動（未成功）。接著第二件就是前面提到的苗 50 線，還好最後是成功的結果，擋下了開發案。再來是炒得很火熱的後龍殯葬園區，苗栗劉縣長規劃在石虎的棲地上蓋了全東南亞最大的殯葬園區，在當時環評時完全沒提到石虎二字，也因此這件案子非常具爭議性。當初在生態調查時，石虎議題還不熱門，所以就被忽略掉。但這個案子在抗爭及訴訟期間，就已經先將該區夷為平地，因此後來有人畫了漫畫《石虎的惡夢》來諷刺這件案子。由此可看到，在苗栗地區不管是公部門或私部門，他們的開發壓力是非常大的，這個案子只是露出來的冰山一角，還有很多案子大家並不知道，就默默完成了，且發生的區域都在石虎的棲地上。

圖 14 台 13 線外環道規劃路線（資料來源：https://g0v.hackpad.tw/ep/pad/static/pkIOukgwfr0）

石虎保育最有名的案例是台 13 線外環道的開闢，這是全新的路線，從三義交流道一直到銅鑼。如果去過三義就會知道，從三義交流道下來就是有名的木雕街，這裡每逢假日就會塞車，所以台 13 線外環道其實十多年前就開始規劃，規劃路線就如圖 14 紅線所示，從外面繞，避開塞車。這個開發案在十多年前通過，但因沒有經費，所以沒蓋，現在有經費要蓋了，才發現整個路段完全是石虎的棲地。有趣的是，現在的三義其實已經不會塞車，一來是人潮少了，再來是銅鑼開了新的交流道，而遊客大部分從北部來，可以先下銅鑼交流道再前往三義市區，原來台 13 線外環道要解決的問題已經不存在，但縣府還是堅持要建，這將會是石虎的生存浩劫。

所以 102 年 4 月 16 日是個石虎保育的引爆點，過去幾年石虎的議題慢慢浮現，中間偶而我寫個新聞稿，讓人知道石虎面對的一些問題。但一直到這次環保署前的抗戰，才讓石虎保育議題爆發開來，這時大家都注意到了苗栗縣縣長要做什麼事，將會如何影響石虎。當時太陽花學運剛結束不久，附近立法院還有一堆人，一聽聞此事，就從立法院前來聲援，從這個時間點開始，許多臺灣人才開始逐漸關心石虎。

台 13 線外環道開闢案後，又有裕隆汽車三義擴廠的事件。圖 15 裡是裕隆汽車廠，也是臺灣最大的汽車廠，位於三義。裕隆以前建廠時就把後面這一百多公頃的地買下來，而且土地用途當時已變更為建地，裕隆想要擴大現有的廠區，以提供未來車輛生產測試使用。但麻

圖 15 裕隆汽車在三義的土地（資料來源：Google earth 影像）

煩的是，雖然卡到石虎問題，但因為土地類別是工業用地，裕隆在上面開發其實是合法的，但也是要經過環評。裕隆公司的開發會是個麻煩的問題，需要非常多的溝通才能找到平衡點。

苗栗目前面還臨相當大的農舍開發壓力。臺灣北、中、南的開發單位都到苗栗買賣、炒作農舍，現在到苗栗或是上網找資料時，就可

看到非常多苗栗農舍的廣告。建商會買下一片山，把樹砍掉，興建一棟棟的農舍。最近宜蘭的農舍議題也是吵得很熱，不過宜蘭的農舍是在田裡，苗栗則是蓋在石虎的棲地（山坡）上，這很難去阻擋。苗栗的山坡地因農舍被炒作後價格上漲，也讓有心想要買下土地，以保存石虎棲地的想法變得很困難實現。

- **人為的獵殺**

石虎另一個危機是獵捕問題，前面提到有些是故意的，有些是無意的。前者常是因為居民雞隻被石虎偷吃，所以會放獸鋏或毒餌殺死石虎；後者則是石虎誤觸農民為除老鼠所放的獸鋏，只要一踩中往往拔不開而死亡。雖然獸鋏已經被禁止販售與使用，但臺灣人長期使用獸鋏，家裡還是會有庫存，有些無良的商人也會繼續賣。圖 16 中是苗栗苑裡被夾到的石虎，因為夾太久後來送去截肢，之後還是無法存活。

圖 16 因獸鋏而截肢的石虎，最後未能存活下來。（資料來源：陳美汀攝）

人為獵殺最大的原由來自人類所放養的雞遭石虎偷吃！山上的人喜歡將雞鴨放到山上養，這對石虎算是致命的吸引力，很多石虎其實是死在雞舍附近，其中也包括陳美汀所追蹤的石虎，透過無線電發報器，她才知道這隻石虎因為偷雞而死。

在特生中心裡收留了很多「三腳貓」，都是被獸鋏夾到幸運存活下來的石虎，但其實有更多石虎都死在野外。陳美汀的野放資料中，幾乎每隻最後都死亡，表 1 是對 6 隻無線電追蹤的石虎資料：

表 16 隻無線電追蹤的石虎資料

| 編號 | 性別 | 年齡狀況 | 野放日期 | 結束日期 | 追蹤天數 | 原因 |
|---|---|---|---|---|---|---|
| # 33 | Male | 成體 | 2007/2/3 | 2007/12/31 | 331 天 | 捕獸鋏夾到 |
| # 33 | | | 2008/2/25 | 2008/3/11 | 15 天 | 遭毒餌毒死 |
| # 32 | Male | 成體 | 2007/2/23 | 2007/4/13 | 49 天 | 死亡（毒餌？） |
| # 29 | Male | 成體 | 2007/3/17 | 2007/12/29 | 287 天 | 研判已被捕捉 |
| # 37 | Female | 年輕成體 | 2007/5/25 | 2007/9/28 | 126 天 | 發報器脫落 |
| # 39 | Female | 老年成體 | 2007/11/29 | 2008/4/2 | 125 天 | 被夾導致死亡 |
| # 14 | Male | 年輕成體 | 2007/12/3 | 2008/2/1 | 60 天 | 研判已被捕捉 |

石虎在野外的死亡率非常高，牠跟人住得很近，跟在地人衝突又很大，所以石虎通常活不過兩、三歲，主因都是跟人的捕殺有關。

## ● 農用藥物

農業用藥的問題也是非常嚴重。臺灣是個用藥大國，使用的農藥量非常多，農民其實不太知道該用的藥量應該要多少，農會通常會鼓勵農民多用，但我們的環境對農藥的承受能力並沒有這麼大。除此之外，公部門過去 50 年來，固定每年年底會實施滅鼠週，一年之中也會不定期舉辦小型的滅鼠週，但後來的研究發現滅鼠藥是沒有用的！研究顯示，實驗組的老鼠用藥後，族群會減少，但過一個月，數量暴增為原本的兩倍多，之後都在高峰值，而未用藥的對照組老鼠變動不大。為什麼會這樣？老鼠的繁殖能力非常強，如果牠能躲過毒害，就可以在很短時間把族群數量補回來；而另一方面，吃到毒餌的老鼠同時也會間接毒死牠的獵食者，使得老鼠天敵減少。這議題在過去並沒有被關注，直到大量猛禽在滅鼠週時死亡，大家注意到老鷹的體內有滅鼠藥，才警覺我們一直在傷害食物鏈。石虎也是，我們推測石虎可能因滅鼠藥的緣故大量死亡，只是石虎死在山上我們並不知道，就算看到也可能當成死貓，從來沒人去關心石虎的死亡是否跟滅鼠藥有關。我們一直跟相關單位溝通，先前已有保育團體因為猛禽死亡的關係去溝通，所以他們承諾修正發放藥的時間，但這幫助不大。當老鼠的獵食者變少，牠們繁殖又很快，老鼠就越來越多，人們又投入更多的藥，傷害更多獵食者，這變成一種惡性循環，同時也瓦解了生態平衡。

● 路死

路死是我們這幾年發現石虎死亡的重要原因，我們第一次發現，就看到兩隻，死在同一條路（苗 128 線）相隔十幾公尺。從圖 12 石虎的追蹤資料來看，我們以為牠們不喜歡馬路，結果發現，石虎事實上會過馬路，而且敢過的馬路甚至是很大條的高速公路。這幾年陸陸續續一直有石虎被撞死的消息，高速公路就發現了幾隻。高速公路局其實在生物保育做了蠻多努力，他們會調查高速公路會影響那些動物以做改善，像南部有紫斑蝶蝶道的交通管制，在每年紫斑蝶遷徙越過高速公路時節，會減少車道，以避免紫斑蝶被車輛撞死；或是設置廊道，在高速公路下設計通道讓動物可以穿越。在苗栗地區，為了石虎，也架設了國道的防護網（圖 17），石虎和野生動物就不會闖進道路。

圖 17 道路旁設的防護網避免石虎闖進高速公路。（資料來源：余建勳攝）

● 犬貓

臺灣野外的環境很多流浪貓狗，不管是人放出去或自己跑出來的，在國外很多相關研究顯示，流浪貓狗造成野生動物死亡的情形很嚴重。臺灣還面臨到狂犬病的問題，狂犬病在臺灣消失數十年了！但是最近又在鼬獾身上發現，而且有擴散的現象，若是傳染給山區的流浪貓狗，再進一步傳染給人，後果就不堪設想了！

## 保育石虎 圓一個龍貓夢

這幾年，我在石虎保育做了什麼努力？我也希望大家能自己思考，在你現在的位置上，擁有什麼資源可以為石虎做些什麼。在公部門的我，可以做的事情包括：

(1) 維持林地完整，減少開發破壞。

(2) 透過新聞媒體的宣導吸引大眾注目。

(3) 與在地社區建立夥伴關係。

(4) 透過環境教育讓民眾認知石虎的重要性。

(5) 紅外線自動相機進行監測調查。

第(1)點只有在公部門才能做，這幾年只要有開發案我就會去參加環評，代表政府的保育機關，讓環評委員可以聽到我的保育意見，當我說那地方是石虎的棲地，應該受到保護，最後案子就可能因此而停下來，雖然實際上停止開發的原因不完全是因為保育石虎，但至少意見可以被環評委員聽見並採納。有時我到場還沒說話，他們看到我就會問那裡是不是有石虎，在第一時間就可以為石虎發聲。第(2)點是新聞稿，政府在做的事情很需要新聞稿跟外界（尤其是民眾）宣導，透過媒體，可以讓更多民眾接觸到石虎的議題，進而引起廣大的回響。第(3)點是因為石虎的保育跟在地的居民有很大的關係，所以我們這幾年就在地方跟居民溝通，說明石虎有多重要，希望居民不要再殺牠了。這點非常困難，因為人之間有很多觀念的不同，因此環境教育還是最重要的根本。最後，我自己也有做紅外線自動相機的調查，現在我有十幾部相機可以進行監測工作，放置在我們所管轄的森林裡，可以協助學者們收集更多的相關資訊。

我這幾年寫了很多關於石虎的新聞稿，也有去很多單位演講並協助拍攝一些媒體的影片，如果各位有需要我去演講，不管有沒有車馬費或演講費，只要有人願意聽，我都會去。

圖 18 是我自己用紅外線自動相機拍攝的石虎。臺灣石虎的研究人力非常少，他們手中的相機資源也不多，前面提到我們林務局的巡山人員很多，因此我們可以讓巡山員去設置相機，以加強收集更多的調查影像，這是我們這幾年在做的努力。

圖 18 余建勳先生自己拍攝的石虎

我們也輔導社區，讓社區更認識石虎這個生物，並進一步培訓社區的人一同加入調查石虎的行列，其中有個協會，裡面有一些老獵人，他們知道哪個時間、地點會被放置獸鋏、陷阱，他們就來幫忙拆除。

## 偷雞不著「石虎米」

這些年一直思考如何讓社區民眾能認同石虎，因為石虎會偷吃雞，我們是不是可以來養雞，然後標榜這是石虎吃剩的雞來賣，並叫牠「友善石虎雞」？後來想想不對，這不就是告訴大家石虎喜歡偷吃雞？在與社區討論之後，想出了以種米的方式來推動友善石虎農耕，但種米跟石虎有什麼關係？石虎又不吃米！

其實石虎米種植的地方就在石虎棲地上，利用友善的方式，不用農藥、化學肥料，田中無毒的環境自然就吸引各種昆蟲、青蛙、爬蟲類、鳥類還有鼠類，我們判斷石虎會來到田裡覓食，這個田就好像提供石虎 buffet 一樣，牠想吃什麼就吃什麼。我們在 103 年 3 月 09 日種下第一根稻苗，期間我們也辦了很多體驗活動，包括插秧、除草、收割，第一期的石虎米還算豐收，圖 19 是石虎米的包裝。

圖 19 第一期石虎米的包裝（資料來源：余建勳攝）

第二期我們又找了另一塊田，這個田被群山圍繞，山跟田間會有一些灌叢、草叢，在稻穗成熟時，我放了一臺自動相機，拍到這個「雙貓」認證的影像（圖 20）（當然這兩隻貓不會在一起，這是我將兩張照片合併在一起），其中右邊這隻是石虎，有清楚的斑點，左邊這隻是另一種臺灣很稀有的生物：麝香貓，臺灣的麝香貓和熟知的麝香貓咖啡的麝香貓不一樣，臺灣的麝香貓是肉食性動物。

圖 20 第二期石虎米田中被自動相機拍到石虎與麝香貓（合併照片）

這兩隻被拍到在石虎田出沒，顯然是來吃老鼠的，此時稻穗成熟，白天有鳥類，晚上有老鼠，都跑來偷吃稻米。除了這兩位稀客外，我們也拍到其他的野生動物，顯示我們友善農耕的成果，真的吸引了淺山地區的各種生物前來覓食、棲息。石虎米的名號也逐漸響亮起來。

其實除了我們以外，附近李璟泓一家也在做友善稻米的耕作，他們主要想保護的是另一種生物——大田鱉。2012 年因為高速公路局的一個委託調查計畫，意外發現大田鱉，牠也是很稀有的生物！於是他在當地買了一塊土地，裡面一棟破爛的房子是他們假日居住的地方，在那裡耕作、生活。他帶著太太、兩個小女兒在那邊體驗農村的生活。他們在田邊架設了自動相機，去年也拍到了石虎到他們田邊的影像，於是他跟我說：「石虎真的就像是臺灣森林裡頭的龍貓，帶給我們家如龍貓故事般的感動。」

前面提到，台 13 線外環道開發案爆發之後，開始很多人用不同的方式來關心石虎，不管是以友善耕作或是我們公部門用研究、宣導的方式，還有一群人在網路上成立了一個自然創作的粉絲團，他們為石虎發起了一個活動，許多創作家用各種方式創作出與石虎有關的作品，在北、中、南巡迴辦展，最早從臺北動物園開始，接著三義再到集集，然後還去西湖休息站展出。

## 保護區外的保護區 —— 人心的保護區

最早在做石虎研究前，學者會想到深山裡去找石虎，後來發現石虎居住的地方其實不在深山，而是在淺山區，是有人居住、耕種的地方。這是人跟自然交織的環境，我們稱「生產地景」，這裡會有生產，人們從自然環境裡取得所要的收穫，當人用比較友善的方式對待土地，這裡就是野生動物的天堂，其生物多樣性其實不亞於原始的環境。因此我們現在所講的保育概念其實跟過往不同，以往都是承襲歐美的保育概念，偏向荒野、原始森林的保育，現在所講的東方保育思維，則是要把人找回來，人才是保育的重點，人要如何在自然界永續、和諧，跟這些生物及生態永續生活才是我們要努力的。

最近的新聞講說要成立一個石虎保護區，這是來自民意代表的壓力，但我做了這麼久的石虎保育工作，深深覺得石虎需要的不是一個保護區，因為牠棲息的環境都在私有土地上，這種環境在現在的氛圍下不可能去劃設保護區，否則只會招來民眾的抗爭及對石虎的迫害。我認為，石虎需要的，是人內心的保護區，也就是當民眾對這個生物認同，認為石虎是這個土地上重要的資產，應該要跟牠和諧共處。當人有這個認知時，就不需要有形的保護區，人的內心就有無形的保護區去保護牠。

因此，石虎的保護最重要的還是要回歸教育。

## 為什麼要保育石虎？

大家都說要保育石虎，但在地人會問為什麼要保育石虎。貓科動物是頂端的獵食者，牠扮演的角色其實很重要，是平衡生態的關鍵，因此國際間都會關注這些頂端獵食者。牠們扮演的角色稱為「基石物種」（keystone species），是在食物網中最頂端（如圖 21），一個地方若它的基石物種消失時，會對當地生態造成破壞與失衡，我們之所以這麼關注頂端獵食者是有原因的。影片「狼如何改變河流」[5] 中完全告訴我們，一個頂端獵食者對生態系的平衡有多重要。

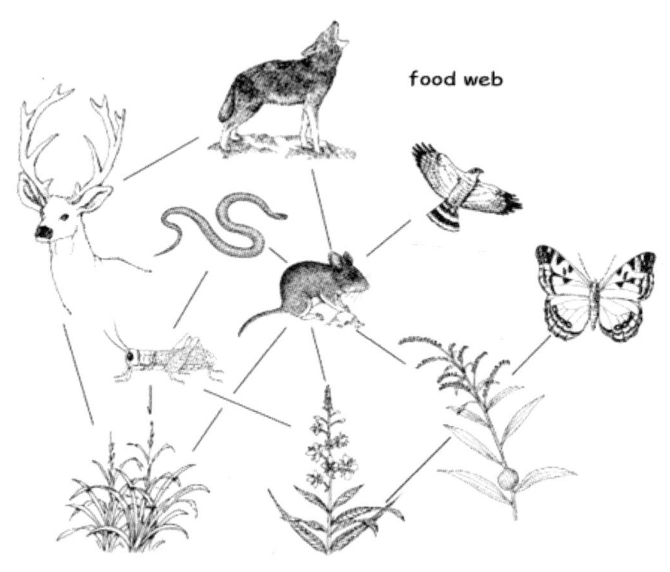


圖 21 食物網
（資料來源：https://www.exploringnature.org/）

5 狼群如何改變河流（How Wolves Change Rivers）。
影片網址：https://www.youtube.com/watch?v=wwjjP77RZLk

最後我要給大家一個概念，大家應該看過「瓦力」，它其實是給大人看的動畫片，當大人們把地球環境資源破壞殆盡，只能躲到外太空，那你能給後代留下什麼？後代養的肥肥胖胖，但失去了很多東西。所以我在講保育時會提到「世代正義」，不管大人小孩，都要思考未來能留下什麼給後代子孫，我們要考慮的是下一代的問題，而不是自己這代用完就算。我最近當了父親，更能深刻體會，要讓這世界變得更美好，希望各位也有這種概念及使命感。

## 結語

現在臺灣雲豹只能在書本、在畫中看到了，但野地裡仍有我們的石虎，牠是我們的龍貓！而位於淺山的這片龍貓森林正急速被破壞中，需要大家的關心與共同守護，讓石虎不要步入雲豹的後塵。守住石虎，也許有可能哪天你也可以在公車亭的水溝邊撿到一隻石虎，那種感覺將會是永生難忘。

# 第 10 章

# 福壽螺吃葷吃素差很大

主講人：劉莉蓮（國立中山大學海洋科學系教授）

（本文已刊登在《科學發展月刊》1 月 553 期）

什麼是外來種，什麼是外來入侵種？

從世界百大外來入侵種名錄（http://gisd.biodiv.tw/top100.php）我們知道，外來入侵種的問題是國際級的大問題，像俗稱大閘蟹的中華絨螯蟹也是赫赫有名的外來入侵種，福壽螺因其影響範圍和強度也登上前十大之列；我們引進福壽螺的初衷是食用，幾十年了，除了農作物收成的經濟影響，福壽螺也對環境生態造成影響，不同國家因問題不同，研究的方向也不盡相同，從分子層級到生態系統、防治、基礎生物學的探討都有，快四十年了，全世界的福壽螺外來種已經有六種了，外來入侵種也從一種增加到二種，就來檢視一下吧！

全球有紀錄的福壽螺外來種共有 6 種，但談到入侵種就只有福壽螺和島嶼福壽螺兩種。為什麼有些福壽螺被歸類在外來種，有些則是入侵種？臺灣的福壽螺是外來種還是入侵種？牠們吃什麼？

所謂外來種是相對於本地種而言，根據國際自然及自然資源保育聯盟 2000 年公布的定義，外來種是「一物種、亞種乃至於更低分類群，並包含該物種可能存活與繁殖的任何一部分，出現於自然分布疆界及可擴散範圍之外」；外來入侵種則是「已於自然或半自然生態環境中建立一種穩定族群，並可能進而威脅原生生物多樣性者」。

因此，一般提到會對本地環境生態造成影響的外來種，其實指的是外來入侵種，簡稱入侵種。行政院農委會林務局 2006 年公布的臺灣十大入侵種，排名依序是小花蔓澤蘭、福壽螺、布袋蓮、松材線蟲、入侵紅火蟻、中國梨木蝨、蘇鐵白輪盾介殼蟲、河殼菜蛤、緬甸小鼠、多線南蜥，其中福壽螺高居第二，顯示福壽螺問題在當時應該很棘手，那現在又是如何呢？

福壽螺現在是臺灣很常見的淡水螺，在作物種植區、河川、湖泊、溝渠中都看得到。在水田或芋頭田中發現的以小個體為主，但像高雄蓮池潭中就很容易看到大隻的福壽螺或梯形福壽螺，以及牠們的卵塊。這些螺表面常有薄薄的一層泥沙覆蓋在殼上，看起來跟底質的顏色很像，和石田螺也有點類似，不過只要近距離觀看，就不難分辨出福壽螺和田螺長相的差異。

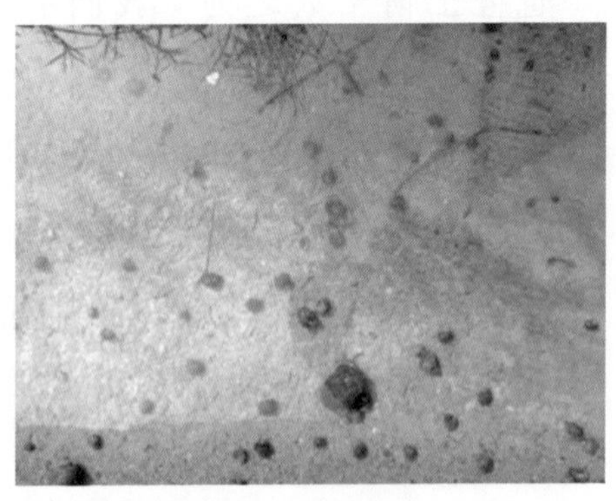
圖 1 臺中神岡水稻田的福壽螺。

圖 2 （左）高雄蓮池潭的福壽螺及梯形輻射螺（箭頭所指）；（右）高雄蓮池堂的紅色福壽螺卵塊及淡棕色梯形福壽螺卵塊。

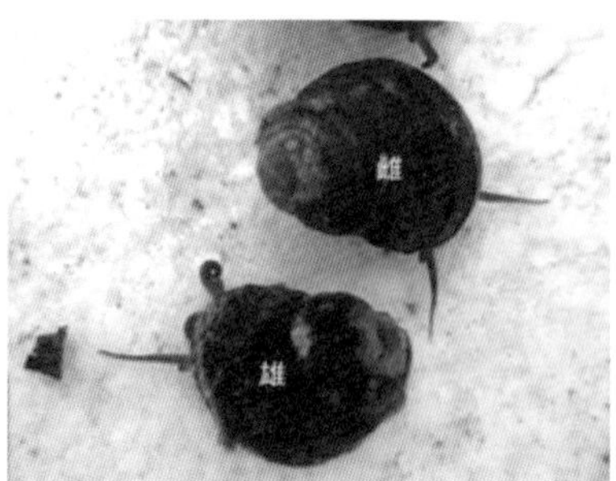


圖 3 高雄鳥松濕地的石田螺，雄螺（左）、雌螺；（右）的右觸角型態不同（右圖）。

福壽螺在世界上頗有名氣，2006 年 Joshi 博士等人撰寫了一本專門介紹全世界福壽螺生物學及管理的書，2017 年再出版這本書的續集。這二本書最大的差別是第一本只講一種福壽螺，第二本談的則是兩種入侵種福壽螺：福壽螺和島嶼福壽螺。由此可見，福壽螺的問題仍在，而且更麻煩了。

# 全球的外來種福壽螺

福壽螺變成全球頭痛的入侵種，在其進犯的過程中，臺灣扮演了什麼角色？在 1970 年代末期，有人把好幾種福壽螺引進臺灣，想藉其發展水產養殖，結果十年內整個亞洲都淪陷了，在日本、菲律賓、澳洲、中國大陸、韓國、泰國、印尼等國家都看得到這種福壽螺。研究人員透過大規模的全球福壽螺分子定序分析，證實了亞洲的福壽螺來自阿根廷首都布宜諾斯艾利斯附近，而且從這裡蔓延到別的地方發生過不只一次呢。

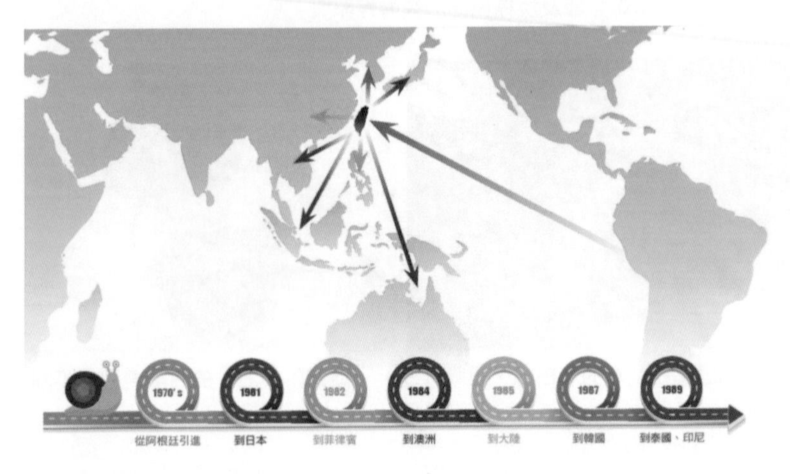


圖 4 福壽螺在亞洲的散布情形

事實上，全球共有 6 種外來種福壽螺：大羊角螺原分布於南美洲到中美洲，但現在已在加勒比海、西班牙、美國等地氾濫成災；福壽螺原生於中南美洲和美國南部，但現在遍布亞洲、歐洲、美洲等地；島嶼福壽螺也已經在亞洲和美國造成嚴重的問題；元寶螺除了牠的原生地外，在夏威夷也看得到；福壽螺屬的 P. diffusa 在臺灣還沒有中

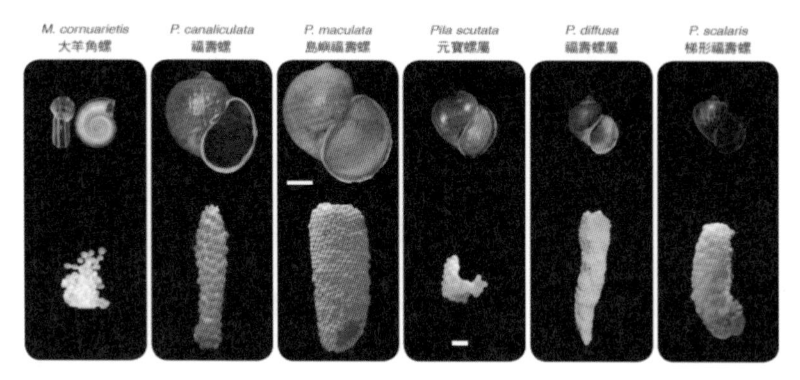


圖 5 全球蘋果螺科的外來種紀錄
（資料來源：Joshi et al., Ed. Biology and management of invasive apple snails, 2017.）

文名字，牠是斯里蘭卡、澳洲、美國的外來種；至於梯形福壽螺，除了原產地外，只發現於臺灣。

在這 6 個外來種中，只有福壽螺跟島嶼福壽螺是外來入侵種，而且這兩個入侵種長得還蠻像的，卵塊也都是紅紅的，只是後者的卵粒小一點。

## 外來與外來入侵種福壽螺

福壽螺共有 6 種外來種，那臺灣究竟有幾種？在 2006 年的一個入侵種普查報告中，共列出了福壽螺、元寶螺、島嶼福壽螺、梯形福壽螺和黃金福壽螺 5 種。臺灣生物多樣性資訊網站 TaiBIF（http://taibif. tw/zh/theme_species）的蘋果螺科下則有元寶螺屬 1 種、福壽螺屬 6 種，但有物種出現紀錄的只有福壽螺和梯形福壽螺，這跟研究人員在野外調查所得一致。

元寶螺曾有養殖及相關的報導，但活體一直沒有看到過。至於大羊角螺和黃金福壽螺在水族店有販售，野外品種倒是沒看過。因此，目前確認臺灣有的外來種是大羊角螺、黃金福壽螺和梯形福壽螺 3 種，外來入侵種就僅有福壽螺 1 種。

## 梯形福壽螺與福壽螺

梯形福壽螺是外來種，福壽螺卻是外來入侵種。2006-2008 年筆者團隊執行農委會動植物防疫檢疫局的研究計畫曾對福壽螺做了一些調查研究，發現在全臺及各離島的溪流、水庫、湖泊、農作物生產區到廢汙水區都有機會看到福壽螺，密度高的時候，甚至 1 平方公尺內就有近 100 隻，但梯形福壽螺只出現在南部。野外的福壽螺體長大約 5-6 公分，梯形福壽螺則不超過 5 公分，兩種都是母螺體型大於公螺。

很多報導都提到福壽螺是雜食性，會吃秧苗，也會吃筊白筍、芋頭、蓮花，還有葉菜類等，實驗室內則看過牠們也吃福壽螺蛋和魚，另有文獻指出牠會吃苔蘚蟲。野外收集的福壽螺和梯形福壽螺糞便裡， 會看到植物碎片、小石頭和一些螺殼。梯形福壽螺基本上是吃素的，因為牠們的糞便中植物類的東西比較多，也摻雜些小石頭。此外，福壽螺從入口到排便的速度比梯形福壽螺快很多，排出來的食物碎片也比較大，因此可推斷這兩外來種對臺灣環境及經濟危害的程度應該不一樣。

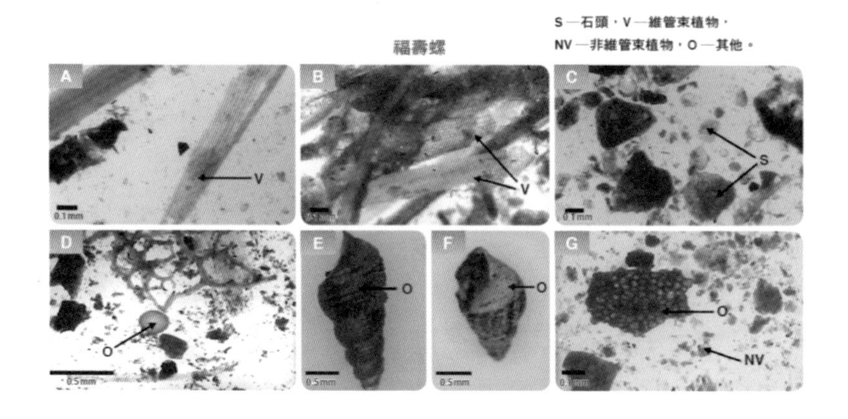


圖 6　福壽螺與梯形福壽螺的糞便內含物

從生殖觀點來看，梯形福壽螺和福壽螺其實差不多，生殖腺覆蓋率的月別變化顯示牠們整年都可以生殖，雄螺的生殖腺發育通常比雌螺飽滿，研究人員每次採樣都看到牠們的卵塊。在實驗室中比較這兩種福壽螺卵的大小、孵化時間、孵化率及幼螺大小，可發現福壽螺的孵化時間較長，且剛孵出來的幼螺比梯形福壽螺的大些，存活率也略高；飼養兩個星期後，就發現福壽螺的成長速度比梯形福壽螺快很多，半年後，兩種福壽螺都可產下卵塊。

A. 福壽螺

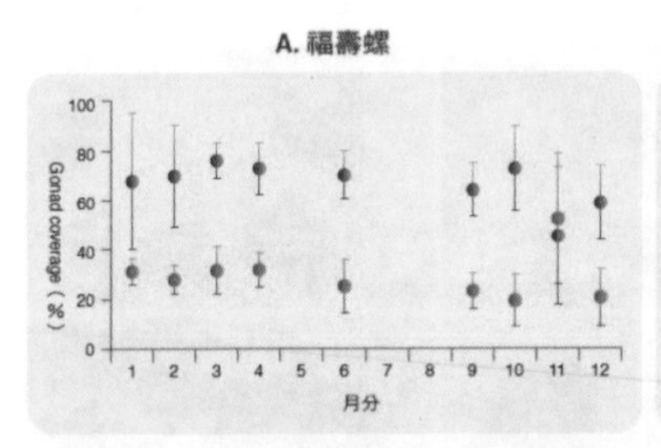


B. 梯形福壽螺

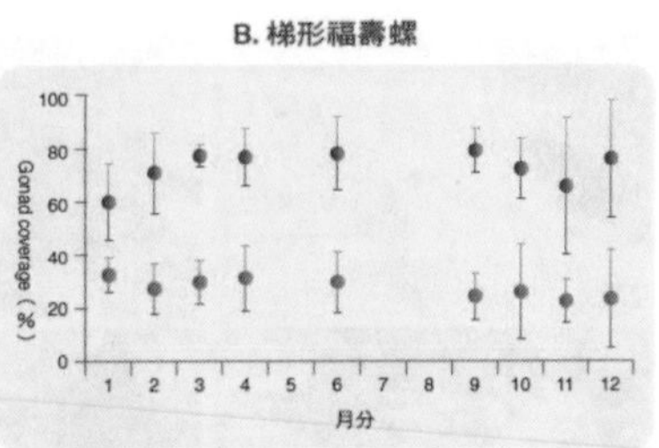


圖 7 福壽螺生殖腺覆蓋率月別變化圖

A. 卵徑

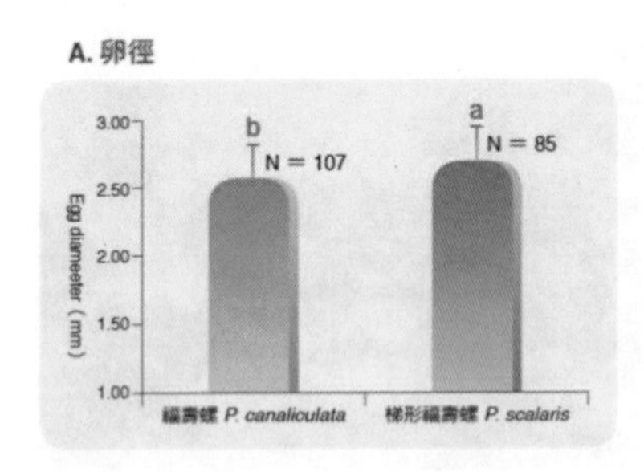


B. 孵化時間

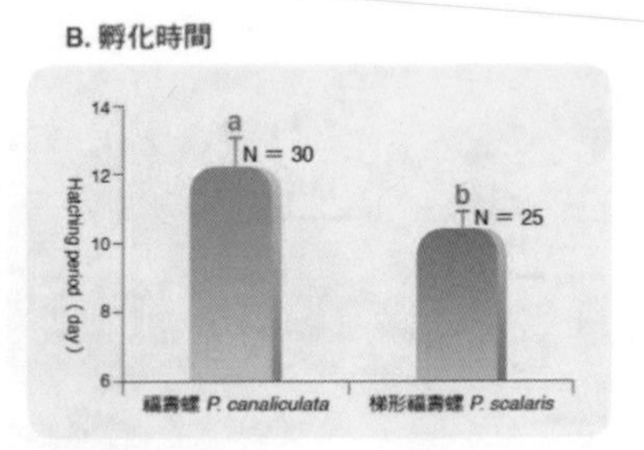


C. 孵化率

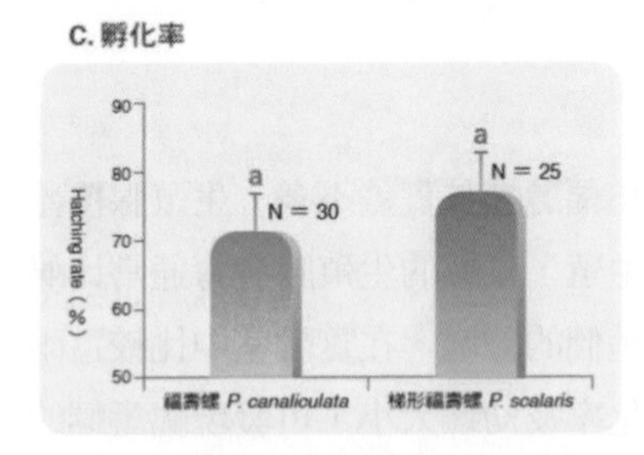


D. 孵化大小

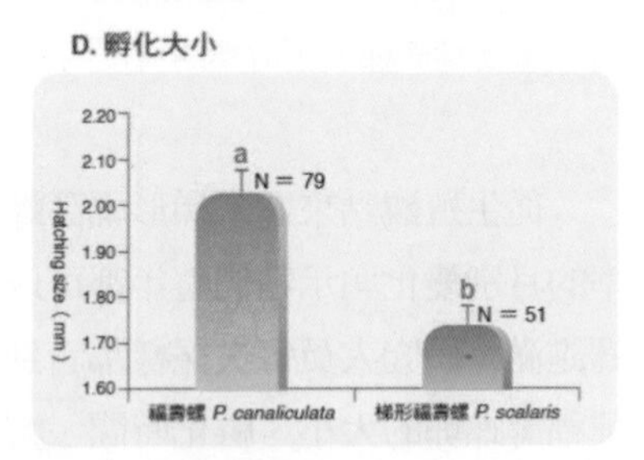


N 是樣本數，不同字母表統計差異顯著（P < 0.05）。

圖 8 梯形福壽螺和福壽螺的卵徑、孵化時間、孵化率、孵化大小

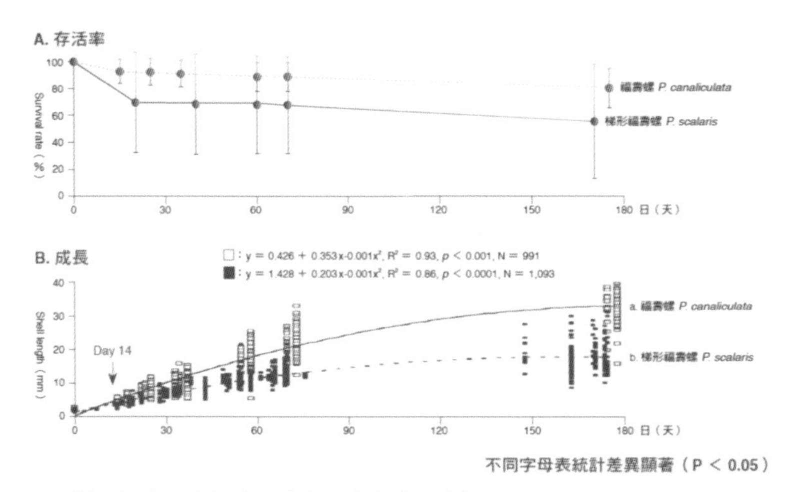


圖 9 梯形福壽螺和福壽螺的存活率和成長比較

2006 年 6 月的一個雨後，研究人員在高雄凹子底公園的樹幹上看到好多福壽螺卵塊，地上也有為數不少的福壽螺。一、兩星期後再去調查，發現大部分的福壽螺都已乾枯在地上，但因福壽螺耐旱是有名的，牠們能忍受幾個月的乾旱，所以這時候是死還是活仍很難說。更有趣的是，在這些樣本中並沒看到任何梯形福壽螺或牠的卵塊，為什麼呢？

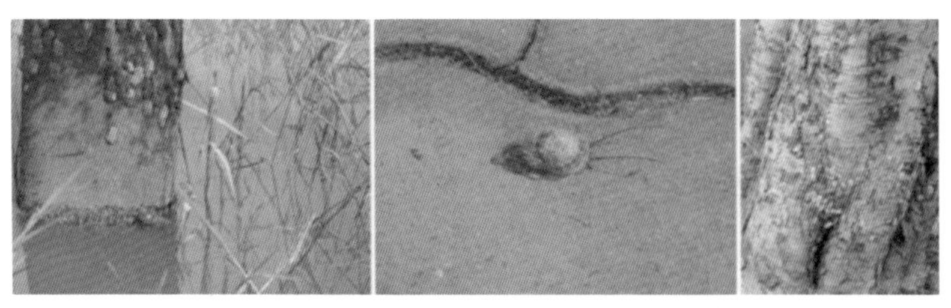

圖 10 高雄凹子底公園樹幹上的福壽螺卵塊及地上的福壽螺

深入研究後發現，原來梯形福壽螺不但外殼比較厚重，也不像福壽螺會包住一些空氣在自己的身體裡，讓自己浮起來，因此能透過農田灌溉或下水道擴散的，就只有福壽螺辦得到。總之，梯形福壽螺不但吃得少，又吃得頗素，分布也只局限於南臺灣，因此全球在評估福壽螺入侵狀況時，就把牠排除在外了。

## 福壽螺的防治

入侵種福壽螺造成的經濟損失除了吃水生作物、小動物外，牠還會跟本土物種搶東西吃，加上牠身上有寄生蟲，如：纖毛蟲、輪蟲、線蟲、扁蟲、水蛭、吸蟲等，可能帶來的疾病有皮膚炎、棘口吸蟲病、顎口線蟲病、管圓線蟲病、沙門氏菌病、廣東住血線蟲病等。此外，福壽螺多的時候甚至會吃掉大型的水生植物，小型的藻類因此得以大量生長，使得水色混濁不清，也讓水域生態系統的主要生產者從大型水生植物轉變成植物性浮游生物。

對大部分的國家來說，福壽螺是很嚴重的入侵種，在防治上一般是採：插大型秧苗、引水處加紗網、撿拾卵塊及螺體、提供產卵附著物、輪作等。收集的福壽螺可用以製成飼料和魚餌，卵塊則有提煉蝦紅素的價值。此外，鴨間稻種植法也是一種有效的福壽螺生物防治法。

但最常使用的還是化學防治，如苦茶粕、聚乙醛、耐克螺等，其中殺螺劑三苯醋錫因為會引發環境荷爾蒙問題而被禁用。據研究，福壽螺雄螺的生殖構造有陰莖鞘、陰莖囊和陰莖，陰莖在交配時才會從陰莖囊伸出來。三苯醋錫會讓雌螺雄性化，研究人員在 2006-2007 年間，曾以雌螺雄化輸精管指數（0-3）評估福壽螺的雄化程度，指數數字越大代表雄化越嚴重。結果發現全臺及離島的福壽螺和梯形福壽螺的雄化現象普遍存在，雄化指數介於 0.29-2.00。

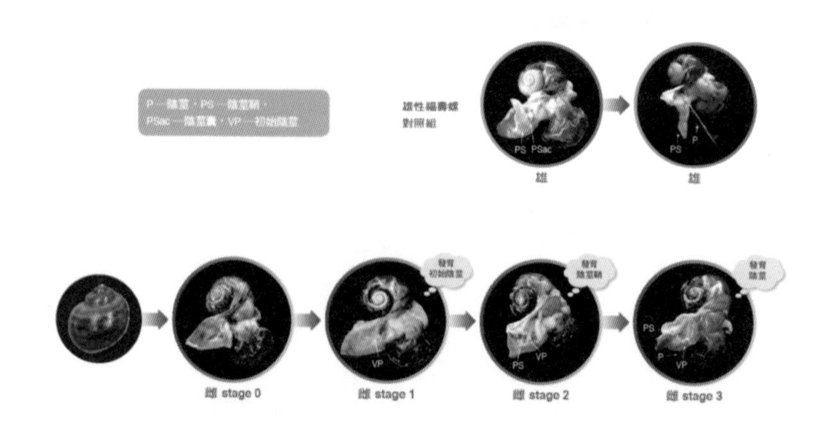


圖 11 福壽螺的雄性生殖構造
（資料來源：Wen-Hui Liu, Yuh-Wen Chiu, Da-Ji Huang, Ming-Yie Liu, Ching-Chang Lee and Li- Lian Liu Science of the Total Environment, 2006.）

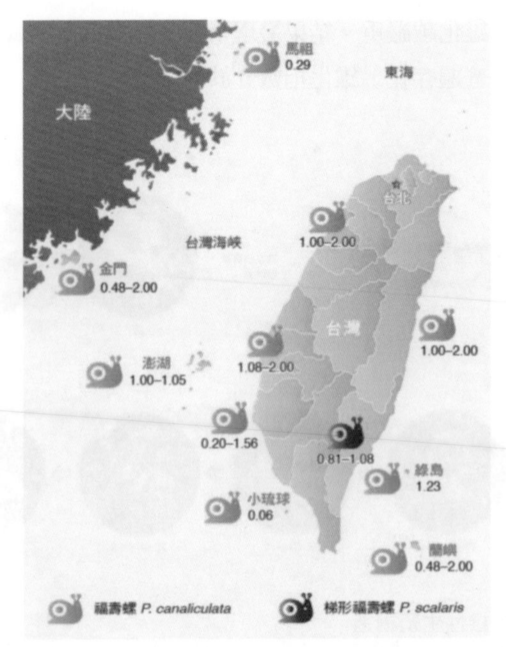


圖 12 全臺及離島福壽螺及梯形福壽螺的雄化輸精管指數

由於三苯醋錫會引起淡水螺雄化， 進入海域也會讓海水螺雄化，螺類雄化在 1990 年代已經是全球關注的環境荷爾蒙問題，因此三苯醋錫就受到管制禁止使用了。

前面所談的調查結果已經是 10 年前的陳年往事了，12 年前福壽螺曾是列名臺灣第二的入侵種，現在又是如何呢？已經在中國大陸造成危害的入侵種—島嶼福壽螺，臺灣也有嗎？這些外來、入侵種的福壽螺現況仍然值得關注。

第 *11* 章

# 餐桌上看不見的敵人和朋友

主講人：楊倍昌（國立成功大醫學院微生物及免疫學研究所教授）

1865 年英國傳教士與醫師馬雅各來到臺灣傳教，為臺灣引入了西方醫學，並設立臺灣首座的西式醫院——新樓醫院（位於臺南）。

西方現代醫學的奠基者：發現飲水傳播霍亂的公衛學者斯諾（JohnSnow，1813-1859）；提出驗證病原菌準則的細菌學家柯霍（Robert Koch，1843-1910）；外科醫師李斯特（Joseph Lister，1827-1912）的消毒技術；發現青黴素能殺死細菌的生物學家弗萊明（Alexander Fleming，1881-1955）。他們偉大的成就全依靠的是全新研究邏輯：空間的分析法、直接看見關係者、操控的技術。但我們幾乎忘記了，生物具有找尋出路的能力；共同演化的過程不一定只有你死我活，二十一世紀生物醫學的新課題是：如何跟微生物和平相處，是與我們息息相關的重要課程。

# 前言

很榮幸來跟各位分享 20 幾年來我對生物學的一些感想。學生物學並不是只有白紙黑字而已，它還有一些有趣的故事，我希望能把這些故事背後的熱情傳達出來。免疫學非常重要的奠基者——1960 年諾貝爾生醫獎得主 Sir Peter Brian Medawar 曾說過：「認知的滿足並不是知道知識本身，而是某些事物的了解。」這句話講得非常好，就算我們知道非常多知識的細節，包括數字、名字、內容等等，只要超過兩個月，我們都會忘記。唯一不會遺忘的，就是這些科學家們如何在他們追尋真相當中，透過什麼樣的手法去發現科學的內容，這個過程才是有趣的。這有點像日本卡通影片「名偵探柯南」，只要柯南出現的地方就會有死人，過了幾十年，我看，米花鎮的人大概已經死了一大半吧！每次都死人，你不會覺得蠻無聊的嗎？但柯南有趣的地方在於，他每次解決問題的手法都有他自己的一套，所以內容看起來有趣。學生物學或是學科學，對我而言也是非常類似：知識本身並不是目的，追尋知識的過程才會讓我覺得有趣。

回到「餐桌上看不見的敵人和朋友」這個演講主題，其實發現知識是一個穩定發展的過程，絕對不會是突發奇想的。以這個題目，我想說明的是：這些知識是 1. 起因於同一類生物、2. 使用了同一種的方法學、3. 發展出同一種思考模式、 4. 演化在同一個地球環境的系統。我們往往以為科學是非常複雜、精巧的，一般人不容易親近，以我個人經驗而言，我們如果在上述這個系統——「生物學的系統」下來看，你會發現，其實它還蠻親民的。每一個過程，基本上都是容易理解的。特別是生物學，它是一種非常具象的學問，如果沒有「因於物」就無法說明事情。我常佩服我人文學科的朋友，像是在歷史系、文學院或哲學系的朋友，覺得這些人很厲害，都可以平地起高樓，從「無」當中生出「有」來，這是我們研究生物學的人做不到的。如果沒有「實物」在我的手上，我就沒辦法說故事。今天我原則上把演講分成三個部分：(1) 我們如何辨認敵人；(2) 這個敵人看久後，敵人好像也不再只是敵人，它也有可親的地方；(3) 分辨敵人和朋友的過程中所學到的教訓。

## 分辨敵人

### 飄盪在人間千年最醒目的壞消息：窮與病

回到生物學中最重要的「起源」，這個起源茲因於生物學及社會學上。我認為，人活在世上最困難的事有兩件，一個叫「病」、一個叫「窮」。有些純粹是生物性的，特別是「病」；而「窮」有很多種原因，較偏於社會性。從生物學角度，我們沒辦法去描述這兩種讓我們辛苦的事，不像藝術家可以透過畫作做出具象描述，但是生物學可以用委婉的方式來處理這些事情。

「病」與「窮」的問題無論如何都要回到社會的結構來看。我們先來看看臺灣的情況：了解臺灣在地的歷史，才能對我們自己的未來有所規劃。我們臺灣號稱是寶島，其實在以前不是的！閱讀郁永河寫的《裨海記遊》就知道，以前大官們被派到臺灣來，通常心中是無比忐忑，因為「人至即病、病則死」（《裨海記遊》卷中，頁 16）。到臺灣來不單只是跨過那條黑水溝而已，在這地方是否能活下來，並不是一件容易的事情。甚至於，日本人在 1895 年到臺灣的時候，他們對我們的描述是：「一年四季皆有傳染病流行：霍亂、瘧疾、赤痢、傷寒、腸炎、腳氣病、鼠疫。」他們還說：「臺灣人衛生習慣差。」（《日本衛生隊實察紀錄：臺灣醫療發展史》，陳永興著，1997，月旦出版社， 頁 76）其實，並不是只有我們臺灣人衛生習慣差。在那個年代——當你「不知道有微生物存在」的那個年代——那不算是衛生習慣差，而只是一種生活型態。

## 早期的社會狀況

在這樣的社會狀態下，有一個人叫馬雅各（James Laidlaw Maxwell, 1836-1921），他在 1865 年來到臺灣，首先抵達臺南。現在臺南的新樓醫院，就是當初馬雅各建立的。馬雅各到了臺灣，將西方醫學知識帶進臺灣。在 19 世紀時，臺灣人對於醫療的想像其實都是中醫，可以想見，馬雅各代表一個完全跟我們不同的知識體系，入侵臺灣，要跟我們競爭。而且，馬雅各背後有個「大財團」！這財團是整個基督宗教的體系。馬雅各進入臺灣後，免費幫臺灣人治病、照顧臺灣同胞。但是，不幸發生一些衝突，他先被趕出臺南，跑到高雄，落腳在旗津，最後才又回到臺南。各位下回走在旗津街道時，可以想想這地方，在臺灣的現代醫學發展的起點上，曾經是一個重要的中繼站。當時，馬雅各敘述臺灣有很多疾病，其中有一種「腸塌」的疾病，很可能就是拉肚子、痢疾或是霍亂，這些疾病的傳染媒介是水。我們可能會說，馬雅各帶來的西方醫學知識比較進步，可以幫我們照顧比較多的病人，所以理所當然地，最後西醫就取代了中醫。但事實上不是這樣子的！在 1865 年，馬雅各的祖國（英國）醫師們面對霍亂之類疾病的流行時說：「霍亂是外邦的、不可知而且詭異的，它造成無以倫比的傷亡，引人驚懼，卻大多無法解釋……」想想看，對於一個無法解釋的事情，醫師真的可以照顧你的病人嗎？實際上是沒有辦法的。

我用以下這張圖片來給大家看霍亂過去給人的印象。圖 1 左邊，這位女士罹患霍亂之前，容貌紅潤漂亮；但是感染霍亂一個星期之後，就變成一臉陰森可怕的樣子（圖 1 右邊）。我相信你看到這個景象一定會非常震驚。甚至於，當年英國的報紙報導：「由於死的人太多，我們的教區在這星期內不能再舉辦喪禮，因為墓地已經太滿了。」從這些資料，各位應該可以想像，在那種氛圍下人的恐懼。當這種疾病流行的時候，人類會怎麼辦呢？這就是早期臺灣社會所面臨的狀況。這也是馬雅各進入臺灣，或日本人占領臺灣之後所要處理的事情。

事實上，當時，面對這種流行性疾病，人能做的事情真的不多。英國女王伊莉莎白一世對付黑死病的方法也只是建立一套隔離體系：所有從疫區（倫敦）來的人，都不能進到溫莎地區（皇室逃到溫莎避難），一旦抓到從倫敦來的人格殺勿論。你說，憑藉著當時的醫學水準，馬雅各真的能治療臺灣病人嗎？甚至於，當人不知道疾病的原因時，就會生出非常多奇怪的想像，例如：黑死病流行時，因為猶太人得病的比率低（可能是猶太人的「潔淨」觀念——在上帝面前保持道德和身體的潔淨），基督徒卻認為那是猶太人和魔鬼合謀製造出的災難。反猶太人而導致暴動的結果是：沒有死於黑死病的猶太人，卻死在鄰居的刀下。二百多個猶太社區被摧毀，無數人被燒死。

圖 1 感染霍亂前後的女士。
（資料來源：Wellcome Library, London Iconographic Collections）

從這些事可知人類在兩百多年前所面臨的是怎麼樣的社會。以我們現在較為進步的醫學來看，會發生這些事情是很難以想像的。另外，還有一些現代人無法想像的事——包括要生多少小孩這件事。現在，大都是小家庭，了不起生 2-3 個孩子，只有 1 個孩子的家庭最常見。古時候，至少在我父母的那一輩，家中有 10-12 個孩子是常有的事。為什麼需要這樣子呢？舉個例子來說：英國女皇 Eleanor（1241-1290 年）生了 16 個小孩，其中真正活過 30 歲的只有 5 個，他們已經是整個英國社會中最上層、物質條件最好的人了。現實是，人類在無法掌握這些事情的時候，只能依靠「生物性」的方式去解決。讓家庭延續下去，想辦法多生小孩即是一種以生物性來解決問題的方式。也只有這樣，才有機會讓家庭延續下去。

當人對這些事情背後的原因都不了解，只能透過想像，那麼面對疾病能有的處置就會跟圖 2 中的醫生的穿著一樣。

2001 年《科學》期刊（*Science*）上的封面，刊印中古世紀治療黑死病的醫生的打扮。這樣的穿著，一定會讓現代人覺得不可思議。但是，假如你對現代醫學知識、生物知識完全不了解，你就只能想出這樣莫名其妙的方法來對付它。當時，遭遇疾病該怎麼辦呢？大概只有兩個辦法：一個是把疾病當作人的噩夢，就跟爸爸媽媽要騙小孩子好好用功，不要睡太晚時，會唱

圖 2　2001 年，*Science* 期刊以中古世紀治療黑死病醫生的畫像當封面

虎姑婆來嚇嚇小孩一樣；要不然，醫生就只是握著病人的手，這已經是對病人最大的安慰了。現在，這門握著病人手的偉大「技藝」已漸漸失去，取而代之的是將病人交給機器來處理。

## 兩百年來生物學的進展

前面提到，早期人類需透過生物性的方式——「生 16 個小孩」，才有辦法有 5 個壽命超過 30 歲的小孩。現在，我們不需要了。依照內政部的統計，民國 106 年臺灣人平均壽命達 80.4 歲，其中男性 77.3 歲，女性 83.7 歲。這樣的轉變是怎麼辦到的呢？

其實，理解這個轉變並不難。我們可以從一個簡單「在與不在」的邏輯來理解這 200 年來生物學的發展過程。它有點像卡通中的柯南破案的方法：碰到問題時，首先要問有沒有不在場證明？兇手到底是誰？凶器到底是什麼？

我們用以下這三個邏輯陳述方法來分析它，就可把這 200 年來生物學上的進展做個完整的鋪陳：

⑴「在」，空間的分析法；

⑵「在」，直接看見關係者；

⑶「不在」成為操控手段。

1.「在」，空間的分析法——衛學之父斯諾

空間分析，是分析東西「在不在」事件現場的問題。舉例來說：我前面這杯子裡頭有水，喝下一口，證明裡面有水，看起來沒什麼了不起，可是這件事情並不單純。如果這杯水裡頭有細菌，喝了它我就生病了。假如你不承認這杯水跟後來發生的事情（我生病了）有關聯，對於「生病」這件事，你就會有很多想像，包括：你家門的方向不對、床頭方向不對、或之前曾經做了什麼

壞事情等等，來解釋為什麼我會生病。它的道理，就如同之前提到中古世紀的醫生，必須要穿上莫名其妙的配件，才敢去治療罹患黑死病的病人一樣。

將水跟疾病聯想在一起的人是斯諾（John Snow, 1813-1859）（圖 3）。他其實只是問了一件事情：疾病到底發生在哪裡？當初霍亂發生的時候，有些人認為是死神在傳播這個疾病，因此除了醫生之外，也有很多人去找牧師。斯諾是醫生，他的疑問是為什麼這一年病人特別多？事實上，他也不知道該怎麼辦。他拿出倫敦地圖，將病人住的地方標記上去，就形成了圖 3 右圖這樣的地圖，我稱這張地圖是「死亡地圖」。從這張地圖就可以看到哪裡病人特別多、哪裡死的人特別多。「病人特別多、死人特別多」會讓你產生什麼樣的聯想呢？如果是古時候的中國人，也許就會說那地方的風水不好，我猜斯諾當時應該也認為那地方風水不好，因此，他就去調查那個地方有什麼特殊性。他發現那裡有個水龍頭幫浦。倫敦是個大城市，以前的水不像我們現在家家戶戶接自來水，一開水龍頭，水就到家裡來。當時，水資源是很珍貴的，倫敦市民飲用的是公用的水。斯諾猜想也許公共水龍頭就是禍害之所在，便取了一些水的樣本來檢查。斯諾在顯微鏡下觀察水樣品，發現它含有「白色絮狀顆粒」。1849 年 9 月 7 日，斯諾向聖詹姆斯教區的監護官通報這個發現，雖然警察們不願意相信，但他們還是同意取下水龍頭。之後，霍亂的蔓延就急劇地停止了。

我們現在研究微生物的人都知道，他根本不可能看到細菌。濃度至少要超過每毫升百萬隻細菌，才會在水中看到模模糊糊的白色絮狀物。但是，無論如何，他利用分析空間的方式把疾病發生的位置釘在那座公共水龍頭上，告訴你這個水龍頭就是疾病的來源。你說，斯諾這個人夠不夠幸運？竟然讓他猜對了答案！而他所做的事，其實只是把空間畫出來而已，這個「猜對」讓他成為公衛學之父。

圖 3　(左) 公衛之父斯諾畫像；(右) 斯諾當時繪製的霍亂發生地圖
（資料來源：wikipedia）

2.「在」，**直接看見關係者—科霍氏準則**

單單把疾病發生的位置釘在空間上，便告訴你這水龍頭是禍害根源，是風水最壞的地方，各位相信嗎？當然有人會懷疑，既然懷疑，最直覺的方式就是直接拿出證據來看。拿出直接證據的人是科霍（Robert Koch, 1843-1910）（圖 4）。科霍是何許人也？

圖 4　德國醫師兼微生物學家科霍（Robert Koch, 1843-1910）
（資料來源：wikipedia）

他的工作其實大家都聽過，只是沒注意而已。2003 年臺灣發生一件非常大的事件，是 SARS 疫情（嚴重急性呼吸道症候群，由冠狀病毒引起），甚至令和平醫院封院。它對臺灣的經濟（特別是旅遊業）造成非常大的影響。經歷的人應該還記得，我們那時候上課都要戴著口罩，每天量體溫，就連學生一起拍畢業照也全部戴口罩，連老師也不例外。有點像是戴面具去拍畢業照，大概 30 年後誰都認不出照片中到底是誰了。當時，我們有幾位同學很有創意，拍照時就把自己的名字寫在口罩上。不知道各位當時有沒有注意到一件事，真正讓我們確定 SARS 是由冠狀病毒引起的疾病，是依靠「科霍氏準則」（Koch's postulate）。科霍是德國軍醫，他認為科學研究，口說無憑；你說你的、我說我的，常常會發生衝突，那該怎麼辦呢？他的辦法是：將所有看到的細菌照相，並且以相片上確認的細菌建立一套檢驗的辦法，來證明它跟疾病的關係。

圖 5 中，左圖是科霍當年使用的顯微鏡及相機，其實非常的簡陋。他的照相實驗室就設在廚房裡，還在牆上挖了一個洞，把自然光線引進屋裡來。現在很多人都以為實驗室裡頭的儀器應該非常精巧，一定要有電子顯微鏡、原子力顯微鏡等等，一定要看到原子級的程度才有辦法發現新的真理。事實不是，只是因為我們出生的年代比較晚，簡單的儀器能看的東西，大都被發現了。在200年前，科霍只用簡單的顯微鏡，在廚房挖一個洞引進光線。照相的時候還要請太太到屋子外，看一下當天光線好不好，以免照出來的相片不好看。圖 5 右，是幾張科霍的細菌相片，到現在，它們都還堪稱是經典。他在 1884 年所建立的方法學稱為「科霍氏準則」，不只是你要「看」到細菌，而且要把這細菌接種到它的寄主體內，讓寄主生病，用來說明這種疾病是由這個細菌所造成的。

圖 5 科霍的實驗室以及他所拍攝的細菌照片

各位不需要去了解科霍的實驗細節，只要了解他如何安排、想像「空間」的就可以了。好比我們從公衛學之父斯諾那學到「危險（區域性）的地方」是關鍵，科霍告訴你的不僅是應注意危險地方，而且要研究在人體疾病的部位。科霍最主要的貢獻是證實桿菌感染造成肺結核——它是上世紀最危險的疾病之一。罹患肺結核的人不會馬上死亡，但得病後就會病懨懨的，就像紅樓夢裡的美女林黛玉一樣，三不五時就咳血一下。歷史上有幾個名人也得了這種病，包括著名的鋼琴家蕭邦。他因患了肺結核，跟女朋友喬治桑到地中海上的馬約卡小島（Majorca）避寒，蕭邦著名的小狗圓舞曲（Op.64 NO.1）便是在那時候完成的。這故事聽起來很羅曼蒂克，其實這可是跟上世紀的「黑死病」一樣可怕啊！當時的人完全不知它是怎麼一回事。科霍花了很多時間研究這個疾病，他認為如果肺結核是由細菌所引起的，就應該要看到那個細菌在那裡！

科霍氏準則分成四個主要的項目：1. 病原菌在病者身上；2. 分離培養出單一的病原菌；3. 驗證這病原菌可以感染寄主造成疾病；4. 病灶中分離出相同的病原菌。我簡單用圖 6 來說明甚麼是科霍氏準則。

肺結核是由結核菌所引起的，病人的肺部就應該要看到結核菌在那裡。不僅是知道結核菌它在那裡，還要將這個細菌單獨拿出來，在體外培養。科霍的實驗室裡發展了一些分離、培養細菌的技術。培養細菌有點像養魚一樣——小朋友從水溝中把小魚抓起來養在玻璃罐裡，多半在家裡一個星期就都死掉了，這就不是科學。科學研究是要想辦法將小魚養活幾年。在早期微生物學家將細菌從人體內拿出來，大概兩個星期就會死掉了。科霍發展一套方法，讓單一細菌可以活下來。細菌培養成功之後，找一隻寄主動物來接種進去。這裡，科霍用的是天竺鼠。天竺鼠是一種對肺結核細菌很敏感的動物，感染會造成牠的死亡。如果天竺鼠的

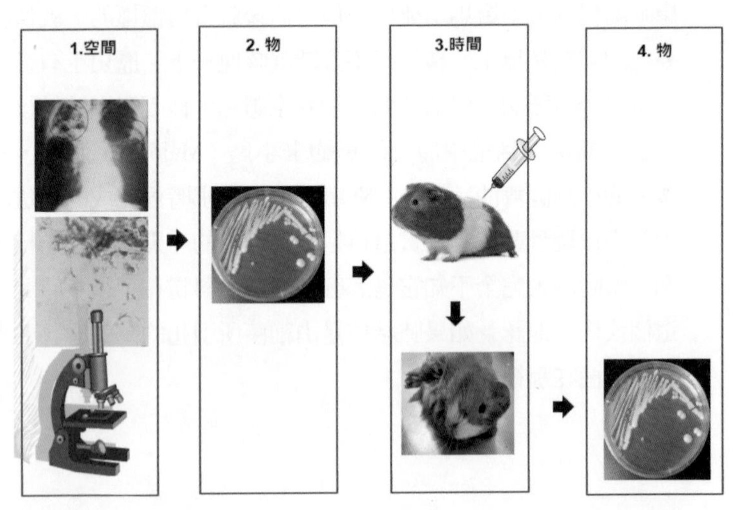


圖 6 結核病的病原學／科霍氏準則之圖解版（資料來源：楊倍昌製）

死亡是由於這種細菌所造成的，那細菌應該在天竺鼠體內，而且可以從天竺鼠體內培養出同一種細菌來。這套檢驗系統主要的邏輯基礎是：「引發事件的東西一定要在事故現場」，其實，這是個非常簡單明顯的概念。

科霍就是利用這樣的方式讓我們知道，細菌就是造成你生病受苦的原因。如果你要質疑這樣有什麼了不起呢？因為科霍是1905 年諾貝爾生理及醫學獎得主或他是有名的人，所以了不起嗎？其實，光說這樣是不夠的。在醫學上所謂的「了不起」，是看它後續的結果。以下我用破傷風、肺結核、白喉流行發生率的變化，來說明「看見病原體」之背後的威力。

(1) 破傷風：破傷風是一很可怕的疾病，破傷風桿菌會釋放破傷風毒素，人的背部肌肉神經對這毒素很敏感，毒素刺激神經，會造成肌肉收縮，使得人反弓起來，模樣看起來非常可怕。這收縮的力量大到甚至會把病人自己的脊椎折斷而死亡。在 1940 年以前，我們對於罹患破傷風的病人是完全沒有任何辦法處置的。但是，由圖 7 加拿大破傷風病人數變化來看，它的發生率隨著年分一直減少。

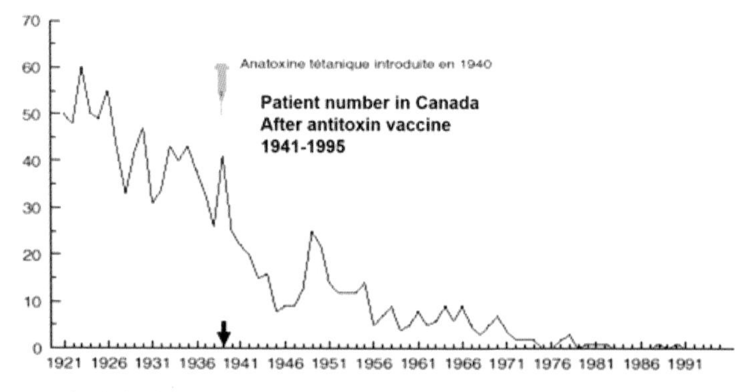


圖 7 加拿大破傷風病人數隨著年分變化圖

⑵ 肺結核：之前已說過，肺結核是上個世紀的黑死病。科霍在1882年確認肺結核的病原是結核菌，也知道他的感染途徑了。從那時開始，發病率就快速減少（圖8）。

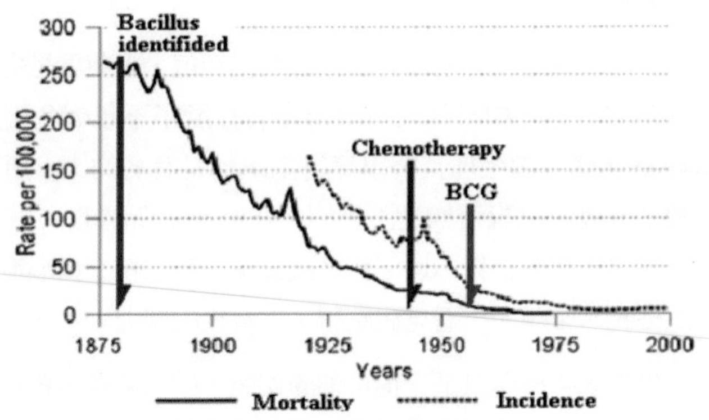


圖8 1875-2000年肺結核每10萬人的發生率
（資料來源：http://www.health.org.nz/tb.html）

⑶ 白喉：圖9是白喉在1900年後的疾病發生率。現在人已經很少聽過白喉了，也不會認為白喉很可怕。因為當我們知道病原菌在那裡，就會盡量避免它，因此發生的機率就快速減少。

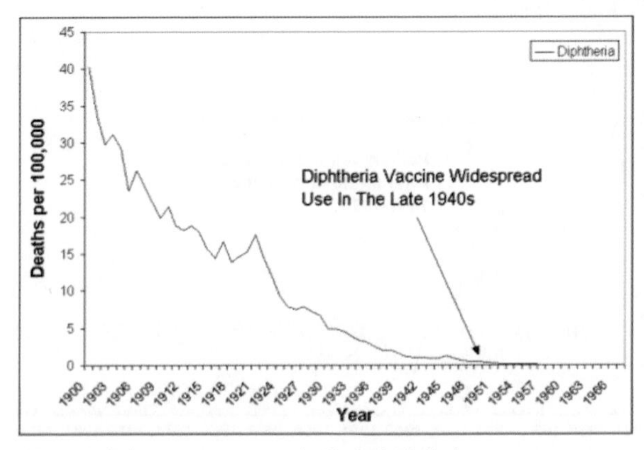


圖9 白喉在1900至1966年的疾病發生率

科霍氏準則在 1884 年發展出來。1884 年之後，將近有 50 年的時間，我們也只是知道細菌在病人體內，卻對它拿不出辦法的。這段時期，人生病了，只能跟以前一樣，醫生在旁邊握著病人的手，告訴他會有什麼病徵，會有哪裡不舒服，如果病人撐得過來，就能活下來。可是，如果我們逐年列出疾病的發生率，就能發現光是「看見病原體」對於防治疾病就有很大的威力。我認為科霍的成就真是無以倫比的。

3. 「不在」成為操控手段

上述段落 1 和 2 的內容，都是建立在「看到東西在那裡」這個空間的邏輯上。這 100 年，讓我們建立起生物事件的發生是因為某一個東西在某一個特定位置上的存在。人之所以會生病，就是因為有個「東西」出現在不該出現的地方。因此，理所當然地，科學家接下來的任務就是要想辦法把這「東西」拿掉。前面提到，科霍發現真正的病原之後，我們馬上繞路而行，不去碰那些危險的細菌，因此就讓疾病的發生率一路往下減少。可是，人的野心是非常大的，光繞路避開危險還不夠的。「壞東西」在那裡，讓人生病，便想要將它消除。因此，創造出「不在」的狀態，就成為非常重要的操控手段。「不在」的狀態有兩種：一種是清除環境中的病原菌；另一種是將病原菌由病人身上移除。

## 清除環境中的病原菌——消毒學之父李斯特

外科醫師兼微生物學家李斯特（Joseph Lister, 1827-1912）是最早想到微生物會造成手術傷口感染的人。在 19 世紀初，開刀動手術是一件相當危險的事。一則 1867 年的醫療統計指出當時在英國超過 300 床大醫院的死亡率約 41%、在巴黎大醫院的死亡率是 60%、蘇黎世大醫院的平均死亡率是 46%、格拉斯柯城市醫院的死亡率約在

34%、柏林及其他城市醫院的手術死亡率大約是 34%。現在醫院中，如果開刀手術死亡率超過 5%，還有人敢去看病的嗎？這種醫院一定會被強制關門的。對照現在，可以想見那時候動手術是多麼危險的一件事。現代社會事件中男女爭風吃醋，一方拿著刀子砍了對方，好像是稀鬆平常的事。如果在 19 世紀初，決鬥受傷後的死亡率便是 30-40%。如果沒有相當的決心，鐵定是做不來的。

我們重新來考察一下「微生物感染」的歷史。李斯特醫師怎麼會想到微生物會造成感染呢？其他人怎麼沒想到？一般的偉人傳記一定會稱讚這個人觀察細微、天資聰穎，因此才會想到這個偉大的發現。事實上，李斯特醫師是在偶然之間讀到了巴斯德的細菌學研究報告，才有這個猜想。巴斯德（Louis Pasteur, 1822-1895）是 19 世紀最出名的細菌學，他著名的事蹟是發明狂犬病疫苗來治療被瘋狗咬到的小孩子。而且，只要你喝鮮奶，每天都會碰到巴斯德 — 因為牛奶罐上所列的低溫消毒法就是巴斯德首創的。當初，巴斯德要解決酒被微生物汙染而酸餿的問題，利用加熱的方法來殺菌。但是，如果將酒煮沸了，產生香味的酯類就會不見，就不香了，因此酒不能加熱太高、太久。巴斯德為了保留酒的特殊香味，又需要加熱殺菌，於是發明了低溫消毒法。

當李斯特讀到巴斯德的細菌研究後，知道食物臭掉了是因為細菌在裡頭生長。他在行醫開刀的過程，注意到手術後病人的傷口會化膿，化膿的過程、味道很像是巴斯德所描述的食物酸餿，因此，李斯特醫師做了以下推論：

(1) 東西腐敗是由微生物所引起；（巴斯德研究）
(2) 傷口敗血症是腐敗的一種形式；（李斯特的觀察）
(3) 傷口敗血症是由微生物所引起。（李斯特的新理論）

這是所謂的三段論證的形式。三段論證是古典邏輯裡，亞里斯多德訂下來的形式。著名的三段論證像是：

⑴ 人都會死；

⑵ 蘇格拉底是人；

⑶ 蘇格拉底會死。

李斯特利用這樣的三段論證，得出了新理論：「傷口敗血症是由微生物所引起」。如果這理論是對的，要減少敗血症，就應該要把環境中的微生物消滅。於是李斯特發明了如圖 10 中的噴霧器具，看起來有點像噴灑殺蟲劑的罐子。現在，李斯特使用的噴霧器是英國國寶，收藏在倫敦的科學博物館（Science Museum）內，甚至還出現在郵票上，跟英國女皇頭像擺在一起。

李斯特用古典三段論證的簡單邏輯得到新結論，於是，格拉斯柯醫院的手術死亡率從原來在的 34%降到 15% ，降低了大約 20%。20%，乍聽之下好像沒什麼了不起，但想想如果原本有 1 萬人會因為

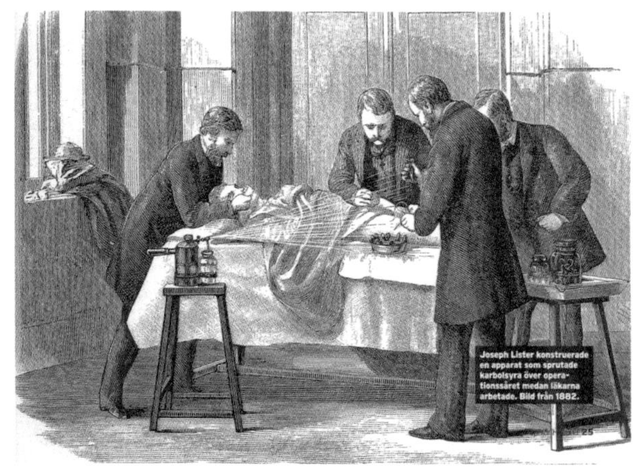


圖 10 李斯特當時在手術房的樣子
（資料來源：wikipedia）

敗血症死亡，20%就是拯救了 2000 人啊！據說，現在各位使用李斯德霖漱口水（Listerine），就是以李斯特來取名。當初發明漱口水的人為了紀念李斯特的功勞，因此將產品命名為 Listerine。

李斯特的想法真的很了不起。只是以思維結構來說，致病源在身體之外，在環境、手、器械上，李斯特的辦法是在手術開刀前，預防性的將細菌拿掉，這跟科霍的想像以及公衛學的措施一致：「致病源在那裡，我們就繞路、就隔離」。這是「不在」的邏輯中，比較容易達成的部分。

## 移除病人身上的病原菌——弗萊明發明青黴素

「不在」的邏輯中，最巧妙、最困難的是去除病人身上的病原菌。這個工作需要靠抗生素來完成。大家應該都知道弗萊明（ Alexander Fleming, 1881-1955）發現了青黴素，英國人認為他是 20 世紀中英國最聰明的人之一。當年弗萊明研究肺炎鏈球菌，他做完細菌培養後，就跑去度假了。他回來後發現，培養皿被真菌汙染了，也就是說他的操作技術不好。奇特的是，培養皿中汙染真菌的區域居然長不出細菌來。他除了鑑定出污染培養皿的真菌為青黴菌屬（Penicillium notatum）之外，也分析到底真菌做了什麼事，會讓細菌長不起來。青黴菌就是橘子放太久，上頭長出與青色、綠色的黴同一類的生物。弗萊明將青黴菌重新培養，由培養液中所萃取出來的新物質真的會讓細菌長不起來。弗萊明報告這個發現當時，沒有引起大家的興趣。回顧這段發現抗生素的歷史，弗萊明聰明在哪裡呢？他的實驗中獨到之處是什麼呢？如果弗萊明在現代的實驗室中當學生，發生類似真菌汙染培養皿的事，一定會被指導老師罵說技術太差喔！說個題外話，一般長在橘子上的黴菌你會買嗎？ 你會出價多少錢？ 2017 年在倫敦國際拍賣會（Bonham's auction house in London）上，拍賣當初汙染弗萊明細菌培養皿的原始黴菌株，封在培養皿中，另外還有弗萊明的親手簽名（圖 11），結果賣了近五十萬臺幣（11,875 英鎊）呢！所以啊，獨特的創意才會有價值。

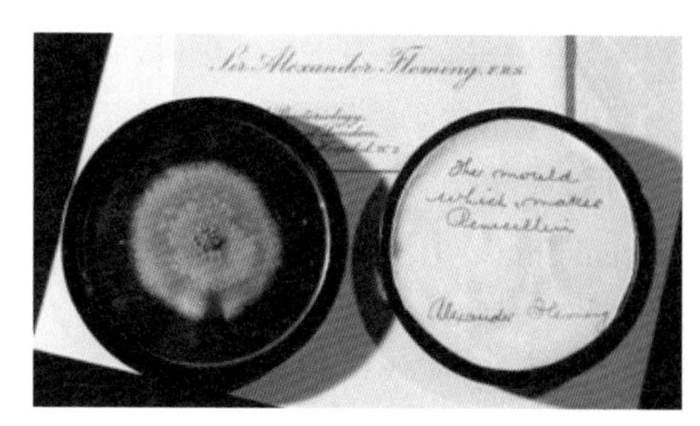

圖 11 弗萊明所培養的黴菌，上面附著他的親筆簽名
（資料來源：Alastair Grant/AP）

以下我們來簡單回顧一下人類對抗細菌的歷史：

- 1495，以水銀蒸氣治療梅毒。
- 1889，Jean Vuillemin 定義了抗生物互相拮抗的概念。
- 1910，Paul Ehrlich 以砷化物治療梅毒，並且使用「化學刀」的名稱。
- 1929，Alexander Fleming 發現盤尼西林。
- 1935，Gerhard Domagk 確認磺胺類藥物的藥效。
- 1940，Ernst Chain and Howard Flory 確認盤尼西林的藥效。
- 1940-1970，找尋新的抗生素。
- 近期：開發抗菌新機轉。
- 第二次世界大戰早期：多虧有盤尼西林，……他可以回家了
- 現在……喔（抗藥性怎麼辦）？！

盤尼西林真正使用於人體治療是在第二次大戰時期，約 1945-1950 年。我們知道人一旦受傷了，依當時的死亡率（假設為

30%），以李斯特方法來清理傷口、好好照顧，大概可以將死亡率減少至 10%左右。等到盤尼西林應用在人體之後，就如販賣盤尼西林時的廣告說的：「多虧有盤尼西林，……他可以回家了。」（Thanks to penicillin… He will come home!）這真的是非常令人震撼！它的哲學意義是：就算現在有細菌長在你身上，讓你生病了，我也有辦法將你身上的細菌拿掉。從此後，醫生就不需只是握著病人的手，安慰他說好好休養他會沒事（或會死），而是可以利用藥物，把病人身上的細菌殺掉，讓病人不會死亡。

回頭來想，我們現在擁有非常厲害的醫療技術。原則上，這些技術就是基於「在」與「不在」的操控，這個方法學還深入到現代的實驗室裡。我們現在可以用轉殖基因技術，讓新基因「存在」，而創造出新的生物。甚至，現在還有 CRISPR 技術，可以剪切動物身上的基因，讓有害的基因「不在」。前些日子有個魯莽的科學家把胎兒身上的 CCR5 基因切掉，希望讓他對於愛滋病毒有抵抗力，其實這個操控生命的邏輯跟處理疫病的邏輯是一樣的——「有某東西會造成問題，就將它拿掉」，這已經變成生物學的常規想法了。

總結而言，這 200 年來，原本疾病是我們的夢魘，透過「在」與「不在」的邏輯來操控病源，重整了我們對疾病的看法。

## 是敵人，也是朋友

微生物學發展了 200 年，讓我們了解看不見的生物是危害人的東西，要盡可能保持遠離。這是目前的常識。這種想法也大大的改變了疾病的型態和人類的死亡原因。表 1 是 2008 年世界衛生組織（WHO）所公布的資料，比較 1952 年與 2007 年的十大死因，就可以看出這種變遷。

表 1 1952 年與 2007 年十大死因調查

| 死亡率（每 10 萬人的平均死亡人數） | | | |
|---|---|---|---|
| 1952 | | 2007 | |
| 胃炎、腸炎及結腸炎 | 135 | 175.9 | 惡性腫瘤 |
| 肺炎 | 134.5 | 56.7 | 心臟病 |
| 結核病 | 91.6 | 56.2 | 腦血管疾病 |
| 心臟病 | 49.0 | 44.6 | 糖尿病 |
| 中樞神經系統的血管病變 | 48.8 | 31.1 | 事故 |
| 新生兒／周產期死亡 | 44.1 | 25.7 | 肺炎 |
| 腎炎、腎病症候群及腎病變 | 36.3 | 22.5 | 慢性肝病及肝硬化 |
| 惡性腫瘤 | 30.7 | 22.2 | 腎炎、腎病症候群及腎病變 |
| 支氣管炎 | 28.1 | 17.2 | 自殺 |
| 瘧疾 | 27.5 | 8.6 | 高血壓病 |

1952 年，就在我出生前幾年，那時候讓人致死的大多是感染性的疾病，大部分是微生物感染，包括胃炎、肺結核、支氣管炎、瘧疾及新生兒周產期死亡等等。到了 2007 年，這 50 多年期間，我們有現代公衛設施的建置、有抗生素的使用，十大死因中，真正因為感染病死的人數並不多，反而會看到新興的社會事故、自殺等「人為」的疾病。這種轉變，並不是人的生物體質的改變。雖然，達爾文在 1859 年出版了《物種起源》，書中說明生物的能力及功能是會變動的、會被存在的環境篩選，但是，物種的改變需花上萬年的時間才會成功。如果人類經過 50 年的自然篩選，就改變了對付病源菌能力，那絕對是不可能的。這 50 年來，人類死亡原因的改變，不可能是生物性的理由，而是人跟微生物接觸的機會、治療的技術（抗生素的使用）加上好的營養等等社會性的條件所造成的。

## 病原 v.s. 益生

微生物都是壞蛋嗎？微生物存在地球上幾億年，自從有人以來，它們就是我們的鄰居。你認為微生物只是讓人害怕、討厭的鄰居嗎？事實上，它們之中，有些是敵人，有些是朋友。最近的科學研究發現，人類如果缺了這些朋友，竟然也是不好的。

氣喘可能是個例子。氣喘，在工業國家的發生率越來越多，氣喘很少出現在非洲的國家。為什麼會這樣子呢？有一個「衛生理論」（Hygiene theory）推測，可能是我們迫不及待地把微生物從我們周圍趕走，反而讓我們得到了這些新疾病。另一種跟微生物有關的疾病是腸道發炎。2012 年，研究人員把小老鼠養在完全無細菌的環境中，甚至用胚胎移植方式讓牠生長在無菌狀態。一般人也許會想，小老鼠養在完全沒有微生物的環境下，應該會長得特別好。但是，結果發現，這樣的動物反而長得很瘦小。而且，牠的腸道很不正常。如圖 12 顯示的，圖最右邊的是正常小鼠的盲腸，中間和左邊則是無菌小鼠的盲

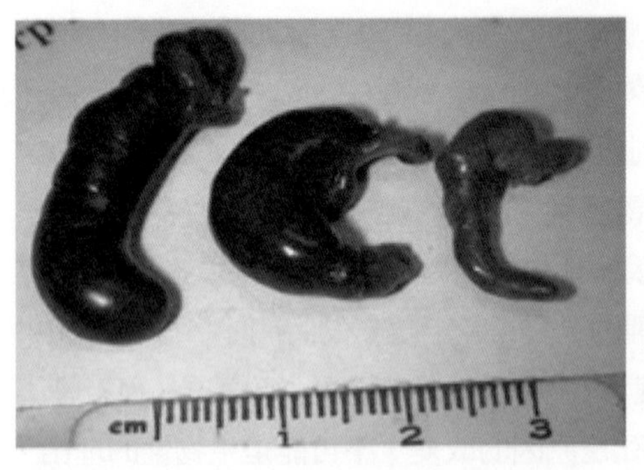


圖 12　比較正常小鼠大腸（最右）與無菌小鼠的大腸（中、左）
（資料來源：http://www.intechopen.com/books/inflammatory-bowel-disease/the-role-of-the-microbiota-in-gastrointestinal-health-and-disease）[1]

1　Anne-Marie C. Overstreet, Amanda E. Ramer-Tait, Albert E. Jergens and Michael J. Wannemuehler (December 5th 2012.). The Role of the Microbiota in Gastrointestunal Health and Disease, Inflammarory Bowel Disease, Imre Szabo.

腸。很明顯的，無菌小鼠的盲腸腫脹非常嚴重，如果做組織切片檢查，會看到裡面有非常多免疫細胞，代表這部位組織持續不斷發炎。

2013 年，醫學研究還有個治療「腸躁症」的實驗，結果非常有趣、驚人。「腸躁症」也是一種腸道發炎的疾病，病人會持續的拉肚子。這是一種相當棘手的疾病，讓人一、二小時內就要上廁所一次，而且是「經年累月」的！可以想見他們的生活要怎麼過啊？一般來說，病人的經濟都不錯，生活條件好，但是腸躁症造成他們非常大的痛苦。在 20 世紀中，大多認為「腸躁症」的病因是細菌感染而導致發炎，只要把細菌殺掉就好。因此，早期的治療方式都是給予抗生素。雖然這樣的治療會有部分成效，但是無法根治。症狀會一而再、再而三的發作。在比較病人腸胃道的細菌相與健康成人腸胃道的細菌相，結果發現這兩群人有非常大的不同。特別是糞便裡，健康人的細菌種類和患腸躁症的人的細菌種類差異非常大。因為腸躁症很難治療，沒有好辦法，於是有人突發奇想，把健康成人腸胃道的糞便移植到患者身上。在醫學上，一個新想法並不是醫生說要這樣做，就可以做。它必須要透過非常嚴格的人體試驗。就跟藥廠廣告一樣：「先求不傷身體，再講藥效。」任何醫學治療都不能讓病人多受苦、受傷害。2013 年《新英格蘭醫學雜誌》（非常知名的國際醫學期刊）發表一份將健康人的糞便移植到病人腸道裡的人體試驗。報告中說明這項人體試驗在執行幾個月之後就被中止了。原因並不是因為它造成病人傷害，而是因為效果太好了！這麼好的成效，對於其他沒有接受移植的人是不公平的（道德上）。2019 年，國際重要醫學期刊 *Nature Medicine* 也發表了一份案例，兩名癌症患者接受了糞便微生物群移植（FMTs），也成功地改善了因為免疫治療所引起的結腸炎。這兩名患者的腸炎症狀，在接受了健康捐贈者的腸道微生物數週後就消失。現在，糞便微生物群移植已經變成是常規的治療方式之一了。

以這些新證據來看，我們原來以為的惡鄰居，一直想盡辦法要將它們趕走，並不一定正確。有些時候，留下這些看不見的鄰居還是有好處的。特別是最近 10 年對微生物的了解，我們漸漸發現，吃的食物、附在我們身上的微生物，對我們都有實質上的影響。吃的東西會改變、形塑（shape）及重整腸道的微生物，抗生素會把腸道的微生物殺掉，而生活的型態、習慣亦會影響腸道微生物，產生一些疾病或慢性疼痛，甚至肥胖。甚至有人依此宣稱：「你告訴我你吃了什麼，我就知道你是什麼樣的人。」這句話聽起來就跟美食家宣稱：「看你吃了什麼，就知道你是哪一國人」一樣。我相信之後，還會有更多的資料，來釐清人跟微生物的關係。如何跟微生物才是最健康的生活，值得進一步研究。

之前，思考人跟微生物的關係所運用的是一對一的邏輯：壞微生物在這裡，我將它拿掉、殺掉就好。現在，因為對於微生物相的了解，我們思考的內容已經變成是「一群微生物」。那麼，我該殺的是哪一個呢？這個問題就比較複雜、比較困難了，我也不知該怎麼辦。我們希望在未來能發展出一套新的分析生物學的方法，讓我們對人跟周圍微生物之間的關係有個合理的推論方式。我認為，這是未來的研究中，非常需要、有前瞻性的挑戰。最近有幾本科普書（非廣告）像是《細菌我們生命共同體》、《髒養》、《聖經、發酵》等等，針對近十年來人跟微生物的關係重新做一番整理，我覺得還不錯，介紹給各位讀一讀，當作消遣。

# 閱讀現代生物醫學知識的另一種教訓與挑戰——減肥菜事件簿

要小心一件事情，特別是在電視上看到益生菌的廣告，或是有人說他家有什麼秘方，你吃甚麼東西特別有效。接下來我要舉一個輕信廣告而後害的例子，這是我到成功大學後發表的第一篇研究。

圖 13 中這種植物名字叫做「減肥菜」，但其實原先它叫「守宮木」。既然稱它叫減肥菜，就是宣稱它有減肥效果。偏方減肥是現代社會裡一個醫療想像之一。我用「想像」這兩個字，代表它並不是一種真正的醫療行為。

圖 13 守宮木
（資料來源：國家環境毒物研究中心）

正規瘦身的方法並不輕鬆，需要節制飲食。現在有人宣稱，你要吃多少都沒有關係，有了減肥菜，你可以享受口福，又能保持苗條。所以當時有很多人購買它。我在 1992 年初來到成功大學任職，還在找尋跟臺灣社會有關係的研究題目。當時，醫學院的同事陳冠文醫師在記者會上公布了幾位到成大醫院就診的病人案例。這些人之前並沒有其他病史，卻突然心律不整、肺部發炎。陳醫師調查之後，發現他們都吃了一種聽說很有效，能夠減肥的菜。過了三天之後，衛生署就發出通知，認為食用減肥菜可能危害健康，呼籲民眾不要食用。當時，業者還恐嚇陳冠文醫師，並且要控告衛生署誹謗。到了當年 8 月，醫療通報中，食用減肥菜已導致 7-8 人死亡（其中有一位還不確定是否為減肥菜導致），衛生署再次呼籲食用減肥菜之民眾，趕緊到醫院胸腔科仔細檢查。

免疫學是我的專業，而這些病人的肺部發炎，發炎是免疫的現象。我覺得這事件非常特別。所以我跟同事合作研究病人肺部裡的免疫細胞，希望可以了解到底是出了什麼差錯。後來我們完成研究，發表了一篇文章說明守宮木（菜）的葉子裡有某些成分會改變人的免疫系統，產生發炎激素，刺激肺部。我們都以為這個故事已經結束了，想不到在 2007 年還有人的想利用它的毒性，作為減肥藥。中國古代的醫學經驗說：「凡是藥、都是毒。」但是，研究減肥菜有個棘手的困難。我們前面提過，在病原理論科霍氏法則中：⑴致病細菌在病人身上；⑵由病人身上取出細菌單一培養；⑶將細菌接種到寄主動物身上，導致生病；⑷動物死亡後，可以從動物身上找出相同的細菌。基本上，驗證藥物的有效性的邏輯跟科霍氏法則很像，皆需要施打在試驗動物身上，驗證效果。但是，我同事薛尊仁教授說，他試過了很多種動物，發現這些動物吃了守宮木，身體都好好的，只有人會有問題。碰到這狀況，研究上就會有相當大的困難。

我為什麼要提這例子呢？原因是，科學研究不是發表後就結束了，就能解決問題。

圖 14，是當時（民國 84 年）的平面媒體報導，有聯合報、有中央日報。中央日報是當時國家辦的報紙，所有軍隊、學校都訂閱，這些媒體不是像地下電臺那樣胡來的。當時，這些報紙有正式介紹減肥菜，替它廣告，還強調這是「醫師」推薦的減肥聖品。守宮木、樹仔菜，進到臺灣來，報紙的宣傳單上就換了名字，叫做「減肥菜」。

這種植物原來在東南亞是當作蔬菜，是可以吃的，但不能吃太多，也不能生吃。偏偏宣傳上，就是要減肥的人多吃、大量吃、生吃。剛開始它被稱減肥菜時，一斤賣約 4-500 元；當宣稱它有療效，而且有醫師（不具名的）掛保證，最後漲至一斤賣 1200 元，簡直比種鴉片

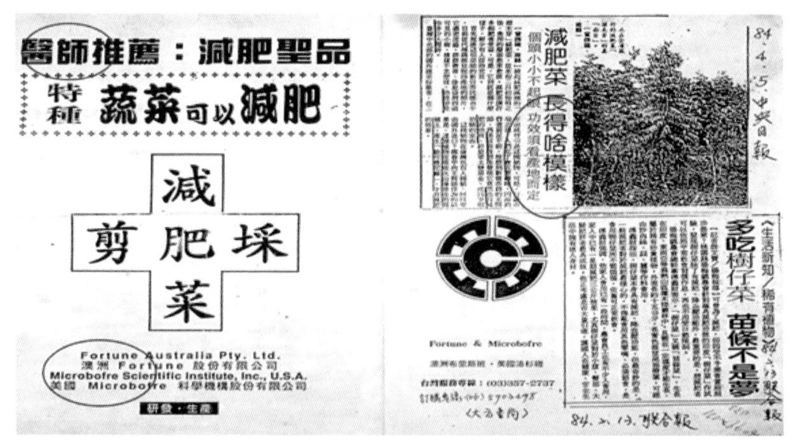


圖 14　民國 84 年報紙關於減肥菜的報導

還賺。當時，就連農會也在推廣。民國 84 年 2 月 13 日《聯合報》的報導是這樣寫的：「……桃園縣楊梅鎮農會針對極具減肥功效的印度『樹仔菜』做試驗，發現樹仔菜除了有減肥、降血壓功能外，最重要的是，想減肥者可以依照平時飲食習慣作息，再也不用受口慾限制。……強調，他家人食用已有一段時間，農會員工也有不少人食用，家人中已有一星期減肥三公斤效果……。」你相不相信這段報導？如果這種宣傳沒有用，沒有增加銷售量的話，就不會登在報紙上。也就是說，寫這樣，許多人就相信了。其實，這些聽到這種話要很小心。

在這場演講中，我詳細的介紹這兩百年以來，科學家如何透過研究、透過一套新的思考方式來改變我們的知識，以及對微生物的想像。以這些科學思考的模式為基礎，我們再回頭來檢查關於減肥菜的報導。它告訴你：1. 吃就可以；2. 稀有的；3. 醫師推薦；4. 澳洲／美國公司（先進的）；5. 功效須看產地；6. 政府機構試驗；7. 親身（家人）體驗過。以上聽起來有沒有很像是電視上賣藥、賣有機食品等廣告？我並不是說它們一定是錯的，而是希望大家在看這樣的資訊時，要不斷地回想，這兩百年來生物學的研究是透過甚麼方法，才讓我們從活不過 30 歲，到現在一般人的平均餘命是 80 歲。這是經過不斷的分析、不斷的驗證，才能成功的。如果不理解這兩百年我們用了甚麼方法建立堅實的知識，讓我們能夠合理的判斷事物，只憑報紙上寫「有人說」、「有醫師推薦」，就把奇怪的東西吃下肚，你可能就會跟吃了減肥菜的病人一樣，變成我當年實驗分析的材料，這樣是很可惜的。

## 總結

這兩百年來，生物學家剖析我們日常生活當中面臨的問題，指出微生物可能對我們的影響，並建立出一個分析事情的方式。包括：找尋實物原因、「在」與「不在」的操控手法。重要的是，這些推理方式都合於常理，不會非常抽象。雖然，習慣了生物學思考的人，可能無法去研究數學、符號邏輯及抽象的哲學，我還是要鼓勵大家多多借用生物學的思考方式來判斷事情。生物科學的想像其實是很踏實的。透過這樣腳踏實地的分析方式，至少讓我們可以不會被複雜的資訊所騙。如果你隨便聽從流言，輕易地把守宮木當作減肥聖品，吃到肚子裡，最後就會進到加護病房去。

週日閱讀科學大師系列

閱讀科學大師 3

主　　編｜張鳳吟、李旺龍

作　　者｜陳丕燊、龔慧貞、張華、陳泰然、葉欣誠、吳祚任、
　　　　　曾世平、王伯輝、余建勳、劉莉蓮、楊倍昌

發 行 人　蘇芳慶
發 行 所　財團法人成大研究發展基金會
出 版 者　成大出版社
總 編 輯　徐珊惠
地　　址　70101 台南市東區大學路 1 號
電　　話　886-6-2082330
傳　　真　886-6-2089303
網　　址　http://ccmc.web2.ncku.edu.tw

印　　製　方振添印刷有限公司
初版一刷　2023 年 6 月
定　　價　420 元
I S B N　9789865635909

政府出版品展售處

- 國家書店松江門市
  10485 台北市松江路 209 號 1 樓
  886-2-25180207
- 五南文化廣場台中總店
  40354 台中市西區台灣大道二段 85 號
  886-4-22260330

國家圖書館出版品預行編目（CIP）資料

閱讀科學大師. 3/陳丕燊, 龔慧貞, 張華, 陳泰然, 葉欣誠, 吳祚任, 曾世平, 王伯輝, 余建勳, 劉莉蓮, 楊倍昌著 ; 張鳳吟, 李旺龍主編. -- 初版. -- 臺南市 : 成大出版社出版 : 財團法人成大研究發展基金會發行, 2023.06

面 ;　公分. --（週日閱讀科學大師系列）

ISBN 978-986-5635-90-9（平裝）

1.CST: 通識教育 2.CST: 高等教育 3.CST: 文集

525.3307　　112010644